COURS

DE

CHYMIE.

TOME PREMIER.

COURS
DE
CHYMIE,
POUR
SERVIR D'INTRODUCTION
à cette Science.

PAR NICOLAS LE FEVRE, Professeur Royal de Chymie, & Membre de la Société Royale de Londres.

CINQUIEME EDITION,

Revûe, corrigée & augmentée d'un grand nombre d'Opérations, & enrichie de Figures.

PAR M. DU MONSTIER, Apoticaire de la Marine & des Vaisseaux du Roi; Membre de la Société Royale de Londres & de celle de Berlin.

TOME PREMIER.

A PARIS,

Chez JEAN-NOEL LELOUP, Quay des Augustins, à la descente du Pont Saint Michel, à Saint Jean Chrysostome.

M. DCC. LI.

PREFACE

DE L'EDITEUR

Des Chymies de le Fevre & de Glaser.

SI l'on avoit la Médecine des simples, telle que l'ont euë les premiers hommes, ou que l'ont la plûpart des animaux, on n'auroit recours ni à la Pharmacie, ni à la Chymie; & le corps humain s'en trouveroit beaucoup mieux. Mais il faut se soumettre au sort present de l'humanité, & chercher à conserver la santé, lorsqu'on a le bonheur de la posséder, ou du moins à la rétablir lorsqu'on en est privé.

Il y a plus de huit cens ans que l'on s'applique à ces deux arts si utiles à l'homme. D'abord ils furent traités fort imparfaitement. Les Ara

Tome I.   a

bes embarrasserent extrémement la Pharmacie. Et la Chymie pratiquée par les anciens Egyptiens n'étoit pas tournée du côté de la santé ; ils avoient un tout autre objet. Mais depuis on en a fait un usage plus légitime. La pratique & la réflexion, quelquefois même le hazard ont fait naître des découvertes. Par-là tout s'est perfectionné & se perfectionne encore tous les jours.

Les Allemans nous ont devancé dans ce genre de travail : la plûpart de leurs Médecins employés dans les Colléges des mines, occupent auprès de leurs fourneaux la meilleure partie de leur loisir ; & ce qui fait honneur à cette science, est que les Princes même n'en dédaignent pas la connoissance. *Basile Valentin*, *Paracelse*, & après eux *Dorneus*, *Diodore Euchyon*, *Ulstad & Gesner*, s'y sont appliqués avec succès, & ont donné lieu aux autres de suivre les mêmes traces. Et tous jusqu'aux premiers Médecins de leurs Souverains, se font aujourd'hui un

devoir d'état de fe livrer à cette
fcience, qui eft très-louable, quand
on fçait la contenir dans de juftes
bornes.

Ce n'eft pas néanmoins que la Pharmacie ne foitbien pratiquée dans
toute l'Allemagne par les Apoticaires. On eft même étonné, lorfqu'on
entre dans leurs magazins de voir
l'abondance de leurs préparations,
auffi-bien que l'ordre & la propreté
qu'ils ont foin d'y maintenir. Cela
regarde fur-tout les villes Impéria-
les, où le nombre des Apoticaires
eft très-limité ; & il faut même y
employer un bien confidérable pour
acquerir chez eux un fond de Pharmacie ; & c'eft précifément chez les
Allemans que fe verifie l'axiome que
l'Apoticaire doit être riche. Et l'on y
trouve des boutiques de Pharmacie,
qui montent quelquefois à plus d'un
million de livres, ainfi qu'il s'en
trouve à Strasbourg, où avec l'Apoticaire du Roi, il ne peut y en avoir
que quatre pour toute la ville, quoique grande & très-peuplée.

D'Allemagne la Chymie ne tarda guéres à paſſer en Italie, où *Fiora-venti*, *Fumanel*, *Fallope*, & même une illuſtre virtuoſe, c'eſt *Iſabelle Corteſe*, s'y appliquerent avec ſuccès. Cette ſcience vint preſque dans le même tems en France, comme on le voit par le célébre *Fernel* premier Médecin du Roi Henri II. qui en parle dans ſes ouvrages. Jean *Lie-baut*, Docteur en Médecine de l'U-niverſité de Paris écrivit beaucoup plus ſur cette ſcience, qu'il ne la pratiqua. On voit cependant qu'il en donne d'aſſez bons principes dans ſon Livre de la maiſon ruſtique. *Be-guin*, qui avoit voyagé dans l'Alle-magne & dans toute l'Autriche fut un des premiers, qui parmi nous en écrivit par principes. Son *Tirocinium Chymicum* n'eſt pas néanmoins ſans beaucoup de fautes, que ſes Com-mentateurs, ou Latins ou François, ont été obligés de corriger. Vint en-ſuite Guillaume *Daviſſone* Ecoſſois, retiré en France qui s'y appliqua fort heureuſement. Outre la nature qu'il avoit bien étudiée, on trouve en lui un grand fond de raisonnemens ; & quoiqu'il y ait quelques landes dans sa *Pyrotechnie*, on y voit des opérations utiles & singulieres qu'on a négligées depuis. Après ces deux Artistes & presque en même tems que ce dernier, il s'en forma plusieurs autres parmi nous. Je ne parlerai néanmoins que des principaux.

Nicolas *le Fevre* & Christophe *Glaser*, dont je fais paroître ici une édition nouvelle, sont presque les mêmes pour le fond des opérations. Je rapporte néanmoins en quoi ils différent l'un de l'autre. Mais celui qui a le plus brillé pour l'usage ordinaire, a été Nicolas *Lemery*. Ce dernier qui a enseigné cette science à Paris pendant près de quarante ans. Depuis 1672. jusqu'en 1710. sert de guide aux commençans, & peut former un Apoticaire de Province; car ceux de Paris ont des lumieres superieures à celles de cet Artiste. Son cours de Chymie qui est fort méthodique, n'a pas laissé d'avoir

de la réputation ; il a même été traduit foit en latin , foit en quelques-
unes des langues vivantes de l'Eu-
rope. Cependant que de chofes néceffaires , utiles & curieufes ne pour-
roit-on point ajoûter à fon travail ,
qui a befoin même d'être rectifié
dans bien des occafions par une main
habile ? C'eft à quoi fans doute l'on
travaille dans la nouvelle édition
que l'on en prépare.

Outre fa Chymie , qui eft fon
premier ouvrage & qui dans les
trois premieres éditions , ne for-
moit qu'un fort petit Volume in-
douze , nous avons encore de lui
une *Pharmacopée* recueillie de tout
ce qui a paru en ce genre , mais qui
me paroît inferieure à celle de Charas. Il a donné de plus un *Diction-*
naire univerfel des drogues fimples ,
affez curieux & plus exact que celui
de Pomet. Un Traité qu'il a publié
fur l'*antimoine* , s'eft vû expofé à la
critique de perfonnes mieux inftrui-
tes que lui fur ce minéral. Je n'ai
pas été peu furpris de voir avec quel-

le hardieſſe il donne à des malades
des préparations d'antimoine , qu'il
imagine ou qu'il hazarde pour la
premiere fois. L'on ſent néanmoins
à ſa lecture qu'il n'avoit point vû
ceux de Baſile Valentin & de Such-
ten, tous deux Allemans , dont les
ouvrages ſont eſtimés des connoiſ-
ſeurs.

La Chymie de Lemery n'a point
empêché des perſonnes habiles de
parcourir la même carriere , avec
moins d'étendue & de détail à la vérité , mais avec plus de lumieres &
de critique. C'eſt ce qu'on doit dire
de M. de *Saulx* Médecin de l'Hôpital de Verſailles, qui a donné dans
ſes *Nouvelles découvertes ſur la Médecine* , beaucoup d'opérations chymiques également utiles & curieuſes.
Il n'a pas formé cependant un corps
de principes , ce ne ſont que des
opérations particulieres.

M. de *Senac* célébre Médecin at-
taché à la maiſon de Saint-Cyr & à
l'Hôpital de Verſailles , a mérité
l'approbation des plus ſavans Artiſ-

tes & des plus habiles Philofophes
par fon nouveau cours de Chymie,
dont on a publié en 1737. une édition nouvelle plus ample que celle
de 1723.

M. *Rothe* Médecin Allemand,
s'eft mis pareillement fur les rangs,
& fon introduction à la Chymie a
été traduite en notre langue en
1741. & par-là elle a été naturalifée
françoife & fe trouve décorée de plufieurs belles préparations. M. *Mac-*
guer, après avoir donné la théorie
de cette fcience en 1749. en a publié la feconde partie en 1750. qui
contient un grand nombre d'opérations excellentes.

Enfin nous fommes fatisfaits fur
l'impatience avec laquelle nous at-
tendions l'ouvrage d'un grand Maître en cet art, & que fon profond
fçavoir a porté M. le Chancellier à
choifir pour Cenfeur royal des livres
de Chymie. Il s'en acquitte avec
beaucoup de difcernement, d'exactitude & de diligence. C'eft un témoignage que la vérité m'oblige de

luì rendre, avec autant de juſtice que de plaiſir, pour faire connoître le caractere franc, obligeant & juſte, qui conſtitue l'honnête homme & le bon citoyen. On voit bien que c'eſt de M. Malouin, Médecin célébre dont je parle ici, des *leçons* duquel j'ai autrefois profité à Paris.

La *Chymie médicinale* que cet habile homme vient de faire paroître, fait voir qu'il n'eſt pas moins expert dans la pratique que dans la théorie de cette ſcience. Tout y eſt marqué au coin d'un grand maître ; toutes les opérations qu'il donne ſont eſſentielles, extrémement bien choiſies & très-utiles. J'en aurois volontiers tiré quelques articles pour enrichir l'édition que je donne de le Fevre & de Glaſer. Mais tout en eſt à remarquer, tant pour le choix des opérations que pour la manipulation ; même pour cette manipulation délicate qui caractériſe le grand Artiſte, qui ſçait allier la pratique de la Chymie avec la connoiſſance intime & l'expérience de la Médecine.

Mais ce qu'on ne croiroit pas fi
l'impreſſion n'en faiſoit foi, un homme de condition de Bretagne, qui
a pris du goût pour cette ſcience, a
donné lui-même du nouveau. C'eſt
M. le Comte *de la Garaye*, dont la
Chymie hydraulique, qui parut en
1745. eſt approuvée par les plus habiles Médecins de Paris. Elle fournit un moyen ſimple de tirer les ſels
eſſentiels dans les trois regnes des
mixtes, par la ſeule trituration avec
l'eau commune.

L'Angleterre & la Hollande ne
l'ont pas voulu ceder aux François
ni aux Allemans. A peine la Chymie eut commencé à être pratiquée
par ces deux nations, qu'on l'y a
portée auſſi loin qu'elle pouvoit aller. Cette ſcience trouva chez les
Anglois vers le milieu du dernier ſiécle le Chevalier *Digbi* Chancellier
de la Reine d'Angleterre, femme
de l'infortuné Charles I. Et ce Sei-
gneur ne s'y appliqua point ſans ſuccès. Pour occuper ſon loiſir, il avoit
donné dans quelques autres parties

de la litterature. Mais le foulagement des malades & peut-être le foin
de fa propre fanté , lui infpirerent
le goût de la Pharmacie & de la Chymie , & nous poffédons aujourd'hui
une partie de fes préparations , im-
primées d'abord en 1669. & réim-
primées en Hollande en 1700. avec
beaucoup d'opérations médiocres,
qui ne font pas du premier Auteur.
On y a joint cependant fon traité
de la poudre de fympathie , remede
qu'il a le premier fait connoître.

Le Chevalier *Boyle* qui vient
après, l'emporta de beaucoup fur le
Chevalier Digbi pour les opérations
chimiques. Il y employa même pendant plus de quarante ans des fommes très-confidérables & y a formé
d'habiles éleves. Les reftes de fon
laboratoire qui font paffé chez Mrs
Godefroy pere & fils , en forme-
roient un fort complet d'un Artifte
moins opulent. Les Œuvres du Chevalier Boyle fourniffent des preuves
d'un grand fond de raifonnement
dans toutes les parties de la Philofo-

phic, auſſi-bien que de ſon aſſiduité au travail & d'une ſagacité peu commune. Toute la ville de Londres rend encore aujourd'hui un témoignage avantageux de l'ordre & de la fidélité des préparations de Mrs Godefroy, qui ont toujours fait gloire de témoigner qu'ils avoient travaillé ſous les yeux & ſous la direction du Chevalier Boyle. Quoique les Anglois pour l'uſage commun de leurs Apoticaires ayent traduit en leur langue le cours de Chymie de M. Lemeri, ils n'ont pas laiſſé d'en donner un fort curieux, qui eſt dû aux ſoins & à l'application de M. Georges *Wilſon*, imprimé à Londres en 1699.

Après les deux *Vanhelmont* pere & fils, les Pays-bas, ſurtout la Hollande a produit dans Meſſieurs *Lemort*, *Barchuſen* & *Boerhave*, trois des hommes les plus habiles qu'ils ayent eus en ce genre. Les deux derniers ſurtout ont donné chacun un cours de Chymie, Barchuſen en 1718. & M. Boerhave en 1731.

Tous deux, mais principalement
M. Boerhave fait voir la profonde
connoiſſance qu'il avoit dans la Médecine, la Philoſophie & l'hiſtoire
naturelle. Le premier Volume de ſes
élemens de Chymie, eſt ſupérieur à
tout ce qu'on avoit donné juſqu'a-
lors pour la théorie ; mais le ſecond
Volume qui contient la pratique de
cette ſcience, ne répond point à l'i-
dée qu'avoit fait naître la premiere
partie. Cependant il a mérité qu'on
le réimprimât parmi nous. Peut-être
le Libraire auroit-il mieux fait d'en
procurer une traduction françoiſe
avec les augmentations néceſſaires
pour perfectionner ce qui regarde les
opérations chymiques. Je paſſe beaucoup d'autres Ecrivains qui ſe ſont
appliqués à éclaircir ſeulement quelques parties de cette ſcience, & je
reviens ſur mes pas pour dire un mot
des deux Artiſtes célébres que je fais
réimprimer aujourd'hui.

Nicolas LE FEVRE qui étoit François, fut élevé dans l'Academie pro-
teſtante de Sedan, ainſi il paroît

qu'il étoit de la religion prétendue
réformée. Il étudia la Pharmacie &
la Chymie avec tant de soin & de
succès, qu'il fut choisi par M. Vallot premier Médecin du feu Roi
Louis XIV. pour démonstrateur de
Chymie au Jardin Royal des plantes
au Fauxbourg saint Victor. Il avoit
ici beaucoup de réputation, étoit
recherché & travailloit avec avantage. Mais Charles II. Roi de la Grande Bretagne, voulant établir la célébre société Royale de Londres,
forma un laboratoire de Chymie à
saint James, l'une de ses maisons
royales près de Westminster. Nicolas le Fevre y fut appellé pour en
avoir la direction. Il ne crut pas devoir refuser cette marque de distinction de la part d'un grand Roi, qui
lui faisoit cet honneur. Se trouvant
dans un pays d'opulence, où les particuliers n'épargnent rien pour se
maintenir en santé, il eut occasion de
faire beaucoup d'expériences. Et travaillant d'ailleurs aux dépens d'un
Prince, il fit plus de préparations

singulieres en un an, qu'il n'auroit ofé
en tenter dans toute fa vie, s'il étoit
refté fimple particulier à Paris. C'eft
ce qui lui donna lieu d'augmenter
confidérablement fa Chymie, dont
la premiere édition parut à Paris en
1660. en deux Volumes in-octavo:
deux autres en 1669. & une quatriéme en 1674. Et ce fut vrai fem-
blablement en 1664. qu'il fut appellé à Londres où il fit paroître en
1665. une differtation fous ce titre,
*Difcours fur le grand Cordial du
Sieur Walter Rauleigh*, in-12. Il y
mourut & y avoit connu M. Boyle,
dont le goût étoit décidé pour la
Chymie dans laquelle il a brillé fi
long-tems.

Il ne faut pas regarder le Fevre
comme un chimifte vulgaire, on
doit le confidérer comme un Philo-
fophe naturalifte, qui ne fe contente pas feulement d'extraire des mixtes en fimple praticien, ce qui peut
fervir à la Pharmacie & à la Médecine. Il va plus loin, & pénétre même jufques dans la nature des êtres,

dont il fçait déveloper toutes les propriétés par un raifonnement jufte &
folide. C'eft ce qui le diftingue de
tous ceux qui ont embraffé la même
profeffion. On peut dire qu'on lui a
l'obligation d'avoir un des premiers,
réformé, rectifié & mis dans un meilleur ordre toute la Pharmacie, comme on le verra par le paralelle qu'il
fait des anciennes préparations avec
celles qu'il a publiées, & les Apoticaires qui aiment leur réputation
& leur avantage, ne doivent pas fe
difpenfer de le fuivre pied à pied.
Je fçais qu'on a continué depuis le
Fevre, à perfectionner la Pharmacie
& la Chymie, mais on l'a fuivi comme lui-même avoit fuivi Zwelpher
premier Médecin du feu Empereur
Leopold. C'eft ainfi que l'on arrive
à la perfection, dès que chacun cherche à y contribuer de fon côté.

Chriftophe GLASER ne parut qu'a-
près le Fevre. Il a pour lui la clarté
& la précifion. Quant aux principes
il ne différe pas de le Fevre, auquel il
paroît avoir fuccedé dans l'emploi

de démonftrateur de Chymie au Jardin Royal où il fut pareillement appellé par M. Vallot. Je n'ai pas crû
devoir réimprimer toute fa Chymie,
pour ne pas faire des répetitions inutiles. J'ai choifi feulement les préparations omifes par le Fevre , ou
celles en quoi ils différent l'un de
l'autre. Glafer ne pouffa point fa carriere auffi honnorablement que l'a-
voit fait Nicolas le Fevre. Il fut im-
pliqué dans l'affaire odieufe de la
Dame de Brinvilliers en 1676. avec
laquelle on trouva qu'il avoit des re-
lations trop intimes pour un honnête
homme. Il ne trempoit à la vérité
dans aucun des forfaits de cette Dame : mais des foupçons toujours dan-
gereux en matiere de poifon , lui
firent fouffrir quelque tems de Baf-
tille. Il en fortit , mais il ne furvê-
quit pas long-tems à cette difgrace ;
& mourut dans le tems qu'il revoioit
en 1678. fon ouvrage pour en donner une édition nouvelle plus com-
plette & plus détaillée que les précédentes. Il en étoit à la troifiéme par-

tie qui regarde les animaux : mais une main habile, ce fut le célébre M. *Charas*, se chargea de conduire l'ouvrage à sa perfection. Par-là le public n'y a rien perdu. Il y a même inseré un petit Traité de la Thériaque royale que j'employe dans cette nouvelle édition.

Voyons maintenant ce que j'ai fait pour perfectionner celle que je donne de ces deux Auteurs. La Chymie de le Fevre qui faisoit originairement deux Volumes, en forme trois dans celle-ci, parce que la commodité des Lecteurs exigeoit d'en grossir un peu le caractére, qui dans les dernieres éditions étoit trop petit pour une lecture ordinaire. Mais pour rendre les Volumes égaux & d'une grosseur raisonnable, chacun d'eux contient des additions particulieres, rélatives aux matieres qu'on y a traitées : ces additions placées à la fin de chaque Volume, sont tirées de tout ce que nous avons de bons Auteurs anciens & modernes. Et comme ces additions ne suffisoient pas pour remplir mon objet , j'y ai joint deux Volumes de fupplémens , favoir le quatriéme & le cinquiéme , tirés tous deux foit d'Ethmuller, foit mê-me des bons auteurs Allemens Ita-liens & François.

Outre les préparations néceffaires & utiles, on en trouve quelques-unes qui font curieufes & qui pourroient peut-être aller plus loin , & deve-nir de quelque conféquence. Quant aux Auteurs François modernes , je les ai fait connoître pour rendre à chacun la juftice qu'ils méritent ; & par-là me la rendre à moi-même. Il eft louable, il eft jufte de faire con-noître ceux à qui on eft redevable de quelques remarques importantes : c'eft un devoir de reconnoiffance.

Je n'ai pas manqué de mettre des Tables toujours néceffaires dans les Livres de détail ; en quoi j'ai fuivi les grands Maîtres qui m'ont préce-dé ; cependant le Fevre & Glafer y avoient manqué. Quand on a lu quel-que Livre que ce foit, une bonne Ta-ble fert de répertoire pour en pou-

voir faire usage. C'est l'ame de ces
sortes d'ouvrages. Tous les Lecteurs
ne sont pas en état ou même manquent du tems nécessaire pour faire
des recueils ; & quelquefois on ou-
blie dans ses recueils une matiere
qui d'abord semble peu importante,
& qui cependant la devient ensuite
dans le tems qu'on y pense le moins.

*Les différences qui se trouvent en-
tre le Fevre & Glaser, ont été placées
à la fin du Tome V. de cette Edition ;
où l'on a pareillement mis les modé-
les des fourneaux inserés dans la Chymie de Glaser, & dont quelques-uns
paroissent très-bien imaginés, & sont
plus utiles & même beaucoup plus
commodes que les fourneaux ordinaires.*

A V I S

DE NICOLAS LE FEVRE,

QUoique je sois séparé de la France, par un grand trajet, & que j'aye consacré mes études & mon travail au Roi de la Grande Bretagne mon bienfaiteur, & aux peuples qui remplissent ses Royaumes : cependant je me sens obligé dans la conjoncture de la seconde Edition du Traité de Chymie que j'ai donné au Public, de faire part à mes compatriotes des remedes que j'ai faits & pratiqués depuis que j'ai quitté Paris. Et comme j'ai connu depuis que je suis en Angleterre, les divers accidens des maladies scorbutiques, aussi me suis-je appliqué à la recherche des remedes spécifiques, & capables de combattre cette étrange maladie, qui attaque toute notre substance, qui altere & change la masse du sang, & qui cause des douleurs vagues & fi-

xes, des laſſitudes ſpontanées & les
enflûres qu'on attribue en France,
aux fluxions & aux rhumatiſmes. Je
communique très-volontiers ce que le
travail m'a fait découvrir de nouveau, & ce que j'ai appris par la fré-
quentation des plus doctes & des plus
expérimentés Médecins, qui me font
l'honneur de viſiter le Laboratoire
Royal, & de me recevoir en leur profitable converſation. Il y a des Remedes tirés des végetaux, des animaux
& des minéraux, que j'ai placés en
leur propre claſſe, en attendant que
je donne de nouvelles remarques & de
nouveaux remedes, tant pour ce qui
concerne la théorie, que pour ce qui
regarde la pratique. Adieu, ami Lecteur, profite de mon travail & m'en
ſçais quelque gré.

Du Laboratoire Royal au Palais
de S. James à Londres le
1669.

Par votre très-humble & très-acquis
ſerviteur N. LE FEVRE.

PREFACE
De la troisiéme Edition
DE CHRISTOPHE GLASER,

L'Accueil favorable que le public a fait aux Editions précédentes de ce Livre, m'a fait entreprendre cette troisiéme, où j'ai tâché de m'accommoder entierement au dessein de l'Auteur ; puisque la premiere fois qu'il a mis cet ouvrage au jour, il ne l'a fait que dans la pensée d'être utile à tous ceux qui se plaisent à la Chymie, en leur donnant les éclaircissemens des choses fort cachées, avec une maniere très-simple & très-aisée de les pratiquer. Dans la seconde édition, non-seulement il l'a enrichie de quelques figures, & l'augmenta de nouvelles expériences, mais encore il l'accompagna d'une Epître Dedicatoire à Monsieur VALLOT, qui fut élevé à la charge de premier & très-digne Médecin du feu Roi Louis XIV. lorsque par ses ordres il faisoit les leçons & préparations publiques de la *Chymie* au Jardin du Roi ; où il a fait voir & sa sincerité, aussi-bien

par fon travail que dans fes écrits , & le
defir qu'il avoit de reconnoître l'honneur
qu'il recevoit en fatisfaifant à l'intention
de fon Bienfaicteur , & à l'inclination naturelle qu'il avoit aux opérations de la
Chymie, en quoi il fe faifoit un devoir &
un plaifir de communiquer fes lumieres à
tout le monde. Il étoit d'autant plus efti-
mable , que la méthode qu'il nous a laiffée , eft claire & facile pour pratiquer toutes les préparations qu'il enfeigne dans ce
petit ouvrage , où l'on trouve en peu de
mots la fubftance entiere de plufieurs
grands Livres. Ceux qui prendront la peine de le lire & de le bien confidérer,n'y re-
marqueront rien d'ennuyant ni de fuper-
flu , ni même rien d'obmis de ce que l'on
doit fçavoir : Et quoique l'on n'y trouve
pas la préparation de toutes chofes , on y
trouvera pourtant des exemples fuffifans
pour les opérations les plus néceffaires de
ce bel Art. On doit s'affurer qu'il ne donne
pas la moindre opération , fans l'avoir auparavant pratiquée , & que l'on ne puiffe
faire après lui,en fuivant les régles qu'il en
a prefcrites ; car loin de cacher aucun tour
de main , il découvre fincerement tous les
moyens propres pour devenir bon Artifte ,
& toutes les circonftances néceffaires pour
parvenir à des connoiffances plus grandes
en travaillant. Il ne parle que fort fuccinc-

-tement

tement de la théorie, mais il en dit affez pour n'oublier rien de ce qu'il eft befoin de fçavoir fur les opérations des minéraux & des végétaux. Pour la troifiéme Partie qui traite des animaux, nous avertiffons le Lecteur que nous avons pris foin de le fervir utilement en cette Edition, & que fecondant le zéle de l'Auteur, (lequel apparemment prévenu de la mort, n'avoit pas mis la derniere main à cette fection,) nous la lui préfentons plus achevée & plus entiere, foit par la communication que nous avons eue de fes papiers depuis fon decès, foit par l'heureux fecours que nous a prêté une perfonne auffi éclairée dans le plus profond de la Phyfique, & dans le plus fin de la Médecine, que bien intentionée pour le bien public. Cette perfonne a bien voulu dérober quelques heures a fes études particulieres, pour me dicter la meilleure partie de ce que l'on trouvera d'augmentations dans ce Traité, entr'autres à l'occafion de la vipére : ce même curieux, c'eft M. Charas, fait encore ici un préfent gratuit à la pofterité d'une Thériaque véritablement Royale, qu'il n'avoit inventée & foigneufement recherchée que pour fon ufage, & qui pour fes bons effets doit l'emporter fur celle des anciens, qui n'étoit deftinée que pour les Empereurs & les têtes Couronnées. Reçois donc,

ami Lecteur, en bonne part tous mes soins
que je consacre avec plaisir à ton utilité.

*Approbation des Docteurs de la Faculté de
Médecine de Paris.*

NOUS soussignés Docteurs Regens en
la Faculté de Médecine à Paris,
avons lû ce Traité de Chymie composé par
Christophe Glaser, où la plûpart des opérations Chymiques sont décrites avec
beaucoup de netteté & de jugement, &
l'avons jugé digne d'être imprimé de nouveau. Cette troisiéme Edition étant enrichie de quelques observations nécessaires, & de plusieurs descriptions fort curieuses & fort utiles. Fait à Paris ce 25
Octobre 1672. LEVIGNON. DE BOURGES.
D. PUYLON, *Doyen.*

Approbation de M. MALOUIN, *Censeur
Royal des Livres de Chymie.*

J'AI lû par ordre de Monseigneur le Chancelier, *Le Cours abregé de Chymie de Christophe
Glaser*, avec les additions qu'on y a jointes, dans
lesquelles je n'ai rien trouvé qui puisse en empêcher l'impression. Fait à Paris ce 9 Juin 1749.
MALOUIN.

TABLE

Des Chapitres du Tome Premier.

ADDITION POUR LE TOME I.

Fin de la Table du Tome premier.

PRIVILEGE DU ROI.

LOUIS, PAR LA GRACE DE DIEU, ROI DE FRANCE ET DE NAVARRE: A nos amés & féaux Conseillers, les Gens tenant nos Cours de Parlement, Maîtres des Requêtes ordinaires de notre Hôtel, Grand-Conseil, Prevôt de Paris, Baillifs, Sénechaux, leurs Lieutenans Civils, & autres nos Justiciers qu'il appartiendra ; SALUT : Notre amé le Sieur DEBURE Nous a fait exposer qu'il desireroit faire réimprimer & donner au Public un Livre qui a pour titre, *Traité de Chymie de le Févre*; s'il Nous plaisoit lui accorder nos Lettres de Privilege pour ce nécessaires. A ces causes, Voulant favorablement traiter l'exposant, Nous lui avons permis & permettons par ces présentes de faire réimprimer ledit Livre en un ou plusieurs volumes, & autant de fois que

bon lui semblera, & de le faire vendre
& débiter par tout notre Royaume pendant le tems de neuf années consécutives,
à compter du jour de la datte desdites
présentes. Faisons défense à toutes personnes, de quelque qualité & condition
qu'elles soient, d'en introduire d'impression étrangere dans aucun lieu de notre
obéissance, comme aussi à tous Libraires & Imprimeurs d'imprimer ou faire
imprimer, vendre, faire vendre, débiter,
ni contrefaire ledit Livre, ni d'en faire
aucun extrait, sous quelque prétexte
que ce soit d'augmentation, correction,
changement ou autres, sans la permission
expresse & par écrit dudit Exposant,
ou de ceux qui auront droit de lui, à
peine de confiscation des exemplaires con-
trefaits, & de trois mille livres d'amende
contre chacun des contrevenans, dont
un tiers à Nous, un tiers à l'Hôtel-Dieu
de Paris, & l'autre tiers audit Exposant,
ou à celui qui aura droit de lui, & de
tous dépens, dommages & interêts ; à
la charge que ces Présentes seront en-
registrées tout au long sur le Registre
de la Communauté des Libraires & Imprimeurs de Paris, dans trois mois de la
date d'icelles ; que la réimpression dudit
Livre sera faite dans notre Royaume,
& non ailleurs, en bon papier & beaux

caracteres, conformément à la feuille imprimée, attachée pour modéle fous le contrefcel des Préfentes ; que l'impétrant fe conformera en tout aux Réglemens de la Librairie, & notamment à celui du 10 Avril 1725 ; qu'avant de l'expofer en vente, l'Imprimé qui aura fervi de copie à la réimpreffion dudit Livre, fera remis dans le même état où l'approbation y aura été donnée, ès mains de notre très-cher & féal Chevalier le Sieur Daguesseau, Chancelier de France, Commandeur de nos Ordres ; & qu'il en fera enfuite remis deux exemplaires dans notre Bibliotéque publique, un dans celle de notre Château du Louvre, & un dans celle de notre très-cher & féal Chevalier, le Sieur Daguesseau, Chancelier de France ; le tout à peine de nullité defdites Préfentes : du contenu defquelles vous mandons & enjoignons de faire joüir ledit Expofant & fes ayans caufe pleinement & paifiblement, fans fouffrir qu'il leur foit fait aucun trouble ou empêchement. Voulons que la copie defdités préfentes, qui fera imprimée tout au long au commencement ou à la fin dudit Livre foit tenue pour dûment fignifiée, & qu'aux copies collationnées par l'un de nos amés féaux Confeillers & Secretaires foi foit ajoutée comme à l'Original. Comman-

dons au premier notre Huiſſier ou Sergent
ſur ce requis , de faire pour l'exécution
d'icelles tous actes requis & néceſſaires,
ſans demander autre permiſſion, & non-
obſtant clameur de Haro, Charte Nor-
mande & Lettres à ce contraires. C A R
tel eſt notre plaiſir. Donné à Verſailles le
onziéme jour du mois de Janvier, l'an de
grace mil ſept cent quarante-neuf, & de
notre Regne le trente-quatriéme.
Par le Roi en ſon Conſeil.
SAINSON.

Je ſouſſigné reconnois avoir cedé &
transporté au ſieur Jean-Noel Leloup,
le Privilege en entier du Livre ci-deſſus,
qui a pour titre, *Traité de la Chymie de le
Févre*, pour en joüir comme à lui appar-
tenant. A Paris ce 28 Juillet 1749.
JEAN DEBURE.

*Regiſtré ſur le Regiſtre XII. de la Chambre Roya-
le & Syndicale des Libraires & Imprimeurs de Paris, N°. 106. fol. 90. conformément au Réglement
de 1723. qui fait defenſe, art. 4. à toutes perſonnes
de quelque qualité qu'elles ſoient, autres que les Libraires & Imprimeurs, de vendre, débiter & faire
afficher aucuns Livres pour les vendre en leurs noms,
ſoit qu'ils s'en diſent les Auteurs ou autrement, &
à la charge de fournir à la ſuſdite chambre huit
Exemplaires preſcrits par l'art. 108. du même Réglement. A Paris le 11 Mars 1749.*
G. CAVELIER, Syndic.

TRAITE'

TRAITÉ
DE CHYMIE,
EN FORME D'ABREGÉ.

PREFACE.

CEUX qui veulent aujourd'hui faire paſſer la Chymie pour une ſcience nouvelle, montrent le peu de connoiſſance qu'ils ont de la nature & de la lecture des Anciens. Je dis premierement, qu'ils ne connoiſſent pas la Nature, puiſque la Chymie eſt la ſcience de la Nature même; que c'eſt par ſon moyen que nous cherchons les principes, deſquelles les choſes naturelles ſont compoſées; & que c'eſt elle encore qui nous découvre les cauſes & les ſources de leurs generations, de leurs corruptions, & de toutes les altérations auſquelles elles ſont ſujettes. J'ai dit ſecondement, qu'ils étoient ignorans de la lecture des Anciens,

Tome I. A

puifque c'eft de là qu'ils ont pris occafion
de philofopher, & que leurs faits & leurs
écrits font voir évidemment que cet Art
eft prefqu'auffi ancien que la Nature même : Ce qui fe peut prouver par l'Ecriture
Sainte, qui nous apprend, que dès le commencement du monde Tubalcaïn, qui
étoit le huitiéme homme d'après Adam,
du côté de Caïn, étoit forgeur de toutes
fortes d'inftrumens d'airain & de fer ; ce
qu'il ne pouvoit faire, fans avoir la connoiffance de la nature minérale, & fans
fçavoir que cette nature minérale contient
la nature métallique, qui eft la plus pure
partie de fon être. Or cela ne fe peut apprendre que par le moyen de la Chymie ;
puifque c'eft elle qui nous enfeigne comment on peut tirer un corps métallique,
ductile & malléable de ces corps minéraux, qui font informes & friables. Ce
qui nous fait conclure, qu'il avoit reçu cet
art fcientifique de fes prédeceffeurs, ou que
lui-même en a été l'inventeur, & qu'il l'a
laiffé à fes fucceffeurs comme la portion
la plus précieufe de leur héritage.

Ce que je viens de dire, peut être prou-
vé par les plus anciens Auteurs, & ceux
qui font les plus dignes d'être crûs. Ainfi
nous voyons que Moïfe prit le Veau d'or,
Idole des Ifraëlites, qu'il le calcina & le
réduifit en poudre : qu'il fit boire à ces

Idolâtres, pour servir de reproche à leur
péché. Or il n'y a personne qui ne sçache,
que l'or ne peut être réduit en poudre par
la calcination, que cela ne se fasse, ou par
la calcination immersive, qui se pratique
par le moyen des eaux régales, ou, par l'a-
malgamation qui se pratique par le moyen
du Mercure, ou par la projection ; qui
sont trois choses qui ne peuvent être comprises que par ceux, qui sont consommés
dans la théorie & dans la pratique de la
Chymie. Hippocrate même confirme cette
vérité, quand il dit au Livre de la diéte,
Artifices aurum molli igne liquant. Puisque
tous les Artistes sçavent qu'il faut un feu
très-violent pour fondre l'or, & que de
plus le feu purifieroit l'or plûtôt qu'il ne
le détruiroit ; s'il n'est rendu traitable &
volatil par le moyen de quelques sels, ou
de quelques poudres, qui ne sont connues
que de peu de personnes, qui l'ont appris
par le seul travail de la Chymie. Nous
pourrions encore rapporter l'autorité d'A-
ristote, que ses sectateurs d'aujourd'hui
veulent employer pour combattre la Chymie, qui dit que les peuples d'Ombrie
calcinoient des Roseaux pour en tirer le
sel, qui étoit pour leur usage ordinaire ;
ce qu'ils ne pouvoient faire sans la Chymie, qui leur en avoit appris le moyen,
& qui leur avoit fait connoître, que le sel

étoit d'une nature incorruptible , qui ne
pouvoit périr par cette simple calcination.

Si nous parcourons tous les siécles depuis
la création de l'Univers , nous n'en trou-
verons aucun qui n'ait fourni quelque excellent homme , qui se sera rendu recommandable à la posterité par le moyen de la
Chymie. Témoin ce Mercure Egyptien ,
nommé Trismégiste , c'est-à-dire, trois fois
grand , dont les œuvres rendent encore les
plus sçavans de ce siécle confus. Témoin
encore celui qui trouva l'invention du
Verre , & cet autre beaucoup plus loüable
que lui , qui avoit le secret de le rendre
malléable , qui périt néanmoins avec son
secret par la politique étrange & tyranni-
que de l'Empereur Tibere. Démocrite ,
Cléopatre , Zozime , Synesius , & beaucoup d'autres du même tems ; & après eux
Raymond Lulle , Pierre d'Apono , Basile
Valentin , Isaac Hollandois , & Paracelse ,
prouvent par leurs excellentes œuvres , que
la Chymie est la véritable clef de la nature ; que c'est par son moyen que l'Artiste
découvre ses plus rares beautés , & que sans
elle personne ne pourra jamais parvenir à
la véritable préparation des remedes nécessaires à la guérison de tant de differentes
maladies qui affligent le corps humain tous
les jours. Mais ce seroit être ingrat à notre
siécle , à la mémoire d'un très excellent &

très charitable Médecin , & au travail d'un
des plus habiles & des plus curieux Artistes
qui ayent jamais été , que de ne point nommer défunt M. de Helmont & M. Glauber
qui vit encore ; puisque ce sont à present
comme les deux phares qu'il faut suivre
pour bien entendre la théorie de la Chymie , & pour en bien pratiquer les opérations. Nous tirerons donc des œuvres de
Paracelse , de Helmont & de Glauber , la
théorie & la pratique de ce Traité de Chymie , que nous réduirons en forme d'A-
bregé.

Division de cet Ouvrage.

Nous le diviserons en deux parties. La
premiere traitera de la Théorie , & la seconde de la Pratique. La premiere Partie
aura deux Livres , dont le premier traitera
des principes & des élémens des choses naturelles. Le second montrera les sources &
les effets du pur & de l'impur.

La seconde Partie sera aussi divisée en
deux Livres. Le premier contiendra les termes nécessaires pour bien faire & pour
bien entendre les opérations de la Chymie,
pour finir par le dernier , dans lequel nous
donnerons le moyen & la description pour
pouvoir anatomiser les mixtes que nous
fournissent les Végetaux , les Animaux &
les Minéraux , afin d'en tirer les remedes

A iij

néceſſaires à la cure des maladies. Mais avant que d'entrer en matiere , j'ai jugé néceſſaire de traiter quelques queſtions qui concernent la nature de la Chymie.

AVANT-PROPOS,

Qui contient pluſieurs Queſtions de la nature de la Chymie.

IL eſt quelquefois facile de traiter & d'enſeigner une Science ou un Art , mais il ne l'eſt pas toujours d'en diſcourir par principes. Le premier regarde l'Artiſte même , au lieu que le ſecond appartient à une ſcience plus haute & plus relevée ; puiſqu'il n'y a que la premiere Philoſophie, qui puiſſe faire connoître avec la méthode requiſe , quel doit être l'objet, la fin & le devoir de la Science ou de l'Art. Nous ſuivrons donc ſes régles dans cet Avant-propos , que nous diviſerons par Queſtions , qui éclairciront eu peu de mots la plûpart des difficultés qui ſe proposent ſur cette matiere.

QUESTION PREMIERE.

Des noms donnés à la Chymie.

Cette ſcience, comme beaucoup d'autres, a reçû plusieurs noms selon ses divers effets. Le plus ordinaire est celui de Chymie, qui tire son étimologie, à ce qu'on dit, d'un mot Grec qui signifie suc, humeur ou liqueur, parce qu'on apprend à réduire en liqueur les corps les plus solides, par les opérations Chymiques ; ou de la préparation de l'or & de l'argent, selon Suidas. On lui donne aussi le nom d'Alchymie, à l'imitation des Arabes qui ajoûtent la particule Al, qui signifie Dieu & grand, lorsqu'ils veulent exprimer l'excellence de quelque chose. Les autres l'ont appellée Alchamie, présupposans que Cham, qui étoit un des fils de Noë, eût été après le déluge l'inventeur & le restaurateur des Sciences & des Arts, mais principalement de la Métallurgie. Quelquefois on l'appelle Spagyrie, ce qui déclare ses plus nobles opérations, qui sont de séparer & de conjoindre. Et comme ses opérations ne se peuvent faire que par le feu extérieur qui excite celui du dedans des mixtes, on lui donne encore le nom de Pyrotechnie. Que si on l'appelle l'Art de Hermès ou Hermétique, ce nom témoigne son antiquité, comme le nom d'Art distillatoire signifie la plus commune de ses opérations. De tous ces noms, nous ne nous servirons que de celui de Chymie, comme le plus commun & le plus connu.

A iiij

QUESTION SECONDE.

La Chymie doit-elle être appellée Art ou Science ? & sa définition.

Avant que de donner la définition de la Chymie, il faut chercher son genre & sa différence ; puisqu'il est nécessaire de sçavoir ces deux choses, pour en pouvoir donner une vraie définition. Il faut donc examiner, si c'est un Art ou une Science, afin d'en avoir le genre, & de chercher sa différence dans son objet, c'est même de cet objet qu'on la doit tirer. Mais pour ne point envelopper cette question de difficultés, disons en peu de mots la différence qui est entre l'Art & la Science, & comment on peut prendre le mot de Chymie en beaucoup de façons.

La différence qui est entre l'Art & la Science, se peut tirer de la différence de leurs fins. Comme la science n'a pour but que la seule contemplation ; & que la fin n'est que la seule connoissance, dont elle se nourrit & se contente, sans aller plus avant : de même l'Art ne tend qu'à la seule opération, & il ne cesse point d'opérer qu'il n'ait exécuté ce qu'il s'étoit proposé de faire. D'où nous pouvons inférer que la Science n'est proprement que l'examen des choses qui ne sont pas en notre puis-

fance : au lieu que l'Art s'occupe fur ce qui
eſt en notre pouvoir.

Cela poſé, il faut ſçavoir, que comme
la Chymie eſt d'une très-grande étendue,
auſſi a-t'elle pluſieurs fins. Dans toute la nature qu'elle a pour objet, il y a des choſes
qui ſont tout-à-fait ſous la puiſſance de ſes
diſciples, comme il y en a d'autres qui n'y
ſont nullement ſoumiſes : outre ces deux
ſortes de ſujets qui ſont totalement differens, il y en a une troiſiéme ſorte qui ſont
en partie ſous leur domination, & qui n'y
ſont pas auſſi en partie. Ce qui fait qu'on
peut dire qu'il y a trois eſpeces de Chymie;
l'une, qui eſt tout-à-fait ſcientifique &
contemplative, ſe peut appeller philoſophique. Elle n'a pour but que la contemplation & la connoiſſance de la nature & de
ſes effets, parce qu'elle prend pour ſon objet les choſes qui ne ſont aucunement en
notre puiſſance. Ainſi cette Chymie philoſophique ſe contente de ſçavoir la nature
des Cieux & de leurs Aſtres, la ſource des
élemens, la cauſe des météores, l'origine
des minéraux, & la nourriture des plantes
& des animaux, parce qu'il n'eſt pas en
ſon pouvoir de faire aucune de toutes ces
choſes-là, ſe contentant de philoſopher
ſur tant d'effets differens.

La ſeconde eſpece de Chymie ſe peut appeller Iatrochymie, qui ſignifie Médecine

Chymique, & qui n'a pour son but que
l'opération , à laquelle toutefois elle ne
peut parvenir que par le moyen de la Chymie contemplative & scientifique : car
comme la Médecine a deux parties , la
théorie & la pratique, & que cette théorie
n'est que pour parvenir à la pratique ; ainsi
cette Iatrochymie participe aussi de l'une
& de l'autre, puisqu'elle ne contemple que
pour opérer , & qu'elle n'opere que pour
satisfaire les esprits de ses disciples sur la
contemplation des choses , tant de celles
qui ne sont pas , que de celles qui sont en
notre puissance.

La troisiéme espece s'appelle la Chymie
Pharmaceutique, qui n'a pour but que l'o-
peration : puisque l'Apotiquaire ne doit
travailler que selon les préceptes & sous la
direction des Iatrochymistes , dont nous
avons le véritable modéle en la personne
de M. Vallot , choisi par Sa Majesté très-
Chrétienne pour son premier Médecin ,
qui possede très-éminemment la théorie &
la pratique des trois Chymies que nous
avons décrites. Cette troisiéme Chymie a
pour son objet les choses qui sont soumises à notre puissance , pour operer dessus ,
& pour en tirer les parties differentes qu'elles contiennent. On peut conclure de tout
ce que dessus , que la Chymie peut être
dite Science & Art, eu égard aux especes

qu'elle contient fous foi, ce qui me fait dire qu'elle peut être appellée une science pratique.

Après avoir trouvé le genre, il faut auffi que nous trouvions la difference, pour en donner une exacte définition. Quelques-uns définiffent la Chymie, l'Art des tranf-mutations; d'autres, l'Art des féparations, & d'autres encore, l'Art des tranfmuta-tions & des féparations. Mais comme la tranfmutation & la féparation font des ef-fets de la Chymie; auffi ne peuvent-elles pas en établir la fpécifique & véritable difference. Il y en a encore plufieurs au-tres qui la définiffent de diverfes façons, qui fe rapportent toutes aux définitions que nous avons rapportées. C'eft pourquoi il faut néceffairement que nous prenions fa difference de fon objet, comme nous l'a-vons dit ci-deffus. Quelques Auteurs don-nent, le corps mixte pour objet à la Chy-mie, mais ils fe trompent : car les élemens qui font des corps fimples, font auffi fu-jets à cette fcience. D'autres veulent que ce foit le corps naturel : ceux-là fe trom-pent auffi, puifque la Chymie parle & traite de l'efprit univerfel, qui eft dépoüil-lé de toute corporéité. Je dis donc que la Chymie a pour objet toutes les chofes na-turelles que Dieu a tirées du cahos par la création.

Remarquez en paffant, que par les chofes naturelles, j'entens non-feulement les corps qu'on dit être compofés de matiere & de forme, mais auffi toutes les chofes créées, quoique privées de tout corps : ainfi l'oppofition des chofes naturelles aux furnaturelles, mettra la difference entre le Créateur & les créatures, pour effacer le reproche qui fe fait à ceux qui font profeffion de cette belle & noble fcience. C'eft pourquoi je définis la Chymie une fcience pratique, qui travaille fur les chofes naturelles. Elle eft fcience, comme je l'ai déja dit, parce qu'elle ne contemple pas feulement les chofes naturelles, mais encore parce qu'elle paffe de la contemplation à l'opération : c'eft de cette derniere partie qu'elle peut être appellée une fcience pratique ; en un mot ce n'eft autre chefe que la Phyfique même, en tant quelle met la main à l'œuvre pour examiner toutes fes propofitions par des raifonnemens qui font fondés fur les fens, fans fe contenter d'une pure & fimple contemplation.

Voici donc la difference qui eft entre le Phyficien Chymique, & le Phyficien de fpéculation : qui eft, que fi vous demandez au premier de quelles parties un corps eft compofé, il ne fe contentera pas de vous le dire fimplement, & de fatisfaire votre curiofité par vos oreilles ; mais il

vous le fera voir & connoître à vos autres
sens, en vous faisant toucher, sentir &
goûter les parties qui composoient ce corps,
parce qu'il sçait que ce qui demeure après
la résolution du mixte, étoit cela même
qui faisoit sa composition. Mais si vous
demandez au Physicien de spéculation de
quoi un corps est composé ; il répondra
que cela n'est pas encore déterminé dans
l'Ecole; que s'il est corps, il a de la quantité,
& que par consequent il doit être divisible ;
qu'il faut donc que le corps soit composé de
choses divisibles ou indivisibles, c'est-à-dire
de points ou de parties. Or il ne peut être
composé de points, puisque le point est
indivisible, & n'a aucune quantité, &
que par conséquent il ne peut communiquer la quantité au corps, puisqu'il ne l'a
pas lui-même, d'où on conclut qu'il doit
être composé de parties divisibles. Mais
on lui objectera, que si cela est, qu'il ait
à marquer si la plus petite partie de ce corps
est divisible ou non ; si elle est divisible, ce
n'est pas encore la plus petite partie, puisqu'elle peut être divisée en d'autres plus
petites : & si cette plus petite partie est indivisible, ce sera toujours la même difficulté, parce quelle sera sans quantité;
qu'ainsi elle ne pourra la communiquer au
corps, ne l'ayant pas elle-même. On sçait
que la divisibilité est la proprieté essentielle de la quantité.

Vous voyez que la Chymie rejette les argumens fpéculatifs de cette nature, pour s'attacher aux chofes qui font vifibles & palpables, ce que nous ferons voir dans le travail : car fi nous vous difons qu'un tel corps eft compofé d'un efprit acide, d'un fel amer & d'une terre douce, nous vous ferons voir, toucher, fentir & goûter les parties que nous en tirerons, avec toutes les conditions que nous leur aurons attribuées.

QUESTION TROISIÉME.

De la fin de la Chymie.

Il ne faut pas s'étonner fi les Phyficiens ordinaires ont trouvé fi peu de lumieres pour la connoiffance des corps naturels, puifqu'ils n'ont jamais eu d'autre but que la feule contemplation, n'ayant pas crû qu'ils fuffent obligés de mettre la main à l'œuvre, pour s'acquérir une véritable connoiffance des mixtes par le dépoüille-ment & l'anatomie Chymique. Eux & leurs fectateurs fe font imaginés que ce fe-roit faire tort à leur gravité, de fe noircir les mains avec du charbon ; ce que les Phyficiens Chymiftes n'ont pas appréhen-dé, quoiqu'ils euffent auffi-bien qu'eux la contemplation pour objet : ils ont crû qu'il y falloit joindre l'opération, afin d'a-

voir un contentement entier, & de trouver des fondemens stables & fermes pour
soutenir leurs raisonnemens, ne voulant
pas bâtir sur les idées des opinions vaines,
frivoles & phantastiques. Ce qui leur a
fait prendre en gré, les frais, la peine &
le travail, & qu'ils ne se sont pas rebutés
pour les veilles ni pour les mauvaises
odeurs. Mais ils se sont acquis une belle
& entiere connoissance des choses naturelles : ils ont trouvé par les expériences de
leur travail, les causes de tant d'effets qui
se voyent dans la nature des choses : ce
qui les distingue des Empyriques, qui
confondent & mêlent toutes choses sans
discernement & sans aucun raisonnement.

Disons donc que la fin générale de la
Chymie est véritablement l'opération ; car
le Philosophe n'opére que pour mieux con-
templer ; l'Iatrochymie n'opére aussi que
pour sçavoir par le moyen de l'opération,
celle qui se fait dans l'intérieur de l'homme sain, afin qu'il puisse être capable de
rétablir sa santé, lorsqu'elle est dérangée
par la maladie. Enfin le Pharmacien Chymiste n'opére que pour fournir des remedes bons & salutaires aux malades, selon
l'ordre qu'il en recevra du Médecin sçavant & expérimenté.

Faut-il donc s'étonner si les Chymistes
travaillent avec tant de soins pour acqué-

rir cette belle science, quisqu'il est impossible de s'y rendre parfait, sans avoir
premierement anatomisé la plus grande
partie des choses naturelles. Comme il est
nécessaire de disséquer le corps humain,
pour avoir la connoissance de ses organi-
sations ; il est également nécessaire d'ouvrir les choses composées, pour découvrir
ce que la nature a renfermé de plus beau
sous leur écorce ; d'où il est aisé de recueillir qu'il est impossible de devenir bon Physicien , si l'on n'acquiert une parfaite connoissance de toutes les parties de la Chymie , & qu'un homme ne peut être parfait
Médecin , sans avoir acquis cette belle
Physique, puisque la Physique est le fondement de la Médecine , & que sans elle
personne ne se peut attribuer d'autre titre
que celui d'Empyrique. Ce n'est pas assez
d'avoir du parchemin , des sçeaux, une
soutane , ni d'avoir pris ses dégrés dans
quelque fameuse Université , cela n'appartient , ni ne peut véritablement ap-
partenir qu'à celui qui aura acquis une
science solide, & qui se sera rendu bon
praticien par une longue expérience fon-
dée sur le raisonnement , avec un jugement
mûr & parfait.

D'où il s'ensuit deux choses : la premiere , que la Chymie ne consiste pas simplement à sçavoir préparer quelques remedes ,

comme quelques-uns se l'imaginent ; mais
qu'elle consiste principalement à s'en bien
servir avec toutes les circonstances & les
dépendances des théorèmes de ce bel Art,
qui est proprement la véritable Médecine.

La seconde, que celui qui se sert des remedes Chymiques, sans avoir la véritable
connoissance de sa théorie, ne peut avoir
d'autre nom que celui d'Empyrique, puisqu'il ignore les causes efficientes internes
de leurs effets, & qu'il ne sçait pas les raisons physiques, qui le portent à donner un
tel remede dans telle ou telle maladie,
n'ayant pas le fonds pour pouvoir connoître que ces rares médicamens n'agissent
jamais par leurs qualités premieres ni se-
condes ; mais qu'ils agissent toujours par
des vertus qui leur sont spécifiques, comme nous le ferons voir dans la suite de ce
Traité.

PREMIERE PARTIE.
LIVRE PREMIER.

CHAPITRE PREMIER.

De l'Esprit universel.

LE titre de ce Chapitre montre que quelques-uns soutiennent à tort que le corps naturel est le seul objet de la Chymie, puisqu'elle traite de l'esprit universel, qui est une substance dépoüillée de toute corporéité : c'est pourquoi nous lui avons donné avec beaucoup plus de raison toutes les choses naturelles pour son objet, c'est-à-dire, toutes les choses créées, tant celles qui sont corporelles que les spirituelles, & les invisibles aussi-bien que les visibles ; & cela parce que la Chymie ne montre pas seulement comment le corps peut être spiritualisé, mais elle montre aussi comment l'esprit se corporifie. Car après avoir fait l'anatomie de la nature en géneral & en particulier ; après avoir foüillé & pénetré jusques dans son centre, la

Chymie a trouvé que la source & la racine
de toutes chofes, étoit une fubftance fpiri-
tuelle, homogene & femblable à foi-
même, que les Philofophes anciens ou
modernes ont appellée de plufieurs noms
différens. Ils l'ont nommée Subftance vitale, Efprit de vie, Lumiere, Baume de vie,
Mumie vitale, Chaud naturel, Humide
radical, Ame du monde, Entelechie,
Nature, Efprit univerfel, Mercure de vie;
il l'ont encore nommée de beaucoup d'autres façons, qu'il eft inutile de rapporter,
puifque nous en avons donné les appellations principales.

Mais comme nous voulons traiter en ce
premier Livre des principes & des élémens
des chofes naturelles, il eft raifonnable que
nous traitions premiérement du premier
principe, dont les autres font principiés.
Or ce principe n'eft rien autre chofe que la
nature même, ou cet efprit univerfel, duquel nous traiterons en ce Chapitre.

Paracelfe dit en fon Livre des vexations,
que *domus eft femper mortua, fed eam inha-
bitans vivit*: il nous veut montrer par cette
comparaifon, que la force de la nature
n'eft pas dans le corps mortel & corrupti-
ble; mais qu'il la faut chercher dans cette
femence merveilleufe, qui eft cachée fous
l'ombre du corps, qui n'a de foi aucune
vertu; car tout ce qu'il en a, & tout ce

qu'il en peut avoir, vient médiatement de cet esprit séminal qu'il contient en soi, ce qui paroît manifestement en la corruption de ce corps, pendant laquelle son esprit interne s'en forge un nouveau, ou même plusieurs corps nouveaux par le débris du premier. C'est ce qui fait dire encore au même lieu à notre Trismegiste Allemand, que la force de la mort est efficace, parce qu'alors l'esprit se dégage des liens du corps, dans lequel il paroissoit être comme sans pouvoir, puisqu'il étoit prisonnier & qu'il commence à manifester sa vertu, lors-qu'on croyoit qu'il le pouvoit moins faire. Le grain de froment qui se pourrit en terre prouve cette vérité, c'est par cette pourri-ture que le corps étant ouvert, l'esprit in-terne séminal qui est enfermé dedans, pousse un tuyau au bout duquel il produit un épi garni de plusieurs grains, qui sont totalement semblables à celui qui se perd & qui se détruit en la terre.

Cette substance spirituelle, qui est la premiere & l'unique semence de toutes choses, a trois substances distinctes & non pas différentes en soi - même, car elle est homogene comme nous avons dit; mais parce qu'il se trouve en elle un chaud, un humide & un sec, & que tous trois sont distincts entr'eux, & non pas différens. Nous disons que les trois ne sont qu'une

essence & une même substance radicale :
autrement, comme la nature est une, simple & homogene, il ne se trouveroit cependant en la nature rien qui fût un, simple & homogene, parce que les principes seminaux de ces substances seroient héterogenes, ce qui ne peut être à cause des grands inconvéniens qui s'en suivroient ; car si le chaud étoit différent de l'humide, il ne pourroit en être nourri, comme il le nourrit nécessairement, parce que la nourriture ne se fait pas de choses différentes, mais de choses semblables. Si l'aliment étoit en son commencement différent de l'aliment é, il faudroit qu'il se dépouillât de toute nécessité de cette différence, avant qu'il pût être son dernier aliment. Or, il est très-assuré que l'humide radical est le dernier aliment de la chaleur naturelle, ce qui fait qu'il ne peut être différent de cette chaleur : de plus, s'ils demeuroient différens, chacun voudroit produire son semblable, & ainsi cette guerre intérieure empêcheroit la génération du composé. Concluons donc que cette substance radicale & fondamentale de toutes les choses, est véritablement unique en essence ; mais qu'elle est triple en nomination : car à raison de son feu naturel, elle est appellée soufre : à raison de son humide, qui est le propre aliment de ce feu, elle est nommée mercure ;

enfin à raison de ce sec radical , qui est le ciment & la liaison de cet humide & de ce feu , on l'appelle sel. Ce que nous ferons voir plus exactement , lorsque nous parlerons de ces trois principes en particulier , & que nous examinerons s'ils peuvent être transmués les uns aux autres.

Après avoir ainsi parlé de la nature & de l'essence de cet esprit universel , il faut que nous examinions quelle est son origine , & les effets qu'il produit. Pour le premier , il ne faut nullement douter que cet esprit n'ait été créé par la Toute-puissance de la premiere cause , lorsqu'elle fit éclore ce beau monde hors du néant , & qu'elle le logea dans toutes les parties de cette grande machine , comme l'a très-bien reconnu le Poëte , quand il dit :

Spiritus intus agit , totamque infusa per artus ,
Mens agitat molem.

D'autant que toutes les parties de cet Univers ont besoin de sa présence, comme nous le remarquons par ses effets ; car si on en a privé quelqu'une, il ne manque pas de revenir se loger chez elle , afin de lui rendre la vie par son arrivée. Ainsi nous voyons qu'après avoir tiré du vitriol beaucoup de différentes substances qu'il contient , si on expose la tête morte de ce vitriol à l'air , en quelque endroit qui soit à

couvert des injures de l'eau , que cet esprit
ne manque pas d'y reprendre sa place ,
parce qu'il est puissamment attiré par cette
matrice , qui n'a point d'autre avidité que
de se refournir de cet esprit , qui est celui
qui fait la meilleure partie de tous les êtres ;
car comme les choses ne sont que pour
leurs opérations , elles ne peuvent agir aussi
que par leurs principes efficiens internes ;
c'est pourquoi Dieu qui ne veut pas créer
tous les jours des choses nouvelles , a créé
une fois pour toutes cet esprit universel , &
l'a répandu par tout , afin qu'il se pût faire
tout en toutes choses,

Or, comme cet esprit est universel , aussi
ne peut-il être spécifié que par le moyen
des fermens particuliers , qui impriment en
lui le caractere & l'idée des mixtes , pour
être faits tels ou tels êtres déterminés , selon
la diversité des matrices , qui reçoivent cet
esprit pour le corporifier. Ainsi , dans une
matrice vitriolique , il devient vitriol ; dans
une matrice arsenicale , il devient arsenic ;
la matrice végetable le fait être plante , &
ainsi de tous les autres. Mais remarquez ici
deux choses ; la premiere , que lorsque
nous disons que cet esprit est spécifié dans
telle ou telle matrice , que nous ne voulons
entendre autre chose , sinon que cet esprit
a été corporifié en tel ou tel composé ,
selon la diversité de l'idée qu'il a reçûe par

le moyen du ferment particulier, & que
néanmoins on le peut retirer de ce composé, en le dépouillant, par le moyen de
l'art, de ce corps grossier, pour le revêtir
d'un corps plus subtil, & le rapprocher
ainsi de son universalité ; & c'est alors que
cet esprit manifeste ses vertus beaucoup
plus éminemment & plus sensiblement qu'il
ne faisoit. La seconde chose que vous avez
à remarquer est, que cet esprit ne peut
retourner à sa premiere indifférence, ou à
sa premiere universalité, qu'il n'ait perdu
totalement l'idée qu'il a reçûe de la matrice, dans laquelle il a été corporifié. Je dis
qu'il faut qu'il ait tout-à-fait perdu cette
idée, parce que quoique ces esprits ayent
été décorporifiés par l'art ; cependant ils
ne laissent pas de conserver encore pour
quelque tems le caractere de leur premiere
corporification, comme cela paroît manifestement dans un air empesté des esprits
réalgariques & arsenicaux, qui voltigent
invisiblement par tout ; mais lorsqu'il a
perdu entiérement cette idée, il se rejoint
alors à l'esprit universel ; s'il se rencontre
néanmoins quelque matrice fertile, étant
encore un peu empreint de son idée, alors
il se corporifie en plusieurs composés différens, comme cela paroît par les plantes &
par les animaux, qu'on voit être produits
sans semence apparente, comme les cham-
pignons,

pignons, les orties, les souris, les gre-
nouilles, les insectes, & plusieurs autres
choses qu'il n'est pas besoin de rapporter.

Voilà ce que nous avions à dire touchant
cet esprit universel : nous réservons de
parler des matrices qui le spécifient, qui
le corporifient, & qui lui communiquent
l'idée & le caractere d'un tel être déterminé, lorsque nous traiterons des Elémens.

CHAPITRE II.

Des diverses substances qui se trouvent après la résolution, & l'anatomie du composé.

Nous pouvons considérer les principes
& les élemens qui constituent le
composé, en trois différentes manieres ;
sçavoir, ou avant sa composition, ou après
sa résolution, ou bien lorsqu'ils composent encore & qu'ils constituent le mixte.
Nous avons montré au Chapitre précédent
quelle étoit la nature des principes, avant
qu'ils composassent le mixte : il faut que
nous fassions voir en ce second Chapitre
quels ils sont, après la résolution & pendant la composition : ce que nous ne trai-
erons que généralement & succinctement,
parce que nous en parlerons plus ample-

ment & en particulier dans les Chapitres qui suivent.

Nous avons dit ci-deſſus que l'eſprit univerſel, qui contient radicalement en ſoi les trois premieres ſubſtances, étoit indifférent à être fait toutes ſortes de choſes, & qu'il étoit ſpécifié & corporifié, ſelon l'idée qu'il prenoit de la matrice où il étoit reçû ; qu'avec les minéraux, il devenoit minéral ; qu'avec les végetaux, il devenoit plante ; & qu'enfin avec les animaux, il ſe faiſoit animal. Nous parlerons ci-après, & de cette idée & des matrices qui la lui communiquent.

Pendant la compoſition du mixte, cet eſprit retient la nature & l'idée qu'il a priſe dans la matrice. Ainſi lorſqu'il a pris la nature du ſoufre, & qu'il eſt empreint de ſon idée, il communique au compoſé toutes les vertus & toutes les qualités du ſoufre. Je dis la même choſe du ſel & du mercure : car s'il eſt ſpécifié, ou s'il eſt ſeulement identifié en quelqu'un de ces principes, il le fait incontinent paroître par ſes actions : ainſi les choſes ſont en leur compoſition fixes & volatiles, liquides ou ſolides, pures ou impures, diſſoutes ou coagulées, & ainſi des autres, ſelon que cet eſprit tient plus ou moins de ſel, de ſoufre ou de mercure, & ſelon qu'il tient plus ou moins du mélange de la terreſtreité

& de la groſſiéreté des matrices.

Mais après que ces principes ſont ſéparés les uns des autres, auſſi-bien que de la terreſtreité & de la corporeité qu'ils ont de leurs matrices, ils montrent bien par leurs puiſſans effets, que c'eſt en cet état qu'il faut les réduire, ſi on deſire qu'ils agiſſent avec efficace, quoiqu'ils retiennent encore leur caractere & leur idée intérieure. Ainſi quelques goutes d'eſprit de vin feront plus d'effet qu'un verre entier de cette liqueur corporelle, en laquelle il étoit enclos. Ainſi une goute d'eſprit de vitriol fera paroître plus d'effet que pluſieurs onces du corps du vitriol. Mais remarquez que ces grandes vertus, & ces grands & puiſſans effets ne demeurent en ces eſprits qu'auſſi long-tems que l'idée du mixte dont ils ont été tirés, leur demeure : car comme toutes choſes tendent à leur premier principe, par une circulation continuelle qui ſe fait par la voye de la nature, qui corporifie pour ſpiritualiſer, & qui ſpiritualiſe pour corporifier ; auſſi ces eſprits tâchent continuellement de ſe dépouiller de cette idée qui les empriſonne, pour ſe réunir à leur premier principe, qui eſt l'eſprit univerſel.

Après avoir éclairci ces choſes, il faut que nous voyons combien la Chymie trouve de ſubſtances dans la réſolution du

composé, & quelles elles sont. Aristote
dit, que la résolution des choses montre &
fait voir les principes qui les constituent :
c'est sur cette même maxime que se fonde
notre science, tant parce qu'elle est trèsvéritable, qu'à cause que la Chymie ne
reçoit pour principes des choses sensibles,
que ce qui se peut appercevoir par les sens.
Et comme l'Anatomiste du corps humain a
trouvé un nombre certain de parties similaires, qui composent ce corps, ausquelles
il s'arrête ; la Chymie s'efforce pareillement de découvrir le nombre des substances premieres & similaires de tous les composés, pour les présenter aux sens, afin
qu'ils puissent mieux juger de leurs offices,
lorsqu'ils sont encore joints dans le mixte,
après avoir vû leurs effets & leurs vertus
en cette simplicité. Et c'est de-là que le
nom de Philosophe sensible a été donné au
Chymiste. Car comme l'Anatomiste se sert
de rasoirs & d'autres instrumens tranchans,
pour faire la séparation des différentes
parties du corps humain, ce qui est son
principal but ; c'est ce que fait aussi l'Artiste Chymique, qui se sert de l'instruction prise de la nature même, pour parvenir à sa fin, qui n'est autre que d'assembler
les choses homogenées, & de séparer les
choses heterogenées par le moyen de la
chaleur ; car de lui-même il ne contribue

rien autre chofe que fon foin & fa peine,
pour gouverner le feu, felon que l'exigent
les agens & les patiens naturels, afin de
réfoudre les mixtes en leurs diverfes fubftances, qu'il fépare & qu'il purifie enfuite :
alors le feu ne ceffe point fon action, au
contraire, il la pouffe & l'augmente plutôt,
jufqu'à ce qu'il ne puiffe plus trouver aucune heterogenéité dans le compofé.

Principes de la réfolution des corps.

Après que la Chymie a travaillé fur le
compofé, elle trouve dans fa derniere réfolution cinq fubftances qu'elle admet pour
principes & pour élémens ; fur quoi elle
établit fa doctrine, parce qu'elle ne trouve
aucune heterogenéité dans ces cinq fubftances. Qui font le *phlegme* ou l'eau,
l'*efprit* ou le mercure, le *foufre* ou l'huile,
le *fel* & la *terre*. Quelques-uns leur donnent
d'autres noms ; car il eft permis à un chacun de les nommer comme bon lui femble ;
puifque cela n'eft pas de grande importance, pourvû qu'on s'accorde & qu'on puiffe
convenir de la chofe, fans fe foucier du
nom.

Or de même que l'intégrité des mixtes ne
peut fubfifter, fi on leur ôte quelqu'une de
ces parties ; auffi la connoiffance de ces
fubftances feroit imparfaite & défectueufe,
fi on les féparoit, parce qu'il les faut confi-

dérer tant abfolument que refpectivement.
Trois de ces fubftances fe préfentent à nous
par l'aide de l'opération Chymique en forme de liqueur , qui font le phlegme , l'efprit & l'huile , & les deux autres en forme
folide, qui font le fel & la terre. On appelle
ordinairement & communément le phlegme & la terre , des principes paffifs , matériels & moins efficaces que les trois autres ;
mais au contraire , on appelle l'efprit , le
foufre & le fel , des principes actifs & for-
mels , à caufe de leur vertu pénétrante &
fubtile. Quelques-uns appellent le phlegme & la terre des éléments , & donnent le
nom de principes aux trois autres.

Mais fi la définition qu'Ariftote a donnée
aux principes , eft effentielle , fçavoir que
les principes *neque ex aliis , neque ex fe
invicem fiunt ;* l'expérience nous fait voir
que ces fubftances ne peuvent pas être appellées proprement principes ; parce que
nous avons dit ci-deffus que le mercure fe
change en foufre , puifque l'humide eft
l'aliment du chaud , or l'aliment fe méta-
morphofe en l'alimenté. Voilà pourquoi la
définition d'élément conviendroit plutôt à
ces fubftances , puifque ce font les dernieres qui fe trouvent après la réfolution du
compofé , & que les élémens font *ea quæ
primò componunt mixtum , & in qua ultimò
refolvitur.*

Mais parce que les élémens font confiderés en deux façons, ou comme des parties qui compofent l'univers, ou qui compofent feulement les corps mixtes ; cependant pour nous accommoder à la façon ordinaire de parler, nous leur donnerons le
nom de principes, parce que ce font des
parties conftitutives du compofé ; & nous
retiendrons le nom d'élément pour ces
grands & vaftes corps, qui font les matrices
générales des chofes naturelles.

CHAPITRE III.

De chaque principe en particulier.

SECTION PREMIERE.

*A fçavoir fi les cinq principes qui demeurent
après la réfolution du mixte, font naturels
ou artificiels.*

LA Chymie reçoit pour principes du
compofé les cinq fubftances, dont
nous avons parlé ci-deffus ; cette fource
étant tout-à-fait fenfible, elle ne raifonne
que fur ce que les fens lui font appercevoir, & cela parce qu'après avoir fait une
très-exacte anatomie d'un corps naturel,
elle ne trouve rien au-delà qui ne réponde à
l'une de ces cinq fubftances.

Mais on peut ici faire une queftion, qui

n'a pas peu de difficulté ; sçavoir, si ces cinq substances sont des principes naturels, ou s'ils sont artificiels, & s'ils ne sont pas plutôt des principes de destruction & de désunion, que des principes de composition & de mixtion. On peut répondre à cela, qu'il y a véritablement de la difficulté pour sçavoir si ces principes sont naturels, parce que nous ne les voyons pas sortir du composé par une corruption, ou par une putréfaction naturelle ; mais que cela ne peut être fait que par une corruption artificielle, qui se pratique par le moyen de la chaleur du feu. Si on veut cependant examiner la chose de près, il se trouvera qu'on ne peut à la vérité tirer ces substances que par le moyen de l'art chymique ; elles sont néanmoins purement & simplement naturelles, puisque tout ce que fait ici l'Art est de fournir les vaisseaux propres à les recevoir, à cause que ces vaisseaux manquent à la nature ; & sans le secours de ces vaisseaux, nous ne pourrions rendre ces principes palpables & visibles : ce qui fait qu'on ne doit pas trouver étrange que nous n'appercevions pas ces substances dans la corruption & dans la résolution naturelle du composé ; car la nature qui travaille sans cesse, se sert de ces substances à la génération de plusieurs autres êtres, comme Aristote l'a très-bien observé, quand il

dit que *corruptio unius eſt generatio alterius*.
Ainſi nous ſentons quelque choſe qui frap-
pe, ou qui choque même notre odorat dans
la putréfaction naturelle des choſes, ce qui
témoigne que l'air eſt plein d'eſprits volatiles, qui ſont ſalins & ſulfureux, par leſquels ſe fait la diſſolution radicale du mixte :
le ſel ſe réſout par le moyen du phlegme,
& comme le ſel eſt le lien des deux autres
principes, auſſi ne peuvent-ils plus ſubſiſter dans le mixte, parce que la chaleur
qui accompagne toutes les putréfactions,
les ſubtiliſe & les emporte ſi bien, qu'il ne
nous reſte que ce qu'il y a de terreſtre dans
le compoſé. C'eſt pourquoi nous concluons
que ces principes, quoique rendus manifeſtes & ſenſibles par les ſeules opérations de la Chymie, néanmoins cela n'empêche pas qu'ils ne ſoient naturels. Parce
que ſi la nature ne les avoit pas logés en
toutes les choſes, on ne les pourroit pas
tirer indifféremment de tous les corps,
comme on le peut faire. D'où nous tirons
cette conſéquence, que ce n'eſt point par
tranſmutation que ces ſubſtances ſortent
du mixte ; mais par une pure ſéparation
naturelle, aidée de la chaleur des vaiſſeaux
& de la main de l'Artiſte.

Tous les êtres ne ſçauroient être trans-
formés indifféremment & immédiatement
en une ſeule & même choſe. C'eſt pour-

quoi, il ne faut pas trouver étrange, lorſqu'on tire d'autres ſubſtances de ces mixtes, quand on travaille deſſus, par d'autres voyes que par la ſéparation des principes, comme ſont les quinteſſences, les arcanes, les magiſteres, les ſpécifiques, les teintures, les extraits, les fœcules, les baumes, les fleurs, les panacées & les élixirs, dont Paracelſe parle en ſes Livres des Archidoxes ; puiſque toutes ces différentes préparations tirent leurs diverſes vertus de la diverſité du mélange des principes, dont nous parlerons dans les Sections ſuivantes, ſelon l'ordre qu'ils tombent premiérement ſous nos ſens, où nous les conſidérons comme lorſqu'ils compoſent encore le mixte, & comme étant ſéparés de lui.

SECTION SECONDE.

Du Phlegme.

On donne le nom de phlegme à cette liqueur inſipide, qu'on appelle vulgairement eau, lorſqu'elle eſt ſéparée de tout autre mélange. C'eſt la premiere ſubſtance qui ſe montre à nos yeux, lorſque le feu agit ſur quelque mixte : on la voit premiérement en forme de vapeur, & lorſqu'elle eſt condenſée, elle ſe réduit en liqueur. Sa préſence eſt auſſi utile dans la compoſition du mixte, que celle d'aucun autre principe.

Et nous ne sommes pas de l'opinion de ceux
qui la regardent comme inutile ; mais il
faut que la proportion & l'harmonie demeure dans les bornes, que requiert la nécessité des corps naturels ; car le phlegme
est comme le frein des esprits, il abat leur
acidité, il dissout le sel & affoiblit son
acrimonie corrodante, il empêche l'inflammation du soufre, & sert enfin à lier & à
mêler la terre avec les sels ; car comme ces
deux substances sont arides & friables,
elles ne pourroient pas donner beaucoup
de fermeté & de solidité au corps sans cette
liqueur. De-là vient qu'il cause la corruption & la dissolution par son absence, ce
qui fait que quelques-uns l'appellent le
principe de destruction, car il s'évapore
facilement ; d'où il arrive que le mixte ne
peut demeurer long-tems dans un même
état & dans la même harmonie, à cause
que cette partie principiante s'exhale aisément & à toute heure, ce qui la rend sujette aux moindres injures qui arrivent,
tant par les causes intérieures, que par les
causes extérieures. C'est pourquoi, il faut
que ceux qui travaillent à la conservation
des mixtes, s'étudient à retenir ce principe
dans le composé, parce que c'est lui qui
retient tous les autres en bride Il est de si
facile extraction, qu'il ne faut qu'une chaleur lente & moderée, pour le séparer des

autres principes, comme on le voit dans
les opérations. Il souffre plusieurs altérations, qui ne changent pourtant pas sa
nature ; car s'il nous paroît en vapeurs,
elles ne sont néanmoins essentiellement
autre chose que le phlegme même.

Vous remarquerez ici que les vapeurs
sont de différente nature ; les unes sont
simplement aqueuses & phlegmatiques ; les
autres sont spiritueuses & mercurielles, les
autres sulfurées & huileuses, & il y en
encore quelques autres qui sont mélangées
des trois précédentes ensemble ; il faut encore observer que les sels mêmes & les
terres minérales & métalliques peuvent
être subtilisées & réduites en vapeurs, qui
sont encore différentes des quatre précédentes, puisqu'il en résulte des esprits fixes
& pesans, & des fleurs. On peut très-bien
rapporter toute la doctrine des météores
ignés, aqueux ou aërés, à la différence de
ces exhalaisons & de ces vapeurs ; car
comme on voit que les vapeurs aqueuses
se condensent facilement en eau dans les
alembics, ce que ne font pas les spirituelles
ni les huileuses, qui demandent beaucoup
plus de tems & de rafraîchissement : on
pourra aussi tirer de-là plusieurs consé-
quences pour la Médecine, & particuliérement pour ce qui concerne les douleurs,
qu'on croit provenir des vapeurs & des

exhalaifons, qu'on appelle ordinairement des metéorifmes du ventricule & de la ratte ; car les aqueufes ne peuvent faire tant de diftention, parce qu'elles font plus promptement ferrées & condènfées, que celles-qui proviennent des efprits, dès huiles & des fels mélangés. Or, comme trop de phlegme éteint la chaleur naturelle, & rallentit le corps & toutes fes actions ; auffi le trop peu fait que le corps eft comme brûlé ou rongé, lorfque le foufre, l'efprit fixe ou le fel gagne le deffus : ce qui prouve évidemment, que l'intégrité du mixte ne peut fubfifter que par l'harmonie & la jufte proportion de toutes fes fubftances.

Pour conclure ce que nous avons dit de ce principe, vous obferverez que le phlegme du mixte doit être ordinairement le menftrue le plus propre pour en tirer la teinture & l'extrait, parce qu'il garde encore quelque caractere de fon compofé & quelque idée de fa vertu ; mais principalement parce qu'il eft accompagné le plus fouvent de l'efprit volatile du mixte, qui le rend capable de le pénétrer plus facilement & d'en extraire la vertu, d'autant plus qu'il eft participant d'une nature mélée d'un foufre & d'un mercure très-fubtils, qui approchent le plus de l'univerfel.

SECTION TROISIÉME.

De l'Esprit.

Quelques - uns appellent Mercure, la seconde substance qui nous paroît visible, lorsque nous anatomisons le composé; d'autres la nomment humide radical; mais nous retiendrons le nom d'esprit, qui est le plus en usage. Cependant pour que vous ne vous abusiez point en ces appellations vulgaires des principes; afin même que vous ne les confondiez pas avec les composés, il est nécessaire que vous sçachiez qu'ils n'ont été nommés de la sorte, que par la ressemblance & la correspondance qu'ils ont avec eux : ne prenez donc pas le phlegme principié pour de la pituite, ni le mercure pour du vif-argent, ni le soufre pour ce soufre vulgaire, qui entre dans la composition de la poudre à canon avec le salpêtre, ni le sel pour ce sel commun que nous mettons sur nos tables, & moins encore la terre pour du bol d'Armenie, ou pour de la terre sigillée, puisque toutes ces choses sont des corps composés de ces mêmes principes, que nous désignons par ces noms-là. Ainsi ce sont des noms communs, dont nous attachons l'idée à des substances particulieres. L'esprit donc n'est autre chose que cette substance

aërée, fubtile, pénétrante & agiffante, que
nous tirons du mixte par le moyen du feu.
D'où il faut conclure que ce principe eft en
foi un, fimple & homogene, qui a pris
fon idée du caractere de fa matrice fpécifique & particuliere. Ce que nous éclairci-
rons ci-deffous, lorfque nous traiterons des
élémens & de leurs vertus.

Or, on confidere cette fubftance, ou
comme compofante encore le mixte, ou
comme en étant féparée. Hors du mixte
cette fubftance eft extrêmement pénétrante,
elle incife, elle ouvre & attenue les corps
les plus folides & les plus fixes ; cet efprit
excite le chaud dans les chofes en les fer-
mentant ; il dénoue les liens du foufre &
du fel, & les rend féparables ; il réfifte
à la pourriture, & cependant il peut la
produire par accident ; il dévore le fel &
fe joint fi étroitement avec lui, qu'à peine
les peut-on féparer que par l'extrême violence du feu. Il a fa chaleur, comme il a
auffi fa froideur ; car il n'agit pas par des
qualités élémentaires, mais par celles, qui
lui font propres & fpécifiques ; enfin nous
manquons encore d'expreffions propres à fa
nature, puifque c'eft un véritable Prothée,
qui ne travaille que comme le foleil, qui
humecte & qui deffeche, qui blanchit &
qui noircit, felon la diverfité des objets fur
lefquels il agit. Ce même efprit communi-

que beaucoup de belles qualités au phlegme ; car il empêche qu'il ne se corrompe,
il le rend pénétrant, & lui prête presque
tout ce qu'il possede d'activité : le phlegme
aussi par un devoir naturel retient la trop
grande activité, & pour ainsi dire la furie
de l'esprit, & le rend si traitable qu'il peut
être utile en une infinité de manieres.

Or pendant que cet esprit demeure dans
l'harmonie, & qu'il n'outrepasse pas les
termes de son devoir dans les mixtes, il
leur rend de notables services, parce qu'il
empêche l'accroissement des excrémens, &
de toute autre substance contraire à la nature du composé, & qu'il multiplie encore
& fortifie toutes ses facultés, tant à l'égard
des animaux, des végetaux, que des mineraux. Que si au contraire ce principe est
contraint par quelque autre Agent, d'outre-
passer la condition & la constitution de
son mixte, il change alors toute l'œcono-
mie du composé, comme nous le ferons
voir, lorsque nous traiterons des principes
de destruction.

SECTION QUATRIÉME.

Du Soufre.

On a qualifié ce principe de plusieurs
noms, aussi bien que les autres ; car on lui
donne le nom d'huile, de feu naturel, de

lumiere, de feu vital, de baume de vie &
de soufre. Outre tous ces noms, les Artistes lui en ont encore donné plusieurs autres, dont nous ne remplirons point cette
Section : nous nous contenterons, selon
notre coutume, d'examiner la nature de la
chose, & nous laisserons ce combat aux
Ergotistes.

La substance que nous appellerons quelquefois soufre & quelquefois huile, est la
troisiéme que nous tirons par la résolution
artificielle du composé : nous la nomme-
rons ainsi, parce que c'est une substance
oléagineuse qui s'enflamme facilement, à
cause qu'elle est d'une nature combustible,
& c'est par son moyen que les mixtes sont
rendus tels. On l'appelle principe aussi-bien
que les autres, parce qu'étant séparée du
composé, elle est homoger · en toutes ses
parties, comme sont les autres principes.
On considere aussi cette substance de deux
manieres ; car quand elle est déliée d'avec
les autres, elle surnage le phlegme & les
esprits, parce qu'elle est plus légere & plus
aërée ; mais lorsqu'elle n'est pas absolument détachée du sel & de la terre, elle
peut tomber au fond, ou bien nager entre
les deux ; car le soufre supporte & soutient
la terre & le sel, jusqu'à ce qu'il soit tout-
à-fait vaincu par leur pesanteur ; il ne reçoit pas facilement le sel, qu'il ne soit

auparavant allié avec quelque esprit, ou que le sel ait été circulé avec l'esprit, avec lequel il a une grande sympathie ; & c'est alors qu'ils reçoivent ensemble le soufre fort facilement, ce qui est très-remarquable, parce qu'on ne peut faire exactement sans cette connoissance, les panacées, les vrais magisteres, les essences, les arcanes, ni les autres remedes les plus secrets qui ne sont point du district de la Médecine, non plus que de la Pharmacie Galenique : on sçait que ceux qui font profession de cette médecine, ne peuvent pas rendre raison des plus beaux effets de la nature, parce qu'ils attribuent ces effets aux quatre premieres qualités.

Ce soufre est la matiere des meteores ignés, qui s'enflamment dans les diverses régions de l'air, aussi bien que de ceux qui se voyent dans les lieux, où les mineraux & les métaux sont engendrés. Il résiste au froid & ne se gele jamais ; car il est le premier principe de chaleur, il ne souffre point de corruption, il conserve les choses qui sont mises dans son sein, à cause qu'il empêche la pénétration de l'air, il adoucit l'acrimonie du sel, il se coagule & se fixe par son moyen, il dompte l'acidité des esprits de telle façon, que même les plus puissantes eaux fortes ne peuvent rien sur lui, ni sur les composés où il abonde. Il

aide à lier la terre, qui n'est que poudre,
avec le sel dans la composition du mixte,
il cause aussi la liaison des autres principes;
car il tempere la sécheresse du sel & la grande
fluidité de l'esprit ; enfin par son moyen,
les trois principes causent ensemble une
viscosité, qui s'endurcit quelquefois après
par le mélange de la terre & du phlegme.

SECTION CINQUIÉME.

Du Sel.

Le phlegme, l'esprit & le soufre, sont
des principes volatiles qui fuyent le feu,
qui les fait monter & sublimer en vapeurs,
ce qui fait qu'ils ne pourroient donner au
mixte la fermeté requise pour sa durée, s'il
n'y avoit quelques autres substances fixes
& permanentes. Il s'en trouve deux tout-à-
fait différentes des autres dans la derniere
résolution des corps. La premiere, est une
terre simple sans aucune qualité notable,
excepté la siccité & la pesanteur. La seconde, est une substance qui résiste au feu &
qui se dissout en l'eau, à laquelle on a
donné le nom de sel.

Ces deux substances qui servent de base
& de fondement au mixte, quoiqu'elles se
confondent par l'action du feu, sont néanmoins deux divers principes, ausquels on
reconnoît des différences si essentielles,

qu'il n'y a nulle analogie entre les deux.
Le sel se rend manifeste par ses qualités qui
sont innombrables, comme elles sont pleines d'efficace; & bien autres que celles de
la terre, qui est presque sans pouvoir &
sans action en comparaison de cette autre
substance.

Le sel étant exactement séparé des autres
principes, se présente à nous en corps sec
& friable, qu'il est aisé de mettre en poudre,
ce qui témoigne sa sécheresse extérieure ;
mais il est doué d'une humidité intérieure,
comme cela se prouve par sa fonte. Il est
fixe & incombustible, c'est-à-dire, qu'il
résiste au feu dans lequel il se purifie, il ne
souffre point de putréfaction, & se peut
conserver sans être altéré. Cette substance
est estimée de quelques-uns, le premier
sujet & la cause de toutes les saveurs, comme le soufre celui des odeurs, & le mercure celui des couleurs ; mais nous ferons
voir la fausseté de cette opinion, lorsque
nous traiterons de cette matiere.

Le sel se dissout facilement dans l'humide ; étant dissout, il soutient le soufre,
& se joint à lui par le moyen de l'esprit.
Il est utile à beaucoup de choses ; car il fait
que le feu ne peut pas consumer l'huile
aussi promptement qu'il feroit ; c'est pourquoi le bois flotté ne produit pas une flamme de longue durée, parce qu'il est privé

de la plus grande partie de son sel : c'est
aussi le sel qui rend la terre fertile , car il
sert comme de baume vital avec l'huile
pour les vegétaux ; & de-là vient que les
terres qui sont trop lavées de la pluye, perdent leur fécondité : il sert aussi à la génération des animaux ; c'est encore lui qui
endurcit les minéraux ; mais remarquez que
ces effets ne se produisent, que lorsqu'il est
dans une juste proportion : car le trop empêche la génération & l'accroissement ,
parce qu'il ronge & ruine par son acrimonie ce que les autres substances peuvent
produire.

Mais afin que vous ne soyez pas trompé
par l'ambiguité du mot de sel , il faut que
vous sçachiez qu'il y a un certain sel central , principe radical de toutes les choses,
qui est le premier corps dont se revèt l'esprit universel , qui contient en soi les autres principes , que quelques-uns ont appellé sel hermétique , à cause Hermès qui
en a , dit-on , parlé le premier ; mais on le
peut appeller plus légitimement le sel hermaphrodite , parce qu'il participe de toutes
les natures , & qu'il est indifférent à tout.
Ce sel est le siége fondamental de toute la
nature , avec d'autant plus de raison , que
c'est le centre où toutes les vertus naturelles aboutissent , & que les véritables semences des choses ne sont qu'un sel congelé,

cuit & digeré : ce qui paroît véritable, en
ce que si vous faites bouillir quelque semence que ce soit, vous la rendrez stérile
à l'instant, parce que cette vertu seminale
consiste en un sel très-subtil qui se résout
dans l'eau ; d'où nous apprenons que la
nature commence la production de toutes
les choses par un sel central & radical,
qu'elle tire de l'esprit universel. La différence qui est entre ces deux sels, est que
ce premier engendre l'autre dans le mixte,
& que le sel hermaphrodite est toujours un
principe de vie, & que l'autre est quelquefois un principe de mort. Mais comme
nous traiterons ci-après des principes de
mort & de destruction, nous ne nous éten-
drons pas ici sur les effets des uns ni des
autres, parce que la science des contraires
étant une même science, ils apporteront
beaucoup plus de lumiere, lorsqu'ils seront
respectivement opposés.

SECTION SIXIÉME.

De la Terre.

La terre est le dernier des principes, tant
de ceux qui sont volatiles, que de ceux qui
sont fixes : c'est une substance simple qui
est dénuée de toutes les qualités manifestes,
excepté de la sécheresse & de l'astriction ;
car pour ce qui touche la pesanteur, nous

en parlerons ci-après. Je dis manifeste, parce que cette terre retient toujours en soi le caractere indélebile de la vertu qu'elle a poffedée, qui eft de corporifier & d'identifier l'efprit univerfel. La premiere idée qu'elle lui donne, c'eft celle de fel hermaphrodite, qui redonne par fon action à cette terre fes premiers principes, fi bien que le mixte eft comme reffufcité, parce qu'on peut encore retirer de ce même corps les mêmes principes en efpéce, qu'on en avoit auparavant feparés par l'opération Chymique, comme nous le montrerons ci-après, lorfque nous examinerons cette matiere.

Confidérons maintenant les ufages de cette fubftance, qui eft très-néceffaire dans le mixte, puifque c'eft elle qui augmente la fermeté du compofé; car lorfqu'elle eft jointe au fel, elle caufe la corporéité, & par conféquent la continuité des parties; étant mêlée avec l'huile, elle donne la ténacité, la vifcofité & la lenteur; elle donne donc avec le fel la dureté & la fermeté: car comme le fel eft fort friable de foi-même, il ne pourroit pas fe joindre intimement à la terre, que par le moyen des fubftances liquides pour procurer la folidité. Les incommodités de ce principe fe manifeftent, lorfque le mixte requiert l'abondance des autres fubftances: car fi la

terre prédomine, elle rend le corps pesant,
tardif, froid & stupide, selon la nature
des composés dans lesquels elle abonde.

Remarquez néanmoins en passant, que
ce n'est pas la terre seule qui cause la pesanteur du composé, comme cela est sou-
tenu par certains Philosophes, qui se promenent plus qu'ils ne travaillent ; car on
trouve plus de terre dans une livre de
liége après sa résolution, quoique ce soit
un corps qui paroît très-léger, qu'on n'en
trouvera dans trois ou quatre livres de
gayac ou de buis, qui sont des bois si
pesans, que l'eau ne les peut presque soutenir contre la nature des autres bois. D'où
nous devons nécessairement conclure que
la plus grande pesanteur provient des sels
& des esprits, qui abondent dans ces bois,
dont le liége est privé.

On voit aussi par expérience qu'une fiole
pleine d'esprit de vitriol, ou de quelque
autre esprit acide bien rectifié, pesera plus
que deux ou trois autres fioles de pareil
volume remplies d'eau, ou de quelque
autre liqueur semblable. Je sçai qu'on objectera contre cette expérience, que la pesanteur du gayac vient de sa substance si
compacte, qui ne laisse aucune entrée à
l'air, & que la légereté du liége est causée
par la grande quantité de pores larges &
amples, qui sont remplis de cet élément
léger,

léger, ce qui fait qu'il nage fur l'eau, &
que le contraire fe voit au gayac& au busi.
Mais cette réponfe ne fatisfait pas l'efprit :
car fi la légereté & la pefanteur font caufées,
l'une par la raréfaction , & l'autre par la
condenfation , il faudra que ces pores qui
font dans le liége, viennent de l'abondance
de la terre & du manque des autres principes ; de-là on conclura de néceffité, premiérement,que la terre eft poreufe par foi-
même ; & fecondement , que c'eft elle qui
rend les corps poreux ; parce que *Nemo dat
quod non habet , & propter quod unumquod-
que eft tale , illud ipfum eft magis tale* , à ce
que difent les Péripatériciens , qui font les
Philofophes ambulatoires ; d'où ils feront
contraints d'avouer par leurs propres maximes , quoique ce foit néanmoins contre
leurs principes mêmes , que la terre non-
feulement caufe la légereté des mixtes ,
mais auffi que la terre eft légere de fa propre nature : ce qui eft un monftre dans leur
doctrine , & qui eft en effet contraire à
l'expérience ; car il n'y a pas de principes
plus pefans que la terre , lorfqu'ils font artiftement & duement feparés les uns des
autres ; car elle tend toujours au fond du
vaiffeau , lorfqu'on les y mêle enfemble.

Il faut être nourri dans l'étude d'une
plus haute Philofophie , pour fortir de ce
labirinthe , & fe familiarifer avec la belle

Ariadne, qui eſt la nature elle-même, pour obtenir ce fil qui peut ſeul nous débaraſſer de tant de détours : ſi nous le faiſons, elle ne manquera pas de nous faire voir par les opérations de la Chymie, qu'il y a deux ſortes de légereté & de peſanteur ; ſçavoir, l'une qui eſt intérieure, & l'autre qui eſt extérieure ; que l'une ſe trouve dans les principes, lorſqu'ils compoſent encore le mixte, & l'autre, lorſqu'ils en ſont ſeparés.

CHAPITRE IV.

Des Elémens, tant en général qu'en particulier.

SECTION PREMIERE.

Des Elémens en général.

LA différence que mettent les Péripatéticiens entre le principe & l'élément, eſt, que les principes ne peuvent prendre la nature l'un de l'autre ; qu'ils ne ſçauroient ſe métamorphoſer, ni ſe tranſmuer l'un en l'autre ; mais que pour les élémens, ce ſont des ſubſtances, qui ſont elles-mêmes compoſées de principes, & qui compoſent après les mixtes, & qu'ainſi ces ſubſtances peuvent paſſer facilement en la nature l'une de l'autre : nous examinerons donc ci-après, ſi cela eſt vrai ou non.

Mais en Chymie, on prend les élémens pour ces quatre grands corps, qui font comme quatre matrices, qui contiennent en elles les vertus, les femences, les caracteres & les idées qu'elles reçoivent de l'efprit univerfel : avant néanmoins que d'entrer dans cette forte de Philofophie, il faut qu'après avoir parlé de la nature des principes au Chapitre précédent, nous traitions de celle des élémens en celui-ci. Nous y examinerons premiérement, fi les Galeniftes ont raifon de dire que les mixtes font compofés de ces élémens, & s'il ne fe trouve pas davantage de fubftances dans leurs réfolutions, que celles dont ils font mention dans leurs Livres.

Ils difent qu'on découvre manifeftement quatre fuftances diverfes, lorfque le bois eft brûlé par le feu, & affurent que ce font les quatre élémens, qui compofoient le mixte avant fa deftruction. Examinons s'ils ont tout vû, & s'ils nous ont privé du foin d'en chercher davantage.

Ils fondent leurs raifonnemens fur l'expérience qui fuit. Les quatre élémens, difent-ils, fe manifeftent à nos fens, lorfque le bois eft examiné & confommé par le feu ; car la flamme repréfente le feu, la fumée repréfente l'air, l'humidité qui fort par les extrêmités du bois repréfente l'eau, & la cendre n'eft autre que la terre. D'où

ils tirent cette conséquence, que puisque
nous ne voyons que ces quatre substances,
il n'y avoit qu'elles qui composassent le
mixte. Mais quoiqu'il soit vrai qu'on n'ap-
perçoit rien autre chose dans cette grossière
opération ; cependant si on prend la peine
de la faire plus artistement, on ne manquera jamais d'y trouver quelque chose de
plus : car si vous enfermez des coupeaux,
ou de la sciûre de bois dans une retorte
bien lutée , & que vous adaptiez un ample récipient au col de cette retorte , que
vous donniez ensuite un feu bien gradué ,
vous trouverez deux substances , qui ne
peuvent tomber sous nos sens sans cet artifice , & c'est sur cela que les Péripatéticiens
& les Philosophes Chymiques sont en différent. C'est pourquoi , je trouve qu'il est
nécessaire de les accorder avant que de
passer outre : pour cet effet avouons aux
uns & aux autres , que les principes & les
élémens se rencontrent dans les mixtes :
mais voyons de quelle façon. Lorsque les
premiers disent que la fumée , qui sort du
bois qui se brûle , représente l'air , nous disons qu'ils ont raison; c'est uniquement par
une sorte de ressemblance , que cette fumée
se peut appeller air : ce n'est donc pas de
l'air en effet , mais il l'est seulement par
dénomination , parce que l'expérience fait
voir , que lorsque cette fumée est retenue

dans un récipient, elle a des qualités bien
différentes de celles de l'air, ce qui fait
juger qu'elle ne peut être ainsi appellée que
par analogie, & voici la différence qui est
entre les uns & les autres touchant cette
substance : c'est que les Péripatéticiens l'appellent air, & les Chymistes la nomment
mercure. Laissons-les disputer des noms,
puisque nous convenons ensemble de la
chose.

Venons à l'autre élément des Péripatéticiens, qui est le feu, & à l'autre principe
des Chymistes, qui est le soufre ; &
voyons en quoi ils sont différens, & en
quoi ils s'accordent. Les premiers disent
que dans l'action qui brûle le bois, le feu
se découvre manifestement à nos sens ;
mais on leur répond à cette expérience sensible, que ce qui détruit le mixte, ne peut
être principe de composition, mais que
c'est un principe de destruction ; que s'ils
disent que le feu n'est pas actuellement
dans le mixte, mais qu'il y est seulement
en puissance, c'est proprement en ce point
que je les veux accorder avec les Chymistes, qui nomment soufre, ce feu potentiel
des Péripatéticiens. Je décide donc leur
différend, en disant que le feu que nous
voyons sortir du bois qui brûle, n'est rien
autre chose que le soufre du bois actué,
parce que l'actuation du soufre consiste

dans son inflammation. Pour ce qui est de prendre les cendres pour l'élément de la terre, le sel qui se tire de ces cendres par la lixiviation, doit persuader ces Philosophes, que les Chymistes ont autant ou plus de raison qu'eux, dans l'établissement du nombre de leurs principes.

Après avoir éclairci ces choses touchant le nombre des principes & des élémens, qui entrent dans la composition du mixte ; il faut que nous disions quelque chose du nombre & des propriétés des élémens, avant que de parler de chacun d'eux en particulier, aussi-bien que de leurs matrices & de leurs fruits.

C'est une chose assez surprenante, que les sectateurs d'Aristote ne soient pas encore tombés d'accord du nombre des élémens, pendant le long-tems que ses Œuvres ont été en crédit : car quelques-uns d'eux affirment avec raison qu'il n'y a point de feu élémentaire ; je dis, avec raison, lorsqu'on le prend de la façon qu'ils l'entendent : car à quoi sert d'admettre un élément du feu sous le Ciel de la Lune, puisqu'on ne lui donne aucun autre usage, que celui d'entrer dans la composition du mixte ; & qu'outre que cet élément est trop éloigné du lieu où se font les mixtions, nous avons trouvé de plus, que le feu des mixtes n'est rien autre chose que le soufre

du composé ; c'est pourquoi, je conclus ici
avec Paracelse, qu'il n'y a point d'autre feu
élémentaire, que le ciel même & sa lumiere.

Pour ce qui concerne les diverses propriétés des élémens, on demande premiérement s'ils font purs, & en second lieu,
s'ils peuvent être changés les uns aux autres.
Quant à ce qui est de leur pureté, je dis
que s'ils étoient tels, ils feroient absolument inutiles ; car une terre pure feroit
stérile, puisqu'elle n'auroit en foi aucune
femence de fertilité : la falure de la mer &
les diverses qualités de l'air, témoignent
auffi ce que je dis.

Mais à l'égard de leurs changemens mu-
tuels, ils ne font pas fi aifés que la Philofophie commune fe l'est imaginé, quoiqu'ils ne foient pas absolument impoffi-
bles : car elle enfeigne que la terre fe change en eau, l'eau en air, l'air en feu, &
finalement que le feu redevient terre par
d'autres changemens ; parce qu'encore que
la terre ou l'eau prennent quelquefois la
forme des vapeurs & des exhalaifons ; cependant ces vapeurs font toujours effentiellement de la terre ou de l'eau, comme
cela fe voit par le retour de ces vapeurs en
leur premiere nature. Ce changement ne
fe peut donc faire, qu'en cas que tel ou
tel élément s'étant tout-à-fait fpiritualifé ,

vînt à quitter son idée élémentaire, &
qu'après il se rejoignît à l'esprit universel,
qui lui rendroit ensuite l'idée d'un autre
élément, duquel il auroit le corps, par le
caractere que lui donneroit la matrice.

C'est pour cette raison que les Chymistes
donnent deux natures aux élémens, lorsqu'ils en parlent, l'une qui est spirituelle,
& l'autre qui est corporelle ; la vertu de
l'une étant cachée dans le sein de l'autre.
C'est ce qui fait, que lorsqu'ils veulent
avoir quelque chose qui agisse avec efficace, ils tâchent, autant que l'art le peut
permettre, de la dépouiller de son corps &
de la rendre spirituelle. Car comme la nature ne nous peut communiquer ses trésors
que sous l'ombre du corps ; nous ne pouvons aussi faire autre chose, que les dépouiller du plus grossier de ce corps par le
moyen de l'art, pour les appliquer à notre
usage : car si nous les poussons plus avant,
& que nous les spiritualisions de telle
sorte, qu'ils ne nous soient plus visibles ni
sensibles, ils ont alors perdu le caractere
& l'idée du corps, & ainsi ils se rejoignent
à l'esprit universel, pour reprendre quelque tems après leur premiere idée, ou
quelque autre, différente de celle qu'ils ont
eue, par le caractere & le ferment de la
matrice, enclose dans telle ou telle partie
de tel ou tel élément.

Ce sont-là les véritables effets des élémens, qui sont, comme nous avons dit,
de corporifier & d'identifier l'esprit universel, par les divers fermens qui sont contenus dans leurs matrices particulieres, &
de lui donner les caracteres, qui sont gravés
en elles : car, comme nous avons dit, cet
esprit est indifférent à tout, & peut-être
fait tout en toutes choses. Ce qui arrive,
parce que la nature n'est jamais oisive, &
qu'elle agit perpétuellement ; & que comme c'est une essence finie, aussi ne peut-elle
pas créer non plus que détruire aucun être :
on sçait que la création & la destruction
demandent une puissance infinie. Mais
comme ce discours est de trop longue haleine, nous le remettrons aux Sections suivantes, où nous traiterons des Elémens en
particulier, d'autant que ce sont les matrices universelles de toutes les choses, & nous
parlerons aussi des matrices particulieres qui
sont en eux, qui donnent le caractere &
l'idée à l'esprit, pour produire tant de diversités de fruits, dont nous nous servons
à tout moment, par le moyen de diverses
fermentations naturelles.

SECTION SECONDE.
De l'élément du Feu.

Puisque toutes les choses tendent à leur
lieu naturel & à leur centre, c'est un signe

manifeste qu'elles y sont portées & attirées par une vertu propre qu'elles cachent sous l'ombre de leurs corps. Cette vertu ne peut être autre chose que la faculté magnétique que chaque élément possede, d'attirer son semblable & de repousser son contraire : car comme l'aimant attire le fer d'un côté, & qu'il le chasse de l'autre ; les élémens attirent de même par une pareille vertu les choses qui sont de leur correspondance, & chassent & éloignent d'eux celles qui sont d'une nature différente de la leur. Ainsi puisque le feu monte en haut, il ne faut pas douter que cet effet ne vienne de ce qu'il tend à son lieu naturel, qui est le feu élémentaire, où il est porté par son propre esprit, lorsqu'il se dégage du commerce des autres élémens.

Pour bien entendre cette doctrine, il faut qu'on sçache premiérement, que l'élément du feu n'est pas enclos sous le ciel de la Lune, comme nous l'avons dit ci-devant ; & qu'ainsi on ne peut admettre d'autre feu que le ciel même, qui a ses matrices & ses fruits comme les autres élémens. Car le grand nombre de diverses Etoiles que nous voyons qui se promenent dans ce vaste élément, ne sont rien autre chose que des matrices particulieres, où l'esprit universel prend une très-parfaite idée, avant que de se corporifier dans les

matrices des autres élémens ; & c'est de-là
qu'on peut comprendre facilement la maxime de ce grand Philosophe, que plusieurs
ne conçoivent que comme une chimere, à
sçavoir, que *nihil est inferius, quod non sit
superius, & vice versâ*; & celle de Paracelse,
qui assure que chaque chose a son astre ou
son ciel : en effet, la vertu des choses vient
des cieux, par la force de cet esprit dont
nous vous avons tant parlé. Paracelse appelle Pyromancie, la connoissance de cette
doctrine, & principalement lorsqu'il traite
de la théorie des maladies. Car nous
voyons que les élémens sont comme les
domiciles des choses qui ont quelque connoissance, soit intellective, soit sensitive,
soit vegétative, soit même minérale, que
quelques-uns appellent les fruits des élémens; il ne faut pas douter, suivant ces
maximes, que comme les cieux sont très-
parfaits & très-spirituels, ils ne soient aussi
la demeure de ces substances spirituelles &
parfaites, qu'on appelle Intelligences.

Mais remarquez, que quand j'ai dit que
le feu se dégage du commerce des autres
élémens, lorsqu'il monte en haut, je n'ai
parlé que du feu visible, dont nous nous
servons dans nos foyers, qui n'est en effet
qu'un météore, ou bien un corps imparfaitement mêlé de quelques élémens, ou de
quelques principes, ausquels le feu ou le

soufre prédominent , que la flamme n'est
autre chose qu'une fumée huileuse & sulfurée, qui est allumée; & lorsque le feu est
rendu spiritualisé par ce dégagement , il
ne cesse point, qu'il ne soit retourné en son
lieu naturel , qui doit être nécessairement
en haut & par-dessus l'air , puisque nous
voyons qu'il est dans une action perpétuelle
dans l'air même , afin de l'abandonner.
C'est aussi par le moyen de ce feu , qui en
tout tems cherche à retourner à son centre,
que les nuages qui sont des vapeurs chaudes & humides , ou des météores qui sont
composés de feu ou d'eau , montent jusqu'à
la seconde région de l'air , où le feu quitte
l'eau pour monter plus haut ; & ainsi l'eau
n'ayant plus ce feu qui la soutenoit en forme de vapeur, & venant à s'épaissir , est
contrainte de retomber en forme de pluye.

Remarquez ici le cercle que fait la nature , par le moyen de cet esprit universel
que nous avons décrit ; car comme sa puissance est bornée , & qu'elle ne crée ni ne
produit rien de nouveau , aussi ne peut-
elle créer ni détruire aucune substance : par
exemple , les continuelles influences du ciel
& de ses astres , produisent incessamment
le feu ou la lumiere spirituelle , qui commence à se corporifier premiérement en
l'air , où il prend l'idée de sel hermaphrodite , qui tombe après dans l'eau & dans la

terre, où il se revêt du corps de minéral, de végétal ou d'animal, par le caractere & l'efficace d'une matrice particuliere, qui lui est imprimé par l'action du ferment ; & lorsque ce corps se dissout par le moyen de quelque puissant agent, son soufre, son feu ou la lumiere corporifiée s'épure de maniere, que les astres l'attirent pour leur nourriture, parce que les astres ne sont autre chose qu'un feu, qu'un soufre, ou qu'une lumiere actuée qui est très-pure ; il en est de même que de la mêche de la lampe, qui étant allumée, attire & éléve continuellement l'huile pour l'entretien de sa flamme ; les astres attirent de même ce feu, qui est épuré par cette action, & le spiritualisent de nouveau pour l'influer de rechef & pour le rendre à l'air, à l'eau & à la terre, qui le récorporifient : ainsi vous voyez que rien ne se perd dans la nature, qui s'entretient par ces deux actions principales, qui sont, spiritualiser pour corporifier, & corporifier pour spiritualiser. C'est ce que nous avons déja dit ; & ce sont comme deux échelles par où les influences descendent en bas, & qui ensuite remontent en haut ; car sans cette circulation, les vertus des cieux ne seroient pas de si longue durée, & s'épuiseroient tous les jours par l'envoi perpétuel de tant de fertilités, à moins que nous n'admettions sans nécessité

une création & une deſtruction continuelle
des ſubſtances ſublunaires, ce qui ſeroit
établir de nouveaux miracles ; & comme
cela eſt ordinaire, il ſe pourroit appeller miracle ſans miracle, ce qui ſeroit une contradiction manifeſte.

Quelle ſource croyez - vous qui peut
fournir de matiere à ce grand embraſement
du Mont-Gibel, qui dure depuis tant de
ſiécles, ſans cette circulation de la nature ?
Et qui feroit couler depuis tant de tems les
fontaines minérales, qui ſont chaudes &
acides, ſi ce n'eſt par le moyen de ces
admirables échelles ? Voilà pourquoi il ne
faut pas croire qu'il ſoit impoſſible de pouvoir faire paſſer tout un corps en eſprit, &
remettre enſuite ce même eſprit en corps ;
vous ſçavez que l'art appliquant l'agent au
patient, peut faire en peu de tems ce que
la nature ne pourroit faire dans un très-
grand intervalle. Et parce que la circulation
artificielle, qui ſe faiſoit dans un ſépulcre
antique, qui fut ouvert à Padoue au quator-
ziéme ſiécle, repréſente aſſez bien la circulation naturelle, dont nous avons parlé ;
il ſera très-à-propos d'en rapporter l'hiſtoire
en peu de mots.

Appian dit dans ſon Livre des Antiqui-
tés, qu'on trouva un monument fort antique dans la Ville de Padoue, dans lequel
on vit, après l'avoir ouvert, une lampe

ardente, qui avoit été allumée plufieurs
fiécles auparavant, comme le témoignoient
les infcriptions de ce monument. Or cela
ne fe pouvoit faire que par le moyen de la
circulation, comme il eft facile de le con-
jecturer : il falloit que l'huile qui étoit fpi-
ritualifée par la chaleur de la mêche ardente dans cette urne, fe condensât au haut,
& qu'elle retombât après dans le même lieu
d'où elle avoit été élevée. La mêche pouvoit être faite d'or, de talc, ou d'alun de
plume, qui font incombuftibles, & cette
urne étoit fi exactement & fi juftement
fermée, que la moindre particule des vapeurs huileufes ne pouvoit s'en échaper.

SECTION TROISIÉME.

De l'élément de l'air.

Les Philofophes ont douté fort long-
tems s'il y avoit un air, & fi cet efpace dans
lequel les animaux fe promenent, n'étoit
pas vuide c'e route fubftance. Mais l'ufage des
foufflets, & la néceffité de la refpiration,
ont enfin aboli cette erreur. C'eft pourquoi les Chymiftes & les Péripatéticiens
n'ont aucune conteftation entr'eux fur
l'exiftence & le lieu de cet élement ; mais
ils ne font pas d'accord fur fes ufages : car
les derniers font entrer l'air dans la compofition des mixtes, ce que nient abfolu-

ment les premiers, à cause qu'il ne tombe
pas fous leur fens dans la dernière réfolution du compofé. Le principal ufage que
les Chymiftes donnent à cet élement, eft
de lui faire fervir de matrice à l'efprit univerfel , & c'eft dans cette matrice qu'il
commence à prendre quelque idée corporelle , avant que de fe corporifier tout-à-
fait dans les élemens de l'eau & de la terre,
qui produifent les mixtes qui font les fruits
des élemens. Et parce que nous ne voyons
point d'élement qui ne produife fes fruits,
quelques-uns ont voulu dire que les oifeaux
étoient les fruits de l'air; mais à tort : car quoique ces animaux foient volatiles, cependant
ils ne peuvent fe paffer de la terre pour leur
génération , ni pour leur nourriture. Ceux
qui foutiennent que les météores font les
vrais fruits de l'air , ont beaucoup plus de
raifon ; puifque c'eft dans la région de l'air
qu'ils prennent leur vraie idée météorique.

Quelques-uns appellent Chormancie, la
doctrine & la connoiffance de la nature de
cet élement , de fes effets & de fes fruits ;
mais elle doit être nommée Æromancie :
car la Chormancie eft quelque chofe de
plus univerfel & de plus géneral , puifque
c'eft la fcience du cahos , c'eft-à-dire , de
cette très-grande matrice d'où le Créateur a
tiré tous les élemens , c'eft le tohu bohu ou
le hylé des Cabaliftes , qui eft appellé eau

dans l'Ecriture Sainte, lorfqu'il eft dit que l'Efprit de Dieu couvoit les eaux, *Spiritus Domini incubabat aquis.*

Mais on peut demander ici, fi ce que nous avons dit ci-deffus, eft vrai, fçavoir que les élemens ne peuvent que très-difficilement quitter leur nature pour fe revêtir de celle d'un autre élement. Comment dit-on que l'air eft l'aliment du feu, & qu'il lui eft en effet fi néceffaire, qu'il s'éteint auffi-tôt qu'on lui ferme le paffage de l'air ? La réponfe eft aifée. Comme nous avons déja montré que le feu de nos foyers n'eft pas pur, puifque la matiere allumée jette quantité de vapeurs & d'excrémens fuligineux, qui nuifent à l'entretien du feu, c'eft pourquoi il a befoin d'un air continuel, qui écarte toute cette matiere fuligineufe, fans quoi elle étoufferoit la flamme. Ainfi vous voyez en quel fens on doit prendre cette converfion, ou cette nourriture imaginaire, & même en quoi la vraie Philofophie differe de la fauffe.

On peut faire encore une queftion touchant la refpiration des animaux : fçavoir, fi l'air qu'ils afpirent, ne leur fert purement & fimplement que de ráfraîchiffement, comme le difent communément les Philofophes, qui fe contentent de fçavoir ce que leurs Maîtres leur ont enfeigné, & qui pour toute raifon alléguent leur autorité.

Mais ceux qui examinent la chofe de plus près, difent que cet air a encore un autre ufage, qui eſt beaucoup plus excellent & plus néceſſaire, qui eſt d'attirer par ce moyen l'eſprit univerſel, que les cieux in-fluent dans l'air, où il eſt doué d'une idée toute célefte, toute ſpirituelle & remplie d'efficace & de vertu, il ſe métamorphoſe dans le cœur en eſprit animal, où il reçoit une idée parfaite & vivifiante, qui fait que l'animal peut exercer par ſon moyen toutes les fonctions de la vie : car cet eſ-prit qui eſt dans l'air que nous reſpirons, ſubtiliſe & volatiliſe tout ce qu'il peut y avoir de ſuperfluités dans le ſang des vei-nes & des arteres, qui ſont la boutique & la matiere des eſprits vitaux & animaux. C'eſt par la force & par la vertu de cet eſ-prit, que la nature ſe décharge des im-mondices des alimens, qui paſſent juſques dans les dernieres digeſtions, par la tranſ-piration qu'elle fait continuellement à tra-vers des pores. Cela paroît même dans les plantes, quoique ce ſoit aſſez obſcuré-ment ; car encore qu'elles n'ayent point de poulmon, ni aucun autre organe pour la reſpiration, cependant elles ne laiſſent pas d'avoir quelque choſe d'analogue, qui eſt leur aimant attractif, que quelques-uns appellent leur magnetiſme, par lequel elles attirent cet eſprit qui eſt dans l'air, ſans

quoi elles ne pourroient faire leurs operations, comme se nourrir, croître & engendrer : ce qui se voit manifestement, lors
qu'on les couvre de terre ; alors on leur ôte
le moïen d'attirer cet esprit vivifiant qui
les anime ; ce qui fait qu'elles meurent
incontinent comme suffoquées.

SECTION QUATRIÉME.

De l'élement de l'eau.

Les plus habiles & les plus éclairés des
anciens Philosophes ont crû que l'eau étoit
le premier principe de toutes choses, parce
qu'elle pouvoit engendrer les autres élémens, selon leur opinion, par sa raréfaction ou par sa condensation. Mais comme
nous avons montré que ce changement est
impossible, il faut par conséquent philosopher d'une autre maniere. Nous ne consi-
dérons pas en cet endroit l'eau comme un
principe qui constitue & qui compose le
mixte : car nous en avons parlé selon ce
sens, lorsque nous avons traité du phlegme ; mais nous en parlerons comme d'un
vaste élément qui concourt à la composition
de cet Univers, qui contient en soi une
grande quantité de matrices particulieres,
qui produisent une belle & agréable diversité de fruits : premierement des animaux, qui sont les poissons, & toutes sor-

tes d'insectes aquatiques : secondement, des
végetaux , comme la lentille d'eau , de qui
la racine est dans l'eau même , & finalement des animaux , comme les coquillages,
les perles & le sel qu'elle charie en abondance dans la terre pour la production des
fruits de cet élement. L'eau est donc la seconde matrice génerale , où l'esprit universel prend l'idée de sel , qui lui est envoyé
de l'air , qui l'a reçû de la lumiere & des
cieux , pour la production de toutes les
choses sublunaires. Paracelse appelle la
science de l'eau , Hydromancie.

SECTION CINQUIÉME.

De l'élement de la terre.

Nous avons parlé dans la derniere Section du Chapitre précedent , de la terre ,
comme d'un principe qui faisoit partie de
la mixtion du composé , & qu'on voyoit
après sa derniere résolution : mais il faut
que nous en traitions ici comme du quatriéme & du dernier élement de cet Univers.

La terre est , à cet égard , comme le centre du monde , auquel aboutissent toutes
ses vertus , ses proprietés & ses puissances.
Il semble même que tous les autres élemens ont été créés pour l'utilité de la
terre , car ce qu'ils ont de plus exquis , est

pour son service : ainsi le Ciel court incessamment pour lui fournir l'esprit de vie,
pour la dépense & pour l'entretien de sa
famille ; l'air est dans un mouvement perpétuel pour la pénetrer jusques dans le plus
profond de ses parties, & cela pour lui
fournir le même esprit de vie qu'il a reçû
du Ciel, & l'eau ne repose jamais pour
l'imbiber, & pour lui communiquer ce
que l'air lui donne. Tellement que tout
travaille pour la terre, & la terre ne travaille aussi que pour ses fruits, qui sont ses
enfans, puisqu'elle est la mere de toutes
choses. Il semble même que l'esprit universel affectionne plus la terre qu'aucun autre
des élemens, puisqu'il descend du plus
haut des Cieux où il est en son exaltation,
pour venir se corporifier en elle.

Or le premier corps que prend l'esprit
universel, est celui de sel hermaphrodite,
duquel nous avons parlé ci-dessus, qui
contient géneralement en soi tous les principes de vie : il n'est pas privé du soufre ni
du mercure, car il est la semence de toutes
les choses, qui se corporifient ensuite, &
prend l'idée & la qualité des mixtes par la
vertu des caracteres des matrices particulieres, qui sont encloses dans l'intérieur de
ce grand élement. S'il rencontre une matrice vitriolique, il se fait vitriol; dans celle
du soufre, il devient soufre, & ainsi des

autres, & cela par l'efficace des diverses
fermentations naturelles. Dans la matrice
végetale, il se fait plante ; dans une minérale, il devient pierre, minéral & métal ;
& dans l'animale, vivante ou non vivante,
il produit un animal, comme cela se voit
dans la géneration des animaux, qui sont
produits par la corruption de quelque animal, ou de quelqu'autre mixte. Les abeilles, par exemple, sont engendrées des tau-
reaux, & les vers de la corruption de plusieurs fruits : or comme il y a un grand
nombre de mixtes differens, aussi y a-t'il
une grande varieté de matrices particulieres, ce qui occasionne souvent des trans-
plantations en toutes les choses ; mais cela
regarde plûtôt la Physiologie Chymique,
que celle de ce Cours, où nous ne traitons
les choses que géneralement, parce que
nous n'avons pas le tems de les particulariser.

On appelle Géomancie, la science particuliere de cet élement & de ses fruits.
Nous avons par cette science la connoissance de ce que la nature opére, tant dans
ses entrailles, que sur sa surface : ses fruits
sont les animaux, les végetaux & les minéraux ; si ces mixtes sont composés des
principes de vie les plus purs, ils sont alors
d'une longue durée, selon la nature & leur
condition, & peuvent parvenir jusqu'au

terme de leur prédeſtination naturelle, à
moins que quelque cauſe occaſionnelle externe ne les empêche d'aller juſqu'au bout
de leur carriere ; mais lorſque le hazard
mêle dans leur premiere compoſition, ou
dans leur nourriture, quelqu'un des principes de mort ou de deſtruction, ils ne
peuvent ſubſiſter long-tems, & ne peuvent
achever la carriere qu'ils avoient à remplir,
parce que ces ennemis domeſtiques les dé-
vorent & les conſument inceſſamment,
comme nous le ferons voir, quand nous
parlerons du pur & de l'impur : mais avant
que d'entrer dans cette matiere, il faut
que nous diſions quelque choſe de ces principes de mort ou de deſtruction.

CHAPITRE V.

Des principes de deſtruction.

SECTION PREMIERE.

De l'ordre de ce Chapitre.

Comme nous avons à traiter du pur &
de l'impur, dans le Livre qui ſuivra
ce Chapitre, & que les principes de mort
ſont en quelque façon contenus ſous ce
genre, je trouve auſſi très à propos de ter-
miner ce premier Livre par le diſcours de

ces principes, quoiqu'ils ne doivent pas, à proprement parler, être qualifiés de ce nom, car les principes doivent toujours composer, & ne doivent jamais détruire.

Nous avons montré que les principes pouvoient être considérés de trois manieres, sçavoir, ou avant la composition du mixte, ou pendant la composition, ou finalement après sa dissolution & sa destruction. Nous pouvons dire ici des principes de mort, ce que nous avons déja dit des principes de vie. Mais parce que les contraires éclatent davantage, & font mieux connoître la difference de leur nature, lorsqu'ils sont opposés les uns aux autres ; nous dirons encore succinctement quelque chose des principes de vie avant la composition du mixte, afin de faire mieux connoître la condition des principes de mort, lorsque nous en parlerons dans la troisiéme section ; car nous réservons à parler de leurs effets, lorsqu'ils sont déja corporifiés dans les mixtes, quand nous traiterons du pur & de l'impur.

SECTION SECONDE.

Des principes de vie avant la composition.

Nous avons dit souvent que l'esprit universel, qui est indifferent à devenir tel être particulier, n'est déterminé que par le caractere

ractere des matrices où il s'infinue ; & d'autant que chaque élement eſt rempli de ces
matrices , chacun d'eux contribuë auſſi
quelque choſe du ſien pour la perfection
du compoſé. Le Ciel lui communique par
ſes aſtres , ſa vertu céleſte , ſpirituelle &
inviſible , qu'il envoye dans l'air , où elle
commence à ſe corporifier en quelque façon ; l'air enſuite l'envoye dans l'eau ou
dans la terre , où elle opére & ſe lie à la
matrice pour ſe former un corps , par le
moyen des diverſes fermentations naturelles , qui cauſent les changemens aux choſes ; parce que cet eſprit eſt le véritable
agent & la véritable cauſe efficiente interne de ces fermentations , qui ſe font dans
la matiere , qui de ſoi eſt purement paſſi-
ve , d'autant que cet eſprit en eſt l'archée
& le directeur géneral. Car lorſqu'il eſt mêlé & uni dans le corps qui nous le couvre
ſous ſon écorce , il ne peut manifeſter , ni
produire les merveilleux effets qu'il récele
en ſoi , parce qu'il eſt empriſonné , & qu'il
ne pourra jamais exercer , ni montrer ſes
vertus , s'il n'eſt premierement délivré des
liens de la corporéïté & de la groſſiereté de
la matiere. C'eſt donc à quoi la Chymie
travaille avec tant de peines , de ſoins &
d'étude , pour faire connoître les belles vérités de cette ſcience naturelle.

Or comme cet eſprit univerſel eſt le premier principe de toutes les chofes , que tout vient de lui , & que tout retourne à lui ; cela prouve évidemment qu'il doit être néceffairement le premier principe de la vie & de la mort de tous les êtres , ce qui n'enveloppe aucune contradiction , parce que cela fe fait à divers égards. Comme la diverfité des compofés requiert une diverfité de fubftances pour leur entretien , il y a auffi une diverfité de matrices dans les élemens pour fabriquer ces diverfes fubftances , & c'eft de là que procede , que ce qui fert à la vie de l'un , eft bien fouvent la deftruction & la mort de l'autre : par exemple , un principe corrofif fera la mort d'un mixte doux , & au contraire le principe doux fera la mort du corrofif , puifqu'il lui ôte fon acrimonie , qui conftituoit fon effence & fa difference.

Mais à parler abfolument , il paroît que ce premier principe idéifié de telle ou telle façon , ne peut être nommé principe de vie ou de mort : on ne le peut dire que refpectivement , eu égard à tel ou tel mixte. Mais parce que la plus grande partie des chofes douces fervent à l'entretien de l'homme , parce qu'elles font felon fon goût , & qu'elles participent plus de quelques fubftances qui font analogues à fa nature ; il eft arrivé de-là que lorfque l'efprit univerfel eft déterminé à cette douceur , il

prend alors le nom de principe de vie ;
comme au contraire il prend celui de principe de mort, s'il eſt fixé à une idée cor-
roſive, qui nuiſe non ſeulement aux actions de l'homme, mais qui faſſe pareillement tort à celles des mixtes, qui ſervent
à ſa nourriture, & dont il tire ſa ſubſiſ-
tance.

Ainſi il arrive que l'air eſt rempli d'influences & de vapeurs arſénicales, réalgariques & corroſives, qui ſouvent cauſent
la mort des hommes par la néceſſité de la
reſpiration. Cependant, comme ces eſprits
ne ſont pas influés à ce deſſein, & cela ne ſe
fait que par un pur accident ; auſſi ne peuvent-ils être abſolument appellés principes
de mort, puiſqu'ils ſont envoyés par la
nature pour la géneration & pour l'entretien des arſenics, des réalgars & des autres
mixtes corroſifs, qui font partie des êtres
ſublunaires, auſſi-bien que l'homme, &
qui ont été créés par la ſageſſe du ſouve-
rain Maître de l'Univers pour une meilleure fin, quoique pluſieurs ne la recon-
noiſſent pas ; car la nature & l'art ſe ſervent de ces mixtes, & les rendent utiles à
l'homme. Il ne faut donc pas pour cela appeller la nature, marâtre envers l'homme,
puiſque Dieu lui a donné les moyens & la
connoiſſance de pouvoir éviter ces mauvaiſes & malignes influences. Pour donc

nous accommoder à la maniere ordinaire
de parler, nous dirons que les principes de
vie ne font autre chofe avant la compofition du mixte, que l'efprit univerfel, en
tant qu'il aura pris l'idée des principes be-
nins à la nature humaine, & qu'il portera
dans le centre de fon fel hermaphrodite,
un foufre moderé, un mercure temperé,
& un fel doux ; & au contraire les principes de mort ne font que ce même efprit,
qui porte en fon même fel hermaphrodite
un foufre âcre, un mercure mordicant, &
un fel corrofif, comme nous le dirons en
la fection fuivante.

SECTION TROISIÉME,

Des principes de mort.

Je répete encore une fois, que quand
nous difons que ces principes font contre
nature, nous n'entendons pas la nature en
géneral, mais nous entendons feulement
la nature humaine ; parce qu'il arrive fouvent que ce qui eft poifon à une efpece,
fert d'aliment à l'autre, ainfi la cigue nou-
rit les étourneaux, & tue les hommes.

Cette maxime établie, je dis que toute
chaleur, ou plûtôt que toute fubftance
chaude, âcre, mordicante & corrofive,
qui détruit & qui confume, eft telle, parce qu'elle contient en foi un foufre contre

nature, & que c'eſt de ce ſoufre que dé-
coulent, comme de leur ſource, toutes les
proprietés & les vertus du mixte, où ce
ſoufre impur prédomine. Si la vie tire ſa
ſource d'un ſoufre temperé, doux, naturel
& vital ; ſi cette vie eſt ſuivie d'une longue conſervation par les proprietés eſſentielles de ce ſoufre ; il faut conclure de là
néceſſairement, que celui qui eſt d'une
nature oppoſée, doit être ſuivi de la mort
& de la deſtruction. Tous les arſenics, les
réalgars, les orpins, les ſandaraques, &
tous les autres venins chauds & de nature
ignée, quoiqu'ils ſoient céleſtes ou aëriens,
aquatiques ou terreſtres, tous ces venins,
dis-je, ſont tels par les ſeules actions &
par les ſeules proprietés de ce ſouffre contre nature.

Notre but n'eſt pas de parler ici des principes, qui ſont contraires à la nature humaine, lorſqu'ils ſont déja corporifiés, &
qu'ils compoſent quelqu'un de ces mixtes
venimeux, parce que nous réſervons à
nous en expliquer dans le Livre ſuivant.
Nous ne traiterons ici de ces principes,
qu'autant qu'ils ſont encore ſpirituels, &
qu'ils deſcendent des aſtres par le moyen
de l'eſprit univerſel. Quoique ce principe
ſoit unique à cet égard, il a néanmoins
trois dénominations differentes. Nous
avons déja marqué que le ſoufre, c'eſt-à-

dire le chaud, ne peut être sans mercure, qui est l'humide, ni sans sel, qui sert de liaison à l'un & à l'autre : il s'ensuit de là qu'il faut un mercure mordicant, & un sel corrosif & caustique pour la subsistance d'un soufre qui est âcre ; comme il faut de même un mercure temperé & un sel doux pour la conservation d'un soufre moderé. Ces trois principes sont toujours unis & joints très étroitement ensemble, soit qu'on les considere comme principes de vie, ou comme principes de mort. Si nous en parlons quelquefois séparément, ce n'est que pour en mieux faire comprendre la nature & les effets, parce qu'il y a toujours l'un de ces principes, qui se rend supérieur aux autres, & qui rend ses actions manifestes, cachant & rebouchant les effets & la vertu des deux autres, quoiqu'ils ne laissent pas d'agir par leur union avec celui qui prédomine : par exemple, quand le mercure de mort agit, le soufre contre nature & le sel corrosif ne cessent pourtant pas leur action, quoiqu'elle ne paroisse pas, à cause de celle du principe qui prédomine, car *à potiori sumitur denominatio*.

Or, de même que le soufre de mort se manifeste dans les arsenics, réalgars, orpins, &c. le mercure de mort se manifeste aussi dans tous les narcotiques ; & ce n'est pas sans raison que nous avons dit que ces poiſons n'étoient pas ſeulement terreſtres, mais qu'ils étoient auſſi aëriens : car il y a beaucoup de ce mercure malin dans tous les élémens, qui n'eſt pas encore ſpécifié dans aucun individu, mais qui voltige & qui demeure volatile; & lorſqu'il ſura-bonde, il cauſe un nombre infini de mala-dies épidémiques, peſtilentielles & conta-gieuſes. Que ſi les venins, qui ſont indi-vidués, & qui ſont déja corporifiés, ne l'attiroient pour leur nourriture, cela cau-ſeroit un grand dégât & un grand déſor-dre dans le monde.

Or, comme le ſel eſt le principe qui cau-ſe la corporification en toutes choſes, & que c'eſt lui qui rend le ſoufre & le mer-cure viſibles & palpables, à cauſe de l'al-liage qu'il en fait; le ſel corroſif corporifie auſſi les deux autres principes de mort, & les rend viſibles par le moyen du corps qu'il leur donne : autrement ces ſubſtances de-meureroient inviſibles dans l'eſprit uni-verſel, ſi elles n'étoient rendues viſibles & corporelles par l'action du ſel; & c'eſt par ce moyen que nous trouvons véritable la maxime ſi importante de ce grand Philo-ſophe, qui dit que, *quod eſt occultum, fit manifeſtum, & vice verſâ.* La violence & la malignité de ce ſel de mort ne ſe mani-feſte gueres viſiblement dans les choſes na-turelles : mais lorſque l'art a travaillé ſur un ou plusieurs mixtes, c'est alors que son action paroît, comme cela se voit dans les sublimé corrosifs, dans les eaux fortes, dans le beure d'antimoine & dans plusieurs autres choses, qui sont de cette nature. C'est par le moyen d'un sel de semblable nature que les cancers, les gangrenes, les écroüelles, & tous les autres ulceres rongeans, sont engendrés en l'homme : ce qui est contre le sentiment de ceux qui accusent de ces défauts les humeurs âcres & mordicantes, qui n'ont qu'un fondement chimérique dans la nature des choses, comme nous le ferons voir dans le Livre suivant, où nous montrerons par quelle voye ces principes de mort entrent dans l'homme.

Fin du premier Livre.

PREMIERE PARTIE.

LIVRE SECOND.

Du pur & de l'impur.

CHAPITRE PREMIER.

Ce que c'eſt que le pur ou l'impur.

LEs mots de pur & d'impur peuvent être pris en diverſes façons ; car quelques-uns entendent par le pur, ce qui eſt utile & profitable à l'homme ; & par l'impur, ce qui lui eſt nuiſible. D'autres veulent que ce qui eſt homogene, ſoit pur, & que tout ce qui eſt hétérogene, ſoit impur ; mais il ſe peut faire que l'hétérogene ſera profitable, & que l'homogene ſera nuiſible. On peut recueillir de-là que rien ne peut être dit pur ou impur, en parlant abſolument, & que cela ne ſe peut dire que par comparaiſon d'une choſe à l'autre. Car, comme nous avons déja marqué ci-deſſus, il ſe peut faire que ce qui ſera nuiſible à l'un, pourra profiter à l'autre. Par exemple,

D v

ne feroit-ce pas une opinion bien abfurde ;
de croire que les os des animaux fuffent
impurs, à caufe que les hommes ne les man-
gent pas , & qu'il n'y eût que la chair qui
fût pure, parce que les hommes en font
leurs délices, quoique ces mêmes os foient
abfolument néceffaires aux animaux , fans
quoi ils ne feroient pas ce qu'ils font, puifque les os font la plus folide partie de leur
être ?

Nous ne prendrons pas ici le pur ni l'impur felon ces idées; mais nous entendrons
par le pur , tout ce qui dans le mixte peut
fervir à notre but & à notre deffein : comme au contraire , nous entendrons par
l'impur, tout ce qui s'oppofe à notre intention. Car quoiqu'il y ait beaucoup de parties dans les mixtes qui font nuifibles à
l'homme, cependant en parlant abfolument
ou refpectivement , eu égard au même
mixte , les parties de ce compofé ne peuvent être dites impures , vû qu'elles font
de l'effence de ce mixte, ou qu'elles conftituent fon intégrité; de plus, ces parties-
là ne peuvent être nuifibles à l'homme que
conditionellement, puifque rien ne l'oblige
de s'en fervir.

Le pur & l'impur font confiderés en ce
fens , ou dans l'homme ou hors de l'homme. L'impur qui fe trouve dans l'homme ,
trouble & empêche fon intention , qui eft

de joüir d'une pleine & entiere santé sans
aucune interruption : ce qu'il fait aussi hors
de l'homme, puisque nous posons qu'il
faut qu'il entre nécessairement en lui. Voici
donc la différence qui est entre l'un &
l'autre de ces impurs, c'est que celui du
dedans agit immédiatement par sa présence, & que l'autre n'est consideré que comme absent, qui cependant doit être présent
quelque jour ; parce que, comme l'homme a nécessairement besoin de respirer &
de se nourrir ; aussi ne peut-il échaper l'action de l'impur, qui se rencontre dans l'air
& dans les alimens, comme nous le ferons
voir ci-après ; de sorte que nous montrerons que ce que quelques-uns appellent le
pur, contient encore néanmoins en soi
beaucoup d'impuretés.

CHAPITRE II.

Comment le pur & l'impur entrent dans toutes les choses.

IL y a un sel, un soufre, & un mercure
dans chaque mixte, comme nous l'a-
vons dit ci-dessus. Or tout mixte qui est
parfaitement composé, est ou animal, ou
végetable, ou minéral. De-là nous recueillons, que comme les uns servent d'aliment
aux autres, ce qui paroît par le change-

ment des mineraux en végetaux , & des
végetaux en animaux , & même des animaux en végetaux & mineraux ; aussi y a-
t'il en chaque mixte, un sel , un soufre &
un mercure , qui est animal , végetable &
minéral , qui leur vient de l'esprit universel. Car tout ce qui se nourrit, l'est par son
semblable , & le dissemblable est chassé
dehors comme un excrément ; que si la
faculté expultrice n'est pas assez puissante
pour cet effet, il demeure beaucoup d'excrémens dans les composés , ce qui cause
beaucoup de maladies minérales dans
l'homme , que la médecine commune ne
connoît pas , & qu'elle ne peut par conséquent traiter méthodiquement.

Or ce que je dis , se fait de cette sorte.
Lorsque les alimens sont entrés en l'homme , & que la digestion a fait la séparation
des différentes parties des mixtes qui servent à sa nourriture ; alors chaque partie
attire de cet aliment & de ses principes animaux , ce qui est analogue & propre à
chacune d'elles. Mais pour ce qui regarde
les autres principes, qui ne peuvent pas
être rendus semblables à notre substance,
& qui ne subsistent pas notre vie , la nature les chasse dehors par le service que lui
rend la faculté expultrice ; mais si cette
servante est affoiblie , ou surchargée par
quelque cause occasionelle externe , ou

par quelque défordre interne de l'archée,
directeur de notre vie & de notre fanté ;
alors ces excrémens fe coagulent, ou fe
volatilifent felon l'idée qu'ils prennent par
la fermentation naturelle, qui eft vitiée
par ce défordre, & c'eft par ce défaut que
toutes les minieres des maladies font engendrées. Ce qui fait que ces maladies ne
peuvent être chaffées que par ceux qui
connoiffent bien premiérement la nature
du vice du ferment ; & en fecond lieu, qui
connoiffent auffi le remede propre & fpécifique, qui peut remettre notre nature, &
qui peut appaifer les irritations des efprits,
qui font caufées ordinairement par la mauvaife fermentation. Car fi le ferment ou
le levain eft coagulatif, il faut connoître
un diffolvant fpécifique, qui ne bleffe
point le ventricule ; que s'il eft diffolvant,
& qu'il faffe une colliquation mauvaife des
alimens & des parties, il faut auffi que celui qui veut guérir, connoiffe le remede capable de réparer ce défaut & de corriger
ce défordre. C'eft de-là que viennent les
redoublemens des fiévres & la fuite des
accès, nonobftant l'ufage de beaucoup de
remedes, qui ne les peuvent empêcher,
parce qu'on ne connoît pas les effets de la
bonne ou de la mauvaife fermentation.

Que fi nous avions le loifir de nous
étendre ici fur plufieurs queftions, qui font

belles & curieuses ; cette philosophie nous
apprendroit encore la cause de plusieurs
effets que les hommes ignorent. J'en don-
nerai pourtant un échantillon en passant,
sur la question qui se fait d'ordinaire ; sçavoir pourquoi les hommes étoient beaucoup plus robustes, & vivoient sans comparaison beaucoup plus long-tems avant le
déluge, qu'après cette inondation universelle. Nous pouvons rendre deux raisons,
ou marquer deux causes de cet effet & de
ce merveilleux changement, suivant ce que
nous avons dit ci-dessus. La premiere est,
que comme le monde étoit dans son commencement, aussi n'y avoit-il encore aucune altération, ni aucun changement dans
les choses ; cette altération n'est venue, que
par les divers mélanges & par les diverses
mutations qui ont été introduites dans les
composés, ensuite de la malédiction que
le péché mérita. La seconde raison se tire
de ce que les eaux, qui sont les matrices
universelles de plusieurs mineraux, & particuliérement celles des sels, n'avoient pas
encore couvert toute la terre, & par conféquent n'avoient pas encore communiqué
les semences minérales à la nourriture de la
famille des végetaux, ce qui a vitié leur
vertu, & a même changé en quelque façon
leur premiere nature. Donc la famille des
animaux a été rendue participante de ce

défaut, à cause qu'ils se nourrissent des
végetaux : comme cela paroît principalement dans la vigne qui abonde en tartre,
qui est son sel, & que ce tartre soit une
espece de minéral ; cela paroît par son action, qui travaille puissamment sur les minéraux, & qui agit avec grande efficace
sur les métaux, puisque toute action se fait
par son semblable, & qu'il faut qu'il y ait
quelque rapport de l'agent au patient ; mais
afin de ne point donner lieu ici à beaucoup d'objections, je n'entens parler en
cet endroit-ci, que d'une similitude générique.

Après avoir expliqué ces choses, il est
facile d'entendre ce que c'est proprement
que l'impur : ce sont des principes de différente nature, qui sont mêlés avec d'autres
principes qui ne sont pas de leur famille,
ni de leur catégorie : comme lorsque les
minéraux s'unissent en quelque façon avec
les animaux, ou avec les végetaux. Il est
de plus aussi très-aisé de connoître comment le pur se fourre dans toutes les choses, par l'opposition qu'on fera de ce que
nous avons dit de l'impur. Mais à présent
il est nécessaire de montrer, comment on
peut retirer & chasser l'impur, puisque
c'est un principe de mort & de destruction,
comme le pur est un principe de vie, ainsi
que nous l'avons dit ci-dessus.

CHAPITRE III.

Comment on sépare l'impur de toutes les choses.

NOus avons dit que l'impur étoit ce qui pouvoit interrompre la perfection des actions, qui conduisent le mixte jusqu'à sa prédestination naturelle ; il est donc très-nécessaire de sçavoir le moyen de le délivrer de cet ennemi domestique, qui se glisse insensiblement dans les composés. Or comme les mixtes sont sous divers genres & sous des especes différentes, & qu'il y a plusieurs sortes d'impur ; les hommes ont aussi inventé plusieurs Arts, pour ôter & pour corriger toutes les différences de ces impuretés. Et comme la Chymie a pour objet en général toutes les choses naturelles ; aussi s'efforce-t'elle de montrer, comment on les pourra toutes garentir de ce qu'elles ont d'impur : mais parce que ce seroit passer les bornes d'un abregé, que d'entreprendre de particulariser toutes les parties de cette doctrine, nous nous contenterons seulement de parler des impuretés qui se rencontrent dans les opérations chymiques : car ce n'est pas notre dessein de traiter ici de l'Iatrochymie, ou Chymie médicale, qui seule pourroit remplir plusieurs volumes. Remarquez seulement en paſſant, qu'il y a deux voyes pour chaſſer l'impur de toutes les choſes. La premiere eſt univerſelle, & l'autre eſt particuliere. La premiere, eſt une médecine univerſelle qui ſe tire, ou qui ſe peut tirer de pluſieurs ſujets, après les avoir réduits, autant qu'il eſt poſſible à l'art, à leur univerſalité, après leur avoir ôté leur ſpécification & leur fermentation naturelle, qui les avoit fait être un tel ou tel mixte déterminé ; car dès que cette médecine eſt réduite au plus haut dégré de ſon exaltation, par une digeſtion, par une coction & par une maturation requiſe ; elle eſt capable de faire ſortir l'impur de tous les corps indifféremment, parce qu'elle conſume inſenſiblement cet impur, tant par le moyen de la fixation, que par celui de la volatiliſation. La ſeconde, eſt une médecine particuliere, qui peut chaſſer par ſa faculté & par ſa vertu ſpécifique, une impureté particuliere : ce qui n'eſt pourtant pas de peu d'importance, puiſque ces ſecrets ne ſe trouvent que par ceux qui mettent la main à l'œuvre, & qui joignent un travail continuel à une étude ſans relâche ; qui raiſonnent ſur les choſes après les avoir faites, & qui ne les hazardent ſur les malades, que par une expérience appuyée des théorêmes infaillibles de la belle philoſophie & de la véritable médecine.

Pour revenir donc à nos opérations, nous avons déja dit que l'Artiste séparoit de chaque mixte par le moyen du feu, cinq substances, ou cinq principes différens, qui, quoique très-purs, peuvent être néanmoins dits impurs à divers égards, soit à l'égard l'un de l'autre, soit à l'égard de notre intention.

Car si nous n'avons besoin que de l'esprit de quelque chose, & que cet esprit soit mêlé avec quelque portion du phlegme de ce mixte, nous disons que cet esprit est impur à cet égard, & ainsi des autres principes. Or, pour ce qui concerne le moyen particulier de séparer ces sortes d'impuretés, nous en traiterons au Livre suivant, & particuliérement au premier Chapitre du dernier Livre, auquel nous renvoyons pour cet effet.

CHAPITRE IV.

Des substances pures qu'on tire des mixtes.

ON peut encore tirer des mixtes des essences, outre les cinq substances, ou les cinq principes que nous avons dit qu'on en tiroit par le moyen du feu, & cela par la diversité des opérations chymiques, qui changent en mieux les mêmes principes de ces mixtes, & qui les conduisent à

leur pureté. Ces essences ne seront pas seulement d'un corps tout-à-fait dissemblable
de celui du composé, dont elles sont tirées;
mais elles auront encore des qualités & des
vertus beaucoup plus efficaces que celles
dont leur corps étoit orné durant son intégrité; elles en auront même beaucoup plus
que pas un des principes de ce même composé, après sa dissolution & après la séparation artificielle qui en aura été faite.
Mais quoique ces essences merveilleuses
ayent divers noms chez les Auteurs, qui
les appellent arcanes, magisteres, élixirs,
teintures, panacées, extraits & spécifiques; elles sont néanmoins comprises sous
le mot général de pur. Cela se dit de la
sorte, parce qu'après avoir tiré ces essences
des mixtes, on rejette ordinairement le reste
comme impur. Paracelse dit en son premier
Livre des Archidoxes, que les six préparations suivantes; à sçavoir, les essences, les
arcanes, les élixirs, les spécifiques, les
teintures & les extraits, sont contenus
dans le mystere de nature, qu'il appelle
le pur, & cela très-sçavamment selon le
mot grec Πυρ, qui signifie le feu; comme
s'il eût voulu insinuer que ces essences sont
rapprochées, & comme rendues sembla-
blables à leur premier principe, qui est de
la nature du feu, puisque la lumiere qui
n'est que feu, est le premier principe de

tous les êtres. Il appelle aussi au même lieu le corps, l'impur, qui retient ce mystere en prison : c'est pourquoi il dit, qu'il faut dépoüiller ce mystere de toute corporéité, si l'on veut en joüir, ce qui sera montré dans la seconde Partie de ce Traité. Mais il est nécessaire de remarquer ici, que lorsque Paracelse dit qu'il faut dépoüiller ce myste-re de son corps, il prétend seulement qu'il lui faut ôter son corps grossier, dans lequel il est emprisonné, pour lui en donner un plus subtil, dont il se puisse dégager & se spiritualiser aisément, afin qu'il soit capable de passer jusques dans nos dernieres digestions, & de corriger tous les défauts que l'impur peut y avoir causés. On tire quelquefois ce mystere d'un seul mixte, comme le magistere; on le tire quelquefois de plusieurs composés, comme l'élixir, ainsi que nous le montrerons ci-après.

Mais il ne sera pas hors de propos de faire un petit Traité des composés, tant parfaits qu'imparfaits, & de leur variété, parce que nous en avons souvent parlé dans ce Traité, & que nous en parlerons encore, puisque ces mixtes sont le sujet & la matiere des opérations chymiques; afin que cela puisse servir, comme pour la partie propre de la physique, à laquelle on pourra recourir pour bien sçavoir la catégorie de chaque corps. Nous traiterons

donc dans le dernier Chapitre de ce Livre,
de la génération & de la corruption naturelle des corps & de leur variété.

CHAPITRE V.

De la génération & de la corruption naturelle des mixtes, & de leur diversité.

SECTION PREMIERE.

De l'ordre que nous tiendrons en ce Chapitre.

POur bien entendre la nature des mixtes & de la mixtion, & pour comprendre comment ils font engendrés purs ou
impurs, il eſt néceſſaire de ſçavoir auparavant ce que c'eſt que l'altération, après
quoi il faut ſçavoir ce que c'eſt que la génération & la corruption. C'eſt pourquoi
il eſt bon de dire ſuccinctement quelque
choſe de la nature de l'altération, de la
génération, de la corruption & de la mixtion, avant que de faire la liſte de tous les
mixtes, tant parfaits qu'imparfaits, qui
ſont les fruits de la nature, l'objet de la
Chymie., & par conſéquent le ſujet de ſes
opérations.

SECTION SECONDE.

De l'altération, de la génération, & de la corruption des choses naturelles.

Si vous voulez vous arrêter à l'étimologie de ce mot d'altération, vous trouverez que ce n'est rien autre chose qu'un mouvement, par lequel un sujet est fait ou rendu différent de ce qu'il étoit auparavant : ou même, c'est un mouvement par lequel un sujet est changé accidentellement dans ses qualités. C'est en cela que l'altération differe de la génération ; car la génération est un changement essentiel & substantiel, & l'altération n'est qu'un mouvement accidentel des qualités. Ainsi l'altération n'est qu'une disposition & une voye, pour parvenir à la génération ou à la corruption.

De-là vient qu'il y a deux sortes d'altération. L'une qui est perfective, & l'autre qui est destructive. Dans l'altération perfective, toutes les qualités gardent une juste proportion, & une égale harmonie suivant la nature de leurs sujets, soit pour leur conserver cette nature, soit pour leur en faire prendre une plus parfaite. Mais dans l'altération destructive ou putréfactive, les qualités se dérangent si fort, qu'elles éloignent tout-à-fait le sujet de sa constitution naturelle : comme il arrive souvent aux

corps fluides, qui ont une grande quantité
de phlegme ; par exemple, dans le vin,
lorfqu'il commence à fe corrompre & à
s'éventer.

Voici donc la différence qui eft entre
l'altération & la génération ; c'eft que l'altération ne fait acquérir au fujet aucune
nouvelle forme fubftantielle ; mais ce qui
eft fubftance dans ce fujet, reçoit quelque
qualité en foi, dont il étoit deftitué auparavant ; par exemple, lorfque le froid ou
le chaud s'engendre dans quelque plante,
ou dans quelque animal. Mais la génération eft un changement de fubftance, qui
préfuppofe non-feulement la production
de nouvelles qualités, mais auffi celle de
nouvelles formes fubftantielles, comme
lorfque du pain, il s'engendre du fang : le
fujet ou la matiere de ce pain n'eft pas
feulement privée de la qualité du pain,
mais elle eft auffi privée de la forme effentielle & fubftantielle du pain, pour fe revêtir de la qualité & de la forme du
fang.

Remarquez néanmoins qu'on peut faire
ici une queftion, à quoi il ne manque
point de réponfe. Lorfqu'on fait manger
quelque herbe médicinale à une nourrice,
pour communiquer la vertu de cette herbe
à fon lait : on demande, fi c'eft la même
qualité numérique, qui étoit dans l'herbe

qui se trouve dans le lait ; la réponse est que non, quoique ce soit la même qualité spécifique, ou plutôt la même qualité générique : car comme le lait & une plante sont de différens genres, la différence de leur qualité devroit aussi être tout-à-fait générique. Mais pour parler plus nettement de ces choses, disons plutôt avec Van-Helmont, que la vertu de la plante étoit enclose dans sa vie moyenne, qui ne s'altere point, ni ne se corrompt pas par les digestions, & qu'ainsi elle a été portée jusques dans le lait : sans nous amuser davantage aux chicanes ordinaires de l'Ecole, qui produisent beaucoup plus de doutes qu'elles ne font concevoir de vérités dans la physique. Vous apprendrez d'ici, comment la génération d'une chose fait la corruption de l'autre ; & au contraire, de quelle maniere la corruption fait la génération. C'est pourquoi nous ne dirons rien de la corruption, parce que qui entendra bien l'une de ces choses, n'ignorera pas l'autre : nous montrerons seulement en peu de mot, en quoi la génération & la corruption different de la création & de l'anéantissement ou de la destruction. La différence est, en ce que la génération & la corruption présupposent une matiere, qui doit être le sujet de ces diverses formes ; mais la création & la destruction ne

requierent

requierent aucune matiere ; car comme
l'une eſt la production de quelque choſe
tirée du néant, l'autre eſt auſſi réciproquement l'anéantiſſement de quelque choſe
créée. La génération & la corruption ſont
des mouvemens de la nature, & d'une cauſe
ſeconde & finie : mais la création & la
deſtruction, ne peuvent venir que d'une
cauſe infinie ; parce qu'il y a une diſtance
infinie entre l'être & le non être, entre
quelque choſe & rien.

Ces choſes ainſi expliquées ; venons à la
mixtion, qui eſt double ; ſçavoir, l'une qui
eſt impropre ou artificielle, & l'autre qui
eſt propre ou naturelle. L'impropre ſe prend
pour une approche locale des corps de di-
verſe nature, qui ſont confuſément joints
enſemble ; ainſi un monceau compoſé de
froment & d'orge, eſt dit improprement
mixte. Cette mixtion artificielle, dans laquelle les parties ſont véritablement mêlées
enſemble, mais ſans altération, ni changement de toute la ſubſtance, eſt encore double ; ſçavoir, celle qui ſe fait par appoſition
des parties, & celle qui ſe fait par la con-
fuſion. L'appoſition ſe fait, lorſque les choſes, qui ſont mêlées enſemble, ſont diviſées en ſi petites parties, qu'à peine les peut-
on appercevoir, comme lorſque les particules de l'orge & du froment ſont mêlées
enſemble, après avoir été réduites en farine.

Tome I. B

La confusion se fait, lorsque les choses qui font mêlées, ne font pas seulement divisées en parties imperceptibles, mais qu'elles font aussi tellement confuses entr'elles, qu'on ne sçauroit les séparer facilement, comme lorsque les Chartiers mêlent de l'eau dans le vin, ou que les Apothicaires mêlent des drogues enfemble, qui fe fondent de telle forte, qu'on ne sçauroit plus en difcerner aucune.

La mixtion naturelle & proprement dite, est une union étroite des fubftances, de laquelle il réfulte quelque chose de fubftantiel, qui est néanmoins diftinct des autres fubftances, qui la conftituent par le moyen de leur altération. Car par la conjonction des principes, il s'engendre un mixte, duquel la forme principale est différente de celle de fes propres principes, comme on le voit par la réfolution de ce mixte, fuivant la maxime d'Ariftote, qui dit que : *Quod est ultimum in refolutione, id fuit primum in compofitione.* Cette altération qui caufe l'unition, pour parvenir à l'union & à la mixtion, a été dépeinte, lorfque nous avons parlé de la jonction du fel & de l'efprit, de l'action du phlegme & du foufre, qui domptent l'acidité & l'acrimonie du fel & du mercure, & lorfque nous avons dit que la terre donne le corps & la folidité à toutes ces diverfes fubftances ;

c'eſt par le moyen de cette altération , de cette union & de cette conjonction , que ſe forme & que ſe fait le compoſé naturel. Si on objecte néanmoins que ces principes ſont plutôt artificiels que naturels , on trouvera la réponſe dans la premiere Section du troiſiéme Chapitre du Livre précédent.

SECTION TROISIÉME.

De la différence des mixtes en général.

Après avoir aſſez amplement diſcouru des ſubſtances ſimples , pures & homogenes , que nous avons appellées du nom de principes ; après avoir éclairci leurs diverſes altérations devant leur union & devant leur mixtion, qui achevent la perfection du compoſé : il nous reſte à parler des mixtes qui réſultent de cette action. Les mixtes ſont parfaitement ou imparfaitement compoſés , ſelon la force ou la foibleſſe de l'union de leurs principes. Le corps qui eſt imparfaitement compoſé , eſt celui qui n'a qu'une légere coagulation de quelque principe, qui n'eſt pas de longue durée, & qui n'a point de maîtreſſe forme ſubſtantielle, qui le rende différent eſſentiellement de ſes principes , comme la neige ou la glace, qui ne ſont différentes de l'eau , que par l'adjonction de quelques qualités étrangeres. Le mixte parfait au contraire, eſt celui

qui a une forme fubftantielle principale,
diftinête des principes qui le compofent
en fuite de leur union parfaite, & qui eft
par conféquent de plus longue durée,
comme les minéraux, les végetaux & les
animaux.

On appelle météores, les corps qui font
imparfaitement compofés, dont la différence eft grande, felon la diverfité des
principes, dont ils abondent; car il y en a
qui font fulfureux, d'autres qui font nitreux, & les troifiémes aqueux, & ainfi
des autres : il faut que nous en difions
quelque chofe, avant que de parler des
mixtes, qui font parfaitement compofés;
& en cela, nous imiterons la nature, qui
ne produit jamais de mixte parfait, qu'elle
n'ait fait paffer fes principes par la nature
météorique, comme nous le dirons ci-
après, parce qu'elle ne doit, ni ne peut
paffer d'une extrêmité à l'autre, fans paffer
par quelque milieu. Les météores font appellés des corps imparfaitement mêlés,
non qu'ils ayent la nature & la forme des
mixtes ; mais parce qu'en gardant en quelque façon la nature des principes, ils ne different pas néanmoins en quelque forte de
l'état naturel de ces principes ; & c'eft
pour cela qu'ils femblent être d'une condition & d'une nature moyenne entre les
principes purs & fimples, & entre les corps

qui font parfaitement compofés de ces
mêmes principes. Ils font auffi dits mixtes
imparfaits, à caufe de leur foudaine génération, auffi-bien que pour leur foudaine
diffolution ; car comme la coagulation, ou
la mixtion des principes eft imparfaite dans
ces corps, auffi ne peuvent-ils être dura-
bles ; mais ils repaffent foudainement &
facilement en la nature du principe, qui
prédominoit en eux. La caufe matérielle
éloignée de ces mixtes imparfaits, ou de
ces météores, font les principes, comme
la plus prochaine, font les fumées ou les
efprits, aufquels ces mêmes principes font
volatilifés & fpiritualifés, par la vertu de
quelque caufe efficiente.

Mais remarquez ici, qu'il y a deux efpeces d'efprits ou de fumées, qui font bien
différentes l'une de l'autre : fçavoir, les vapeurs & les exhalaifons : la vapeur, eft un
efprit ou une fumée chaude & humide, &
qui par conféquent eft produite du phlegme, fi elle eft aqueufe ; de l'huile & du
foufre, fi elle eft inflammable ; ou du mercure, fi elle eft venteufe & fprituelle.
L'exhalaifon, eft une fumée chaude & féche, qui par conféquent eft engendrée
d'un corps terreftre & d'un principe de fel.
Il faut auffi prendre garde, que la vapeur
eft dite chaude & humide, parce que l'eau
eft convertie en vapeur, & qu'elle eft élevée

E iij

en haut par le moyen du feu qu'elle a en elle, & pour cette raifon elle eft appellée météore, ou un corps imparfaitement compofé de quelques principes. Pour ce qui regarde la doctrine des météores en particulier, ceux qui feront curieux d'en fçavoir le détail, liront les Auteurs qui en ont écrit expreffément : car ce feroit paffer les juftes bornes d'un abregé, tel que nous l'avons propofé dans l'Avant-propos, d'en parler exactement dans ce Traité Chymique.

SECTION QUATRIÉME.

De la diverfité des mixtes parfaits.

Après avoir montré que la nature tend toujours à la corporification, & à la fpiritualifation des mixtes & des principes, par le moyen de l'efprit univerfel, & par la vertu du caractere des matrices particulieres ; ce qui fe fait par l'opération du ferment, & par l'impreffion de l'idée une fois reçûe : il faut auffi parler de ces mixtes, qui font engendrés, comme nous l'avons déja dit plufieurs fois, par le feul efprit univerfel, revêtu de quelque idée météorique ; comme on le voit en la réfolution des métaux & des autres minéraux, qui font convertis en fumées & en exhalaifons, avant que de s'éclipfer à notre vûe, pour fe réunir à l'efprit univerfel, d'où nous recueillons qu'il faut auſſi qu'ils ayent gardé & obſervé ces mêmes dégrés de production, dans leur génération, dans leur corporifi-cation & dans leur coagulation.

Le corps qui eſt parfaitement compoſé, eſt animé ou inanimé; le mixte animé, eſt celui qui eſt orné d'une ame ou d'une for-me vivifiante, comme la plante, la bête & l'homme: au contraire, le mixte inanimé, eſt celui qui eſt privé de toute vie apparen-te, qui conſiſte au ſentiment & au mouve-ment ſenſible.

Mais on demande, ſi les minéraux ſont animés ou non: à quoi nous répondons briévement, ſans apporter les raiſons ordi-naires pour ne pas ennuier, qu'encore qu'on n'apperçoive pas dans ces corps, qui ſont les fruits du centre de la terre, des opérations vitales ſi manifeſtes, que celles qui ſe remarquent dans les plantes & dans les animaux, toutefois ils n'en ſont pas entié-rement dépourvûs, puiſqu'ils ſe multiplient par une continuelle perpétuation; ce qui fait dire, que comme ils ont une forme multiplicative de leur eſpece, auſſi ont-ils de la vie. Quelques anciens ont reconnu cette vie, comme Pline le témoigne, lorſ-qu'il dit au dixiéme Chapitre, Livre troi-ſiéme de ſon Hiſtoire naturelle: *Spumam nitri fieri, cum ros cecidiſſet, prægnantibus nitrariis, ſed non parientibus.* Concluons donc , que les minéraux vivent tant qu'ils font attachés à leur racine & à leur matrice , puifqu'ils y prennent accroiffement : mais lorfqu'ils en font féparés , on les appelle juftement des mixtes inanimés : de même que le tronc d'un arbre , qui eft féparé de fa racine , s'appelle légitimement mort. Nous les appellerons dorénavant en ce fens , des corps inanimés , auffi-bien que beaucoup d'autres , quoique tirés des corps animés. De cette façon , il y a deux efpeces de corps inanimés : les uns font tirés de la terre , & les autres font tirés des mixtes mêmes , foit animés ou inanimés. Ceux qui font tirés des entrailles de la terre , font appellés minéraux : il y en a de trois efpeces ; fçavoir , les métaux , les pierres & les moyens minéraux , qu'on appelle auffi marcaffites.

Le métal , eft un mixte qui s'étend fous le marteau , & qui fe fond au feu. Les marcaffites font fufibles au feu , mais ne s'étendent point fous le marteau , & les pierres ne s'étendent point fous le marteau , ni ne fe fondent pas au feu.

Quant aux mixtes , qui ne fe tirent pas de la terre , on les tire ordinairement des corps animés, par l'artifice humain ; comme les fruits , les femences , les racines , les gommes , les réfines , la laine , le cotton , l'huile , le vin & diverfes autres parties extraites, & séparées des végetaux & des animaux, qui ne sont plus considérées comme organiques : on se sert aussi des animaux tous entiers, lorsqu'ils sont privés de leur vie & de leur ame. Nous traiterons succinctement de tous ces mixtes, tant animés qu'inanimés dans les Sections suivantes.

SECTION CINQUIÉME.

Des moyens minéraux ou des marcassites.

Les moyens minéraux, sont des fossiles, qui ont une nature moyenne entre les métaux & les pierres, parce qu'ils participent en quelque chose de l'essence de ces deux corps : ils conviennent avec les métaux par leur fusion, ils répondent aussi aux pierres par leur friabilité. Les moyens minéraux sont la plûpart des sucs métalliques, dissous ou condensés ; ou bien, ce sont des terres métalliques & minérales.

Les principaux sucs métalliques sont, premiérement le sel, qui est un corps fort friable, qui se résout à l'humide & qui se coagule au sec ; ce qui fait juger que le principe qui abonde en ce mixte, est le sel dont il tire son nom : on juge donc que puisque c'est un mixte, il n'est pas aussi par conséquent destitué des autres principes, comme on le voit par l'action du feu sur ce composé.

E v

Les *sels* , font naturels ou artificiels : la
nature engendre les premiers , qu'on appelle des fels foffiles : l'art fait les fels artificiels ; c'eft pourquoi il y en a de plufieurs
efpeces , comme le fel gemme , le fel armoniac , le falpetre , ou le fel nitre , le fel
de puits , le fel marin , le fel de fontaines ,
les alums & les vitriols , qui ont tous des
qualités fpécifiques , qui font différentes les
unes des autres , felon la nature des principes qui abondent en eux , & qui font , ou fixes ou volatiles , ou qui font diffolvans ou
coagulans , comme cela fe peut voir par la
diverfité des opérations , qu'on peut faire
fur chaque efpece de ces fels.

Les *bitumes* fuivent les fels , ils contiennent fous eux une grande diverfité d'efpeces , comme font , l'afphalte , l'ambre ou
le karabé , l'ambre-gris , le camphre , le
naphte , la petrôle & le foufre ; & remarquez que nous ne parlons pas ici du foufre
principiel de toutes les chofes ; mais feulement d'un fuc minéral gras & fœtide , qui
a en foi une partie fubtile , qui eft inflammable , & une autre qui eft terreftre & vitriolique , par laquelle il détruit les métaux ,
& s'éteint aifément , fi elle abonde.

Le *foufre* , dont nous nous fervons , eft
ou vif , c'eft-à-dire , tel qu'il eft tiré de la
terre , & qui n'a point paffé par l'examen du
feu , par le moyen duquel il eft préparé ,

tel que nous le voyons en forme de canons ou de magdaleons. L'art tire de ces mixtes bitumineux, plusieurs remedes différens pour la Médecine, comme nous le ferons voir dans le dernier Livre de la seconde Partie de ce Traité Chymique.

L'*arsenic*, est ou naturel, ou artificiel : le naturel contient sous soi trois especes, qui sont l'orpin, ainsi nommé de sa couleur d'or ; la sandaraque, qui est rouge, & le réalgar, qui est jaune. L'artificiel se fait par la sublimation du naturel avec le sel.

L'*antimoine*, est aussi naturel, qu'on appelle aussi minéral, ou artificiel, qui est celui que nous achetons, qui a passé par la fonte & qui est réduit en pains. Nous parlerons particuliérement du choix qu'on en doit faire, de ses parties constituantes, & des différentes sortes de ce minéral dans la pratique.

Le *cinnabre*, est un corps minéral composé de soufre & de mercure, ou d'argent vif, qui sont coagulés ensemble jusqu'à une dureté pierreuse ; le naturel se tire des mines, qui est mêlé plus ou moins de sable ; l'artificiel se fait par la sublimation du soufre, & du mercure mêlés ensemble.

La *cadmie*, est naturelle ou artificielle, la naturelle est une pierre métallique, qui contient en soi le sel volatil & l'impur de quelque métal : il y en a une infinité d'especes, qui font différentes en couleurs, en vertus & en confiftence. L'artificielle fe trouve dans les fourneaux, où fe fait la fonte des métaux ; & ce n'eft rien autre chofe que le fel volatil, ou la fleur des métaux, qui fe fublime & s'attache aux parois du fourneau, ou qui s'éleve comme une folle-farine jufqu'au toit du lieu, où fe font les fontes métalliques ; il y en a auffi de différentes efpeces , comme le pompholix , le fpode & la turhie.

L'autre efpece de *marcaffites* , font les terres minérales , comme les bols , la terre de Lemnos , la terre de Silefie , la terre de Blois , la craie , l'argile & toutes les autres fortes de terres minérales. On pourroit encore ajoûter les terres artificielles , comme les différentes fortes de chaux qui fe font de diverfes pierres, qui contiennent en elles un fel corrofif & un feu caché.

Mais avant que de commencer la Section des métaux, il faut éclaircir une difficulté qui fe préfente en cet endroit ; qui eft, que puifque les fels font mis entre les fucs métalliques , comment fe peut-il faire que le fel armoniac, qui eft un fel , & quelques efpeces de terres métalliques , dont nous avons parlé , foient mifes au nombre des marcaffites, puifque les marcaffites , ou les moyens minéraux ne s'étendent pas fous le marteau, mais qu'ils fe fondent néanmoins :

car il eſt conſtant que le ſel armoniac ne ſe
fond pas ; au contraire, il ſe ſublime, &
encore que ces terres ne ſe fondent pas
auſſi, mais qu'elles ſe calcinent, ou ſe ſu-
bliment en fleurs métalliques. A quoi il
faut répondre, qu'il eſt vrai que ſi on met
le ſel armoniac tout ſeul dans un creuſet,
il ne ſe fondra pas, mais il ſe ſublimera ;
qu'il eſt vrai néanmoins que ſi on mêloit
ce même ſel avec d'autres ſels, il ſe fon-
droit avec eux : comme l'on voit auſſi que
ſi on mêle les terres métalliques ſeules au
feu, elles ſe calcineront plutôt que de ſe
fondre ; mais ſi on les allie avec quelque
corps fuſible, elles ſe fondront : comme
lorſqu'on mêle la pierre calaminaire avec
poids égal de cuivre de roſette, elle ſe fond
avec ce métal, & le change en cuivre jaune
qu'on appelle laitton, & l'augmente de
cinquante pour cent. Il faut donc remarquer, que quand on diviſe les foſſiles en
métaux, en pierres & en marcaſſites, il ne
faut entendre autre choſe par les marcaſſites, ou par les moyens minéraux, que les
corps qui ont quelque milieu, ou quelque
relation avec la nature des pierres, ou avec
celle des métaux, ſoit à raiſon de la fuſibi-
lité, ſoit à raiſon de l'extenſibilité, ſoit
pour celle de la dureté, ou de la molleſſe.
Ainſi ce beau mixte, qui ſemble être le
chef-d'œuvre de l'Art qui eſt le verre, ſe

doit rapporter selon ce sens aux marcassites, puisqu'il se fond aisément ; & cependant il ne se peut étendre sous le marteau, si vous n'en exceptez celui qui fut rendu malléable à Rome, dont le secret est péri avec son Auteur & son Inventeur.

SECTION SIXIÉME.

Des métaux.

Les métaux sont des corps durs engendrés dans les matrices particulieres des entrailles de la terre, qui peuvent être étendus sous le marteau, & qui peuvent être fondus au feu. Le nombre des métaux est ordinairement septenaire, qu'on rapporte au nombre des sept Planetes, dont les noms leur sont appliqués par les Chymistes. On divise les métaux en parfaits & en imparfaits : les parfaits, sont ceux que la nature a poussés jusqu'à une derniere fin. Les marques de cette perfection sont la fixation parfaite, une très-exacte mixtion & union des parties constitutives de ces corps, qui est suivie de pesanteur, de son & de couleur, qui sont capables d'une longue fusion & d'une très-forte ignition, sans altération de leurs qualités & sans perte de leur substance. Il y en a deux de cette nature, qui sont le Soleil & la Lune, ou l'or & l'argent. Les métaux imparfaits sont de

deux fortes ; fçavoir, les durs & les mols ;
les durs, font ceux qui fe mettent plutôt
en ignition qu'en fufion, comme Mars &
Vénus, ou le fer & le cuivre ; les mols,
font ceux qui fe mettent plutôt en fufion
qu'en ignition, comme Jupiter & Saturne,
ou l'eftain & le plomb. On met pour le
feptiéme métal, le Mercure, ou l'argent vif,
qui eft un métal liquide qu'on appelle à
cette caufe, fluide, comme on appelle les
autres, folides. Cependant quelques-uns le
rayent du nombre des métaux à caufe de
cette fluidité, & le mettent entre les chofes qui ont de l'affinité avec les métaux,
comme étant une efpece de météore qui
tient le milieu entr'eux : plufieurs veulent
même qu'il en foit la premiere matiere.

On partage les métaux & les minéraux
en deux fexes, & l'on fe fert de divers
menftrues pour leur diffolution ; ainfi il n'y
a que les eaux régales qui puiffent diffoudre
l'or, le plomb & l'antimoine, qu'on prétend être les mâles, & les eaux fortes fimples, font capables de diffoudre tous les autres qu'on croit être les femelles.

Avant que de finir cette Section, il faut
éclaircir en peu de mots quelques queftions
qui fe font fur la nature métallique. On
demande premiérement, fi lorfque plufieurs
métaux font fondus enfemble, il en réfulte
après ce mélange quelque efpece métalli-

que, qui soit différente des métaux dont
elle est composée. Il faut répondre négati-
vement, parce que ce n'est pas une vraye
mixtion, & encore moins une étroite
union ; mais c'est plutôt une confusion,
puisqu'on les peut séparer les uns des autres. On doute encore si les métaux different entr'eux spécifiquement, ou s'ils ne
different seulement que selon le plus & le
moins de perfection. Scaliger répond à
cette question, que la nature n'a pas plutôt
produit les autres métaux pour en faire de
l'or, que les autres animaux pour en faire
des hommes ; de plus, on peut dire que
Dieu a créé la diversité des métaux, tant
pour la perfection & l'embellissement de
l'Univers, que pour les différens usages
ausquels ils sont employés par les hommes.
Il faut avoüer néanmoins que les minéraux
& les métaux imparfaits tiennent toujours
de l'un ou de l'autre des deux métaux parfaits, & le plus souvent de tous les deux
ensemble, comme cela se prouve par l'extraction qu'en font ceux qui ont le secret
de cette séparation, soit après une digestion
précédente, soit en les examinant par le
véritable séparateur, qui est le feu externe,
qui excite la puissance du feu intérieur des
choses, & qui est le seul instrument des
sages, pour faire paroître la vérité de ce
que je viens de dire. Ce qui fait conclure,

que ces métaux & ces minéraux imparfaits
tendent continuellement à la perfection de
leur deſtination naturelle , pendant qu'ils
ſont encore dans le ventre de leur mere ; ce
qu'ils ne peuvent plus faire , lorſqu'ils ſont
arrachés de leurs matrices.

Cette queſtion eſt ordinairement ſuivie
de celle qui fait demander , ſi l'Art eſt capable de pouvoir changer un métal imparfait , pour le pouſſer par cette métamorphoſe juſqu'à la perfection de l'un des deux
principaux luminaires. Il faut ici répondre
affirmativement ; parce qu'il eſt vrai , que
la nature & l'art peuvent faire de belles
tranſmutations , en appliquant l'agent au
patient ; mais la difficulté ſe trouve preſque
inſurmontable , d'autant qu'il faut trouver
préciſément le point & le poids de nature ;
& c'eſt ce travail qui a tourmenté depuis
pluſieurs ſiécles les eſprits de tant de Curieux opiniâtres , qui leur a fait uſer leurs
corps & vuider leurs bourſes.

La derniere queſtion qui ſe fait , eſt de
ſçavoir ſi l'or peut être rendu potable : c'eſt
ce qu'on ne doit point révoquer en doute ,
parce que l'expérience montre qu'il peut
être mis en liqueur ; mais le principal eſt
de ſçavoir ſi cette liqueur peut nourrir ,
comme pluſieurs le prétendent ; c'eſt ce que
je nie abſolument , parce qu'il n'y a nulle
analogie , & nulle rélation entre l'or &

notre corps, ce qui néanmoins se doit trouver nécessairement entre l'aliment & le
corps alimenté : or, il n'y a nulle proportion entre la nature métallique & la nature
animale ; il ne faut pas toutefois douter
que cette liqueur ne soit une médecine
très - souveraine, lorsqu'elle est faite avec
un dissolvant qui soit ami de notre nature,
& qui soit capable de volatiser l'or de maniere, qu'il ne soit pas possible à l'Art de le
récorporifier en métal; car quand il est réduit à ce point-là, c'est alors qu'il passe jusques dans les dernieres digestions, où il
corrige tous les défauts qui s'y rencontrent;
& ainsi il altere & change notre corps en
mieux, pourvû qu'on en sçache bien l'usage
& la dose, autrement ce seroit plutôt un
ennemi dévorant, qu'un hôte agréable &
familier.

SECTION SEPTIÉME.

Des pierres.

Les pierres sont des corps durs, qui ne
s'étendent sous le marteau, ni ne se fondent au feu; elles sont engendrées dans
leurs matrices particulieres, d'un suc empreint de l'idée & du ferment lapidifique;
elles prennent leurs diverses couleurs des
diverses mines, par où passe leur suc lapidifique & leur fumée, ou leur esprit coa-

gulatif. Les pierres font opaques ou tranfparentes, les tranfparentes font colorées
ou fans couleur : ainſi on peut dire avec
apparence, que l'efprit coagulatif de l'é-
méraude paſſe par une mine de vitriol ou
de cuivre; celui de l'opale par une mine de
foufre, & celui du rubis & de l'efcarbou-
cle, par une mine d'or; les grenats & quelques autres pierres de cette nature tirent
leur couleur du fer, & cela fe prouve par
la pierre d'aimant qui les attire à foi, &
ainſi des autres pierres; mais l'efprit coagulatif du diamant & du criftal de roche,
n'eft qu'un pur & fimple ferment pétrifiant,
qui eſt privé de toute fulfuréité tingente,
qui ne leur caufe par conféquent que cette
belle tranfparence qu'ils ont.

On remarque que les pierres opaques ou
pellucides, ne s'engendrent pas feulement
dans les entrailles de la terre ou dans les
eaux, mais qu'elles s'engendrent auffi dans
les entrailles & dans les vifceres de toute
forte d'animaux, comme le prouvent les
plus curieux Phyficiens.

Cela foit dit briévement touchant la
nature des minéraux; car pour ce qui concerne la doctrine de leur hiftoire particuliere; il la faut rechercher chez les Naturaliftes qui en ont écrit expreffément &
exactement, comme Georgius Agricola &
Lazarus Erker; car nous n'avons intention

que de faire un abregé des Catégories, auſ.
quelles on peut rapporter tous les mixtes
naturels qui en reſſortiront.

SECTION HUITIÉME.

Des autres mixtes, tant des animés que des inanimés.

Nous avons dit qu'il y avoit deux ſortes
de mixtes inanimés ; ſçavoir, ceux qui ſe
tirent du ſein de la terre, & ceux qui n'en
ſont pas tirés ; c'eſt pourquoi, il ne reſte
plus qu'à vous parler des derniers, puiſque
nous avons ſuffiſamment diſcouru des premiers, ſelon l'intention de cet Abregé.
Ceux qui ſont de ce dernier ordre, ſont les
ſucs & les liqueurs qui ſe tirent des plantes
par expreſſion ; auſſi-bien que des animaux
médiatement ou immédiatement: comme le
vin, l'huile, le vinaigre, les gommes, les
réſines, les fruits, les graiſſes, le lait, les
cadavres & ſes diverſes parties, & pluſieurs
autres choſes qui ſervent de remedes, pour
la conſervation & la reſtauration de la ſanté
des hommes.

Les mixtes animés, ſont les végetaux ou
les animaux ; les végetaux ou les plantes
ſont parfaites ou imparfaites ; les plantes
parfaites, ſont celles qui ont des racines &
une ſurface ; & les imparfaites, ſont celles
qui manquent ou de racine, ou de ſurface ;

les truffles sont de cette espece, car toute
leur substance est racine ; & les champi-
gnons, ausquels on ne voit point du tout,
ou fort peu de racine. Les plantes parfaites
sont divisées en herbe, en arbrisseau & en
arbre ; & chacun de ces genres, est encore
subdivisé en une infinité d'especes différentes, dont les Botanistes donnent les
noms & les propriétés. Les parties des
plantes parfaites, sont principales ou
moins principales ; les principales, sont
celles qui servent d'ame végetative pour
faire ses fonctions : elles sont similaires
ou dissimilaires ; les similaires, sont liquides ou solides ; les liquides, sont les
sucs & les larmes ; que si elles sont aqueuses, elles se coagulent en gommes ; & si
elles sont sulfurées, elles se coagulent en
résines, & c'est la raison pourquoi les gommes se dissoudent dans les liqueurs de la
nature aqueuse, & que les résines ne peuvent être dissoutes, que par les huiles ou
par les liqueurs, qui leur sont analogues.
Les parties solides, sont la chair & les
fibres de la plante. Les parties dissimilaires, c'est-à-dire, celles qui contiennent
en elles une diversité de substances,
sont ou perpétuelles, ou annuelles ; les
perpétuelles, & celles qui durent long-
tems, sont la racine, le tronc, l'écorce, la
moëlle & les rameaux ; les annuelles, sont

celles qui renaiſſent tous les ans , comme
les bourgeons , les fleurs , les feüilles , les
fruits , les ſemences , &c.

De même donc que les plantes ont une
grande diverſité de parties , & qu'elles ſont
diviſées en pluſieurs eſpeces ; auſſi les animaux qui ont des parties ſimilaires & diſſi-
milaires , ſont diviſés en une grande quantité d'eſpeces , car ils ſont raiſonnables ou
irraiſonnables ; les irraiſonnables ou les
bêtes , ſont parfaites ou imparfaites ; les
parfaites , ſont celles qui n'ont point de
céſure , & qui engendrent du ſang pour la
nourriture de leurs parties ; les imparfaites,
qui ſont les inſectes , ſont celles qui n'engendrent point de ſang , & qui ſont diviſées par céſures. Toutes les bêtes , tant les
parfaites que les imparfaites , ſont ou greſ-
ſiles , ou reptiles , ou natatiles ou volatiles.
Si vous déſirez de vous rendre ſçavans dans
l'hiſtoire de ces animaux , il faut lire Al-
drovandus , qui en a écrit très-exactement.
Pour la connoiſſance de l'homme & de ſes
parties , il faut conſulter les Anatomiſtes.

CHAPITRE VI.

Comment la Chymie travaille sur tous ces mixtes pour en tirer le pur, & pour en rejetter l'impur.

VOus voyez par le dénombrement de ces mixtes, combien l'empire de la Chymie est de grande étendue, puisque son travail s'occupe sur des composés si différens; car elle peut prendre celui qui lui plaît de tous ces corps, où pour le diviser en ses principes, en faisant la séparation des substances dont ils sont composés; ou elle s'en sert pour tirer le mystere de nature qui contient l'arcane, le magistere, la quintessence, l'extrait & le spécifique en un dégré beaucoup plus éminent, que le corps duquel on le tire; parce que ce corps est changé & exalté par la préparation chymique, qui sépare l'impur pour achever ce mystere, comme cela se verra au Livre des opérations : car il ne se faut pas contenter de l'étude & de la lecture des Œuvres de Paracelse, & principalement de ses Livres des Archidoxes, que je vous ai déja recommandés ; mais il faut aussi mettre la main à l'œuvre, pour entrer dans l'intelligence de ses énigmes, sans se rebuter pour le tems qu'on y doit employer, pour la peine qu'on y prend , ni pour les frais qu'on y employe ; comme font ordinairement ceux qui croyent & qui s'imaginent pouvoir devenir habiles par la lecture de quelques Auteurs, qui ne se fondent que sur l'autorité de leurs prédécesseurs, & qui laissent en arriere l'expérience & la recherche des secrets de la nature, quoique ce soit la principale colomne de toute la bonne philosophie naturelle , & par conséquent celle de la bonne médecine. Pour parvenir à notre but , nous finirons notre Théorie pour entrer dans la Pratique , afin que l'une fasse mieux entendre l'autre.

Fin de la Théorie.

SECONDE

SECONDE PARTIE.

LIVRE PREMIER.

Des termes néceſſaires, pour entendre & pour faire les opérations Chymiques.

PREFACE.

NOus avons montré dans la premiere Partie de ce Traité, les fondemens ſur leſquels toute la théorie de la Chymie eſt appuyée : mais parce que nous avons dit dans notre Avant-propos, que la Chymie eſt une Philoſophie ſenſible, qui ne reçoit & qui n'admet que ce que les ſens lui démontrent & lui font paroître ; il eſt tems de venir à la pratique & aux opérations, pour examiner ſi tout ce que nous avons dit, eſt fondé ſur les ſens. Perſonne ne doit trouver étrange que la ſcience mette la main à l'œuvre, puiſque l'opération n'eſt que pour la contemplation, & que la contemplation n'eſt que pour l'opération ; ce qui fait que ces deux choſes doivent être inſéparables. Et s'il eſt vrai que toutes les

Tome I. F

doctrines & toutes les sciences doivent
commencer par les sens, selon cette maxime qui dit : *Nihil esse in intellectu, quin
prius non fuerit in sensu ;* je trouve très-à-
propos qu'on ait les sens bien informés &
bien instruits de plusieurs expériences avant
qu'on se puisse occuper théoriquement &
contemplativement sur toutes les choses
naturelles, de peur qu'on ne tombe dans
les mêmes fautes de ces Philosophes super-
ficiels, qui se contentent de philosopher
sur les principes de quelque science, dont
l'expérience découvre la fausseté. Par exemple, n'est-ce pas une erreur manifeste, de
se persuader que la flamme ou la fumée,
qui sort de quelque mixte par une violente
résolution, soit un feu ou un air élémentaire, & quelque chose de bien simple ;
puisque si on les retient dans un alembic,
ou dans quelqu'autre récipient, l'expérience fera voir aux sens que cette flamme
ou cette fumée, ne sont pas des élémens
purs, & que ce ne sont pas aussi des mixtes
imparfaits ; mais que c'est quelquefois le
corps même d'un mixte très-parfait, comme il paroît clairement par la sublimation
du soufre, & par celle du sel armoniac ;
aussi-bien que par les fumées du mercure,
qui est le vif argent, qui ne sont autre
chose que le même mercure, qui prend
toute sorte de formes & de couleurs, com-

me le Prothée des anciens Poëtes ; mais qui reprend néanmoins son premier être par la revivification ?

Ce que nous venons de dire, fait voir qu'il ne faut pas juger témérairement des choses ; comme de dire que toute fumée est air, pour quelque ressemblance qu'elle auroit avec l'air. Car quoique toute vapeur & toute exhalaison soient semblables à la vûe, cependant elles sont d'une nature fort différente, comme cela se voit par ceux qui les examinent à fonds, après les avoir logées dans leurs vaisseaux ; & c'est ce que nous ferons voir par les opérations, dont nous traiterons dans la suite.

Mais parce qu'on rencontre dans la pratique de ces opérations plusieurs termes, qui sont essentiels à l'art Chymique, & qui sont assez difficiles à entendre, il est nécessaire de les expliquer avant que de commencer à parler de la pratique. Ainsi nous traiterons dans ce Livre, premiérement des diverses especes de solutions & de coagulations, parce qu'une des principales fins de la Chymie, est de spiritualiser & de corporifier, pour séparer par ce moyen le pur de l'impur. Après quoi nous enseignerons les divers dégrés du feu, par le moyen duquel on parvient avec l'aide de plusieurs fourneaux, & de beaucoup de vaisseaux différens à cette véritable exalta-

tion, qui tire du myſtere de la nature de
chaque mixte, l'arcane, l'élixir, la teinture, ou quelque ſublime eſſence, qui ſoit
graduée juſqu'à un tel point, qu'une ſeule
goutte, ou un ſeul grain de ces remédes
merveilleux, faſſe plus d'effet ſans comparaiſon, que pluſieurs livres du mixte groſſier & corporel, dont ces médicamens auront été tirés.

CHAPITRE I.

Des diverſes eſpeces de ſolutions & de coa-
gulations.

ENcore que la Chymie ait pour objet
tous les corps naturels ; cependant elle
travaille particuliérement ſur le corps mixte, dont elle enſeigne l'exaltation, par le
moyen de la ſolution & de la coagulation,
qui contiennent ſous elles diverſes eſpeces
d'opérations, qui tendent toutes, ou à la
ſpiritualiſation, ou à la corporification des
minéraux, des végetaux, ou des animaux ;
de maniere que l'exaltation de quelque
mixte, n'eſt autre choſe que la plus pure
partie de ce même mixte, réduite à une
ſuprême perfection, par le moyen de diverſes ſolutions & coagulations qui auront
été pluſieurs fois retirées. Pour parvenir à
réduire quelque choſe au point de ſon

exaltation, il faut premiérement féparer le pur de l'impur, ce qui fe fait matérielle- ment ou formellement : matériellement, par la cribration, l'ablution, l'édulcora- tion, la déterfion, l'effufion, la colation, la filtration & la defpumation : formelle- ment, par la diftillation, par la fublimation, par la digeftion, & par plufieurs autres opé- rations réitérées, dont nous parlerons ci- après.

Après avoir fait la féparation du pur & de l'impur, il faut rejetter l'impur pour parvenir à une exaltation parfaite, & met- tre le pur, premiérement en folution, & puis en coagulation; ce qui fe fait, ou en le réduifant en fort petites parties, ou en liqueur ou en quelque corps folide, par le moyen des opérations qui fuivent; fçavoir, la limation, la rafion, la pulvérifation, l'alkoholifation, l'incifion, la granulation, la lamination, la putréfaction, la fermen- tation, la macération, la fumigation qui eft féche ou humide, la cohobation, la précipitation, l'amalgamation, la diftilla- tion, la rectification, la fublimation, la calcination, qui eft actuelle ou potentielle, la vitrification, la projection, la lapidifi- cation, l'extinction, la fufion, la liqua- tion, la cémentation, la ftratification, la réverbération, la fulmination ou la déto- nation, l'extraction, l'expreffion, l'incé-

ration , la digestion , l'évaporation , la
déficcation , l'exhalation , la circulation ,
la congélation , la criftallifation , la fixation , la volatilifation , la fpiritualifation ,
la corporification , la mortification & la
revivification. Et c'eft de tous ces termes
différens , dont il faut que nous donnions
une claire intelligence en ce Chapitre.

La *cribration* , eft lorfqu'on paffe la matiere battue au mortier à travers le tamis
ou par le crible ; l'une eft la contufion parfaite , & l'autre , la groffiere.

L'*ablution* ou la *lotion* , fe fait lorfqu'on
lave fa matiere dans de l'eau , pour la nettoyer de fes impuretés les plus groffieres.
Et lorfque la matiere eft defcendue au fond
de l'eau par fa pefanteur , & qu'on verfe
l'eau par inclination , cela s'appelle *effufion*.

L'*édulcoration* eft l'opération, par laquelle
on fépare les parties fpiritueufes , falines &
corrofives des préparations chymiques, qui
fe font par la calcination actuelle ou potentielle.

On purge par la *déterfion* , la matiere qui
ne peut fouffrir l'eau , fans altération de fes
qualités , ou fans déperdition de fa fubftance; de forte , que fi la matiere fe met dans
quelque liqueur convenable , & qu'on la
paffe groffiérement en fuite , foit à travers
un linge , ou à travers de quelqu'autre
couloir de drap ou d'étamine , cela fe

nomme *colation* ou *percolation* ; mais fi cette opération fe fait à travers quelque chofe de plus compact & de plus ferré, cela s'appellera *filtration*, qui fe fait par le drap, par le papier, ou par la languette ; celle qui fe fait par le papier, eft la plus exacte & la plus nette.

La *defpumation*, n'eft rien autre chofe, que la féparation qui fe fait de l'écume, ou des autres ordures qui furnagent au-deffus des matieres, avec quelque inftrument propre à cet effet.

La *limation*, eft la folution de la continuité corporelle de quelque mixte par une lime d'acier : elle a fon ufage dans les trois familles des compofés ; car on lime les os des animaux, les bois des végetaux, auffi-bien que le corps des métaux les plus durs & les plus folides.

La *rafion*, a beaucoup d'affinité avec la limation ; mais elle fe fait avec quelque inftrument plus tranchant, comme avec un coûteau, ou quelque autre chofe de pareille nature : on la peut auffi rapporter en quelque façon à l'*incifion*.

La *pulvérifation* ou la *contufion*, ne font rien autre chofe que la réduction de quelque mixte en poudre, par le moyen de la trituration dans un mortier, fur le marbre, ou fur le porphire. Que fi on réduit la matiere en poudre très-fubtile, qui foit impalpable & imperceptible, cela s'appelle *alkoholisation*, qui se dit aussi quelquefois des choses liquides, comme on appelle l'*alkohol* de vin, ou des autres esprits vola-tiles & inflammables, lorsque ces esprits sont tellement dépoüillés de leur phlegme, qu'ils brûlent & eux & la matiere, qu'ils ont trempée, comme du linge, du papier ou du cotton.

On met par la *granulation*, les matieres minérales & métalliques en grenaille ; & par la *lamination*, on la bat & l'étend en petites lames déliées, comme sont l'or, l'argent & le cuivre en feüilles.

La *putréfaction* se fait, lorsque le mixte tend à sa corruption, par une chaleur hu-mide sans aucun mélange : que si cela se fait par le mélange & l'addition de quelque levain, qui est le ferment, comme du tar-tre, du sel commun, de la levure de bierre, du levain, ou du ferment ordinaire & de la lie de vin, cela prend le nom de *fermen-tation*.

La *macération*, est lorsqu'on met quel-que matiere en infusion dans un menstrue, qui n'est que quelque humeur, ou quelque liqueur convenable & appropriée à votre intention, pour extraire la vertu du com-posé sur lequel on agit : cette opération demande le tems propre & nécessaire pour l'extraction, selon le plus ou le moins de fixité du corps, fur lequel on travaille.

La *fumigation*, eſt une corroſion des parties extérieures de quelque corps, qui ſe fait par quelque vapeur, ou par quelque exhalaiſon âcre & corrodante : ſi c'eſt par une vapeur, comme par celle du vinaigre, c'eſt une fumigation humide ; & ſi c'eſt par une exhalaiſon, comme par la fumée du plomb ou de l'argent vif, c'eſt une fumigation féche, qui calcine les métaux réduits en lames, & qui les rend ſi friables, qu'on les peut après réduire facilement en poudre.

La *cohobation* ſe fait, lorſqu'il eſt néceſſaire de rejetter ſouvent le menſtrue, qui a été tiré d'un ou de pluſieurs mixtes, ſur les propres feces ou le reſte de ces mixtes, ſoit pour en tirer les vertus centriques, qui ſont enfermées dans ces compoſés, ſoit pour faire que ces mêmes feces ſe refourniſſent, & reprennent ce qu'elles avoient laiſſé volatiliſer par le moyen de la chaleur dans la diſtillation, & c'eſt dans cette ſeule opération que la cohobation a lieu.

La *précipitation* fait quitter le menſtrue diſſolvant, au corps que ce menſtrue avoit diſſout, ce qui ſe fait par l'analogie, qui eſt entre les ſels & les eſprits ; car ce qui ſe diſſout par les eſprits, eſt précipité par les ſels, & au contraire. Cette opération requiert une conſidération particuliere de celui qui défire travailler , parce qu'elle donne beaucoup de lumieres , pour bien comprendre la génération & la corruption des chofes naturelles.

L'*amalgamation*, eft une calcination particuliere des métaux , que quelques Auteurs appellent la calcination philofophique. Elle fe fait par le moyen de l'union du mercure, ou de l'argent vif dans les moindres particules des métaux ; ce qui les fépare de telle forte , que cela les rend onctueux & maniables à la main ; fi bien que faifant évaporer le mercure à la chaleur requife , les métaux font réduits en une chaux très-fubtile , ce qui ne fe peut faire par quelque autre moyen que ce foit.

La *diftillation* fe fait , lorfque la matiere, qui eft enclofe dans un vaiffeau , pouffe, chaffe & envoye des vapeurs dans un autre vaiffeau qui lui eft uni , par le moyen & par l'activité du feu. Il y en a de trois efpeces. La premiere eft celle qui fe fait , quand les vapeurs des chofes diftillées s'élevent en haut. La feconde , quand ces mêmes vapeurs vont par le côté ; & la troifiéme , quand elles tendent en bas. Le tout fe fait felon les matieres propres à la diftillation , & felon les vaiffeaux convenables à cet effet.

La *rectification* , n'eft autre chofe que la réitération de la diftillation , afin de rendre

les vapeurs diſtillées, plus ſubtiles, ou pour
priver quelque eſprit de ſon phlegme, ou
de ſes parties les plus terreſtres & les plus
groſſieres, ſelon que ce ſont des eſprits ou
acides fixes, ou que ce ſont des eſprits volatiles inflammables.

La *ſublimation*, eſt une opération, par
laquelle le feu fait paſſer en exhalaiſons
ſéches tout un corps, ou quelqu'une de ſes
parties qui ſe condenſent au haut du vaiſſeau, en fleurs déliées & ſubtiles, ou en un
corps plus denſe, plus compact & plus ſerré :
cette façon d'opérer eſt oppoſée à la précipitation.

La *calcination*, eſt une action violente,
qui réduit le mixte en chaux & en cendres ;
elle eſt double, ſçavoir, la calcination actuelle & la potentielle. Celle qui eſt actuelle, ſe fait par le moyen du bois enflam-
mé, ou par celui des charbons ardens, qui
ſont le feu matériel ; & la calcination potentielle, eſt celle qui ſe fait par le moyen
du feu ſécret & potentiel des eaux fortes,
ſimples ou compoſées, & par les vapeurs,
ou par les fumées corroſives, comme on le
remarque dans la précipitation & dans la
fumigation.

La *vitrification*, eſt le changement d'un
métal, des minéraux, des végetaux, ou des
pierres en verre ; ce qui ſe fait par le moyen
de la projection après leur fuſion, ou par

l'addition de quelques sels alkalis, ou fixes
& lixiviaux, qui pénetrent & qui purifient
ces diverses substances, & les vitrifient en
leur donnant la fusibilité & la transparence. Il y en a pourtant beaucoup qui sont
opaques, qu'on appelle communément les
émaux.

La *lapidification* se fait, lorsqu'on change
les métaux en pierres & en pastes, qui tiennent en quelque façon le milieu entre les
verres métalliques & transparens, & les
émaux, à cause qu'elles prennent un beau
poli.

L'*extinction*, est la suffocation & le re-
froidissement d'une matiere embrasée dans
quelque liqueur, soit que ce soit pour tirer
la vertu de cette matiere & la communiquer à la liqueur, soit pour communiquer
quelque qualité nouvelle à ce qu'on trempe; comme on éteint la tutie & la pierre
calaminaire dans de l'eau de fenoüil ou
dans du vinaigre, pour leur communiquer
plus de vertu pour les yeux; comme on
trempe aussi tous les instrumens qui se for-
gent du fer & de l'acier, pour leur donner
le poli, la dureté & par conséquent le
tranchant.

La *fusion* se dit proprement des métaux
& des minéraux; elle se fait par une grande
& violente ignition. Et la liquation ne se
dit que des graisses des animaux, de la cire

& des parties onctueuses, grasses & réfi-
neufes des végetaux, qui se fait par une
chaleur temperée.

On ôte par la *cémentation* les impuretés
des métaux : elle sert aussi à leur examen,
pour sçavoir s'ils sont vrais ou faux, comme on rétrecit aussi leur volume, par le
resserrement de leurs parties, ce qui se fait
par le moyen de la *stratification*, en faisant
un lit de ciment, puis un autre de lames
métalliques ; & continuant ainsi, *stratum*
super stratum, ou lit sur lit, jusqu'à ce que
le vaisseau soit plein ; mais notez qu'il faut
toujours commencer par le ciment & finir
par le même ; en suite de quoi, il faut lutter bien exactement le pot ou le creuset,
pour donner après cela le feu de roue par
dégrés jusqu'à la fusion.

La *réverbération*, est une ignition, par
laquelle les corps sont calcinés en un fourneau de réverbere à feu de flamme ; soit
que cela se fasse pour en séparer les esprits
corrosifs ; soit qu'il se fasse simplement,
pour subtiliser & pour ouvrir ce même
corps, par le moyen de cette opération.

La *fulmination* ou la *fulguration*, est une
opération, par laquelle tous les métaux,
excepté l'or & l'argent, sont météorisés,
réduits & chassés en vapeurs, en exhalaisons & en fumées, par le moyen du plomb
sur la coupelle ou sur la cendrée, avec un

feu très-violent, animé de quelque bon & ample soufflet.

On fait la *détonation*, pour séparer & pour chasser toutes les parties sulfurées & mercurielles, qui sont impures dans quelque mixte, afin qu'il ne demeure que la partie terrestre, qui est accompagnée du soufre interne & fixe, auquel réside principalement la vertu des minéraux : on fait cette opération par le moyen du salpêtre ou du nitre, comme cela se voit en la préparation de l'antimoine diaphorétique, qui se fait par détonation & par fusion.

L'*extraction*, est lorsqu'on tire l'essence ou la teinture d'un mixte, par le moyen d'un menstrue ou d'une liqueur convenable, que l'Artiste fait évaporer, s'il est vil & inutile, mais qu'il retire par distillation, s'il est précieux, & capable de pouvoir encore servir aux mêmes opérations ; ce qui demeure au fond du vaisseau, se nomme extrait.

L'*expression* se fait pour séparer le plus subtil du plus grossier, selon l'intention, qu'on a de garder l'un ou l'autre ; on se sert pour cela de la presse & des platteaux.

La *digestion*, est une des principales opérations, & une des plus nécessaires de la Chymie, parce que les mixtes sont rendus par elle traitables & capables de fournir ce qu'on en désire ; elle se pratique par le moyen d'un menftrue convenable, & d'une lente & longue chaleur : on la fait ordinairement dans quelque vaiffeau de rencontre, qui font deux vaiffeaux qui s'embouchent l'un dans l'autre, afin qu'il ne fe perde rien des efprits volatiles de la chofe qu'on digere : on fe fert ordinairement dans cette opération de la chaleur du bain aqueux, du bain vaporeux, de l'aërien, de la chaleur du fumïer de cheval, ou de celle des cendres, ou du fable. La digeftion a beaucoup d'affinité avec la *macération* : elles different néanmoins entr'elles, en ce qu'il fe fait en digérant une efpece de coction, ce qui ne fe fait pas dans la macération.

On retire le menftrue, qui a fervi à diffoudre, ou à extraire en vapeur, par le moyen de l'évaporation ; & par cette action, fe produit la *déficcation* ; mais par *l'exhalation* les efprits fecs font enlevés de la matiere par le feu, & font réduits en exhalaifons.

La *circulation*, eft une opération, par laquelle les matieres contenues au fond d'un pélican ou d'un vaiffeau de rencontre, font pouffées en haut par l'action de la chaleur, puis elles retombent fur leurs propres corps, ou pour les volatifer par le moyen des efprits, ou pour fixer l'efprit par le moyen du corps ; ce qui eft très-digne de la contemplation d'un homme qui veut être vrai Naturaliste.

La *congélation*, est la réduction des parties solides des animaux en gelée, par l'*élixation* avec quelque menstrue ; comme sont les gelées des cornes, des os, des muscles, des tendons & des cartilages ; mais notez que cette congélation ne se fait qu'à raison du sel volatil, qui abonde dans les animaux : comme la *cristalisation*, se dit aussi proprement des sels, lorsqu'on les purifie par diverses solutions, filtrations & cristalisations, après que la liqueur qui les contient, a été évaporée jusqu'à pellicule.

Les choses volatiles sont rendues fixes par la *fixation* ; comme au contraire, les fixes sont rendues volatiles par la *volatilisation*. On appelle *fixe*, ce qui est constant & permanent au feu ; comme on appelle *volatile*, ce qui fuit & s'exhale à la moindre chaleur. Mais remarquez ici, que comme il y a une grande diversité de dégrés de chaleur, aussi il y a-t'il beaucoup de sortes de choses fixes, & beaucoup de volatiles.

La *spiritualisation* change tout le corps en esprit, en sorte qu'il ne nous est plus palpable ni sensible ; & par la *corporification*, l'esprit reprend son corps, & se rend derechef manifeste à nos sens ; mais ce corps est un corps exalté, qui est bien différent en vertu de celui dont il a été

tiré, puisque ce corps, ainsi glorifié, contient en soi le mystere de son mixte.

Par la *mortification*, les mixtes sont comme détruits, & perdent toutes les qualités
& les vertus de leur premiere nature, pour
en acquérir d'autres, qui sont beaucoup
plus sublimes & beaucoup plus efficaces,
par le moyen de la *révivification*. C'est cette
opération qui a fait dire à Paracelse, que la
force de la mort est efficace, puisqu'il ne
se fait point de résurrection sans elle ; &
comme dit l'Apôtre Saint Paul, il faut que
le grain meure en terre, avant que de re-
vivre, & de se multiplier dans l'épi qui en
provient.

Empyreume & *empyreumatique*, terme tiré
du Grec, est une odeur désagréable, que
communique la violence du feu au mixte
que l'on distille.

CHAPITRE II.

Des divers dégrés de la chaleur & du feu.

LE plus puissant agent que nous ayons
sous le Ciel, pour faire l'anatomie de
tous les mixtes, est le feu, qui a besoin
pour son entretien, premiérement de matiere combustible, huileuse & sulfureuse,
soit minérale, comme le charbon de terre ;
soit végetable, comme le bois & le charbon,

& les huiles des végetaux ; soit enfin animale, comme les graisses, les axonges &
les huiles des animaux. En second lieu, le
feu a besoin d'un air continuel, qui chasse
par son action les excrémens & les fuligi-
nosités des matieres qui se brûlent, & qui
anime le feu, pour le faire plus ou moins
agir sur son sujet ; & c'est cette nécessité
qui a fait assez improprement dire à quelques-uns, que l'air étoit la vraye nourriture
& la véritable pâture du feu. Si nous voulons parler très-exactement, on ne peut pas
dire que le feu reçoive de soi, ni en soi du
plus ou du moins, ou comme disent les
Philosophes, qu'il puisse recevoir inten-
sion ou rémission ; cependant la matiere sur
laquelle il agit, peut recevoir plusieurs dégrés de chaleur, selon l'approche ou l'éloignement du feu, ou l'interposition des
choses qui peuvent recevoir l'impression de
la chaleur. D'où il s'ensuit nécessairement,
que le régime & la conduite de la chaleur,
consiste en une juste & convenable quantité de feu, qui soit administrée par l'Artiste, selon les conditions de la matiere
sur quoi il travaille, & selon les moyens
dont il se sert, ausquels il faut qu'il donne
une distance proportionnée.

Pour accroître & augmenter le feu, il
faut ou mettre une plus grande quantité de
charbon dans le fourneau, ou s'il y en a

affez, & qu'il n'agiffe pas félon la volonté
de celui qui travaille, il faut donner entrée
à un plus grand air, ou par la porte du
fourneau par où on met le feu ; ou ce qui
fera mieux, en le donnant par la porte du
cendrier ; & même en ouvrant les regiftres,
qui font en haut ou aux côtés des fourneaux, pour donner iffue aux exhalaifons
& aux vapeurs fuligineufes, qui fuffoquent
ordinairement le feu ; ou encore, en fouf-
flant avec des foufflets, qui foient amples,
& qui foient capables de beaucoup de vent.
Ce que je viens de dire, doit faire connoître qu'on peut affoiblir le feu par le contraire ; comme de fermer les portes & les
regiftres, pour empêcher l'entrée de l'air
& la fortie des fuliginofités ; ou bien, on
doit diminuer la matiere combuftil : , ou
couvrir le feu de cendres froides, ou d'une
platine de fer, ou d'une brique, pour empêcher le défordre & les accidens qui arrivent dans les opérations.

Pour ce qui concerne la diftance du vaiffeau qui contient la matiere, cela ne fe
peut juger que felon les moyens interpofés
& la nature de la matiere même. On peut
néanmoins recevoir pour regle générale,
qu'il faut qu'il y ait une diftance d'environ
huit pouces, entre la grille ou le réchaux
qui contient le feu, & le cul ou le fond du
vaiffeau qui doit recevoir la chaleur : car

le feu agit fur les matieres, médiatement
ou immédiatement : immédiatement, lorfque le feu agit fans oppofition fur la matiere, ou fur le vaiſſeau qui la contient,
foit que ce foit un creufet, une cornue ou
quelqu'autre chofe ; & c'eſt ce qu'on appelle communément le feu ouvert, le feu
de calcination & le feu de fuppreſſion.
Médiatement, lorſqu'il y a quelque chofe
qui eſt pofée entre le feu & la matiere, qui
empêche fon action deſtructive ; ce qui
donne le moyen à l'Artiſte de le gouverner,
comme un habile Ecuyer, qui ſçait régir
& dompter un cheval, par le moyen des
rênes de la bride qu'il tient en fa main.

Nous comprendrons toutes les différences des dégrés de la chaleur fous *neuf claſſes*
principales, que l'Artiſte pourra diverfifier
encore en une infinité de manieres, felon
fon intention, & felon que le requiert la
qualité du mixte fur quoi il opere ; ces différences font celles qui fuivent.

Nous prendrons le *premier dégré* de la
chaleur, par l'extrême & par le plus fort,
qui eſt le feu de flamme, qui calcine & qui
réverbere toutes les chofes ; & c'eſt proprement celui qui eſt capable de faire paſſer
en vapeur & en exhalaifons, les corps qui
font les plus folides & les plus fixes.

Le *fecond*, eſt celui du charbon, qui fert
proprement & principalement à la cémen-

tation , pour la coloration & pour la pur-
gation ; aussi-bien que pour le rétrécisse-
ment des métaux ; aussi-bien que pour celle
des minéraux , qui tiennent le plus de la
nature métallique : on l'appelle quelquefois le feu de roue , & quelquefois le feu
de suppression , selon que le feu est approprié dessus , dessous , ou à côté.

Le *troisiéme dégré du grand feu* , est celui
de la lame de fer rougie au plus haut point,
qui est une chaleur , qui sert pour expéri-
menter & pour éprouver les teintures métalliques, aussi-bien que le dégré de fixation
des remédes minéraux.

Le *quatriéme* prend pour son sujet la limaille de fer enfermée dans une capsule ,
ou dans un chaudron de même matiere ; &
cela , parce que ce corps étant une fois
échauffé , conserve sa chaleur beaucoup
plus long-tems que les autres , & qu'il la
communique avec une plus grande activité
au vaisseau , qui contient la matiere qui
doit être distillée ou digerée , ou qui doit
être cuite.

Le *cinquiéme* , est celui de sable , pour
servir de moyen interposé ; il tient une
chaleur moindre que celle de la limaille de
fer , parce qu'il s'échauffe plus lentement ,
qu'il se refroidit plutôt , & qu'il est plus aisé
de le tenir en bride par le moyen des registres bien appropriés.

La *sixiéme*, est la chaleur des cendres, qui commence d'être une chaleur temperée à l'égard des autres dégrés de feu, dont nous avons parlé ci-devant ; ce feu sert ordinairement pour les extractions des mixtes, qui sont de moyenne substance, soit de l'animal ou du végetable, & même pour leurs digestions & à leurs évaporations.

Le *bain marie*, ou en parlant plus proprement, le bain marin, fait la *septiéme* de nos classes, & qui est la plus considérable de toutes les autres, comme étant celle qui fait la plus excellente & la plus utile partie du travail de la Chymie ; parce que l'Artiste la peut conduire avec tant de jugement & avec tant de proportion, qu'il peut faire avec son aide une grande diversité d'opérations, qui sont impossibles par quelque autre voye imaginable ; car il peut être boüillant, demi - boüillant, frémissant, tiéde, demi-tiéde, & tenir encore le milieu entre tout ce que je viens de dire.

Le *huitiéme* dégré du feu bien gradué, est le bain vaporeux ; car on peut mettre les vaisseaux simplement à la vapeur de l'eau, qui est contenue dans le bain marin ; & pour le *neuviéme*, on peut mettre de la sûre de bois à l'entour du vaisseau, qui reçoit la vapeur, ou de la paille d'avoine, ou de la paille hachée menu ; parce que ce sont des corps qui attirent facilement cette vapeur & fa chaleur, & qui la confervent long-tems dans une grande lenteur, & dans une égalité prefque parfaite.

Il y a encore le *feu de lampe* par-deſſus tout ce que nous venons de dire , qui peut être gradué , felon l'éloignement & l'approche de la lampe, qui aura un ou pluſieurs lumignons ; ces lumignons feront compofés de deux , de trois, de quatre ou d'un plus grand nombre de fils, felon qu'on voudra plus ou moins échauffer la matiere ; cette chaleur fert principalement à cuire & à fixer.

Les Chymiftes ont encore inventé pluſieurs autres fortes de chaleur qui ne leur coûtent rien : comme celle du Soleil , foit en expofant leurs matieres à la réflexion des rayons de fa lumiere, qui auroient été reçûs par quelque corps, plus ou moins capable de les renvoyer ; foit en concentrant les rayons de cette même lumiere , par le moyen du miroir ardent , qui ʼun inftrument capable de donner de l'étonnement aux plus habiles, qui ne connoiſſent pas la fphere de fon activité ; puifque ces effets les moins confidérables , font de fondre les métaux , felon la coupe & la grandeur du diamétre de ces inftrumens admirables.

Mais ce qu'il y a de moins concevable , c'eſt que cette chaleur eſt un feu magique,

qui eſt différent de tout autre feu ; puiſque
le dernier eſt deſtructif, & que ce premier
eſt conſervatif & multiplicatif, comme
l'expérience le fait voir en la calcination
ſolaire de l'antimoine, qui perd par cette
opération ſon mercure & ſon ſoufre impur,
qui s'exhalent en fumée ; ce qui devroit
diminuer de ſon corps, & qui acquiert une
vertu cordiale & diaphorétique, avec une
augmentation de ſon poids, ce qui ſe prouve ainſi. Si on calcine dix grains de ce minéral au feu ordinaire, il diminue de quatre ;
& par conſéquent, il n'en reſte que ſix, qui
ſeront encore cathartiques & émétiques ;
mais ſi vous en calcinez autant à ce feu céleſte, outre qu'il perd ſes mauvaiſes qualités
par l'exhalaiſon qui ſe fait de ſes impuretés,
qui ont du poids, & qui ſemblent avoir di-
minué les dix grains ; il ſe trouve qu'il y en
a douze après que la préparation eſt achevée, qui ſont doüés d'une vertu toute admirable, & c'eſt ce qui cauſe avec raiſon,
l'admiration des plus rares eſprits : car il
eſt augmenté de la juſte moitié. Mais on
ceſſe d'admirer, quand on a une fois connu
& qu'on a bien compris, que la lumiere
eſt ce feu miraculeux, qui eſt le principe
de toutes les choſes naturelles, qui ſe joint
& qui s'unit indiviſiblement à ſon ſembla-
ble, lorſqu'il le rencontre en quelque ſujet
que ce ſoit.

Les

Les Artistes se servent encore de la chaleur du *fumier de cheval*, qui est une chaleur putréfactive, que Paracelse recommande particuliérement, quand il s'agit d'ouvrir les corps les plus solides & les plus fixes, comme sont ceux des métaux & des minéraux ; afin d'en extraire plus aisément les beaux rēmedes qu'il nous enseigne, on peut substituer à la chaleur du fumier, celle des bains & des fontaines minérales, qui sont chaudes naturellement ; aussi-bien que celle du bain marin, qui est artificielle, pourvû qu'on la sçache gouverner avec les proportions requises.

CHAPITRE III.

De la diversité des vaisseaux.

COmmé on ne met pas souvent les matieres sur quoi l'Artiste travaille sur le feu nud & à découvert, mais qu'il faut nécessairement qu'elles soient encloses dans des vaisseaux propres & convenables à l'intention de celui qui travaille, qu'on ajuste & qu'on pose artistement & avec un grand jugement sur le feu, qui agit médiatement ou immédiatement ; afin que ce qui en sortira, ne se perde pas inutilement, mais au contraire, qu'il soit soigneusement & curieusement conservé : il faut donc que nous traitions dans ce Chapitre de la diverſité de ces vaiſſeaux , & des différens uſages où ils peuvent être employés utilement.

Or ces vaiſſeaux doivent être conſiderés, ou ſelon leur matiere, ou ſelon leur forme, parce que ce ſont deux parties eſſentielles, qui font qu'on les employe dans les opérations de la Chymie ; & leur différence eſt auſſi grande , qu'il y a de différentes vûes dans les eſprits de ceux qui s'appliquent à ce travail. Et comme il y a pluſieurs ſiécles qu'on recherche la perfection des opérations de cet Art, il faut auſſi que nous tracions ſeulement en général la plus grande partie des inſtrumens néceſſaires , afin de laiſſer une liberté toute entiere , à l'intention de ceux qui voudront travailler à ce bel Art , après qu'ils y auront été introduits , pour parvenir juſqu'aux connoiſſances les plus cachées des belles préparations, qui ſe font par ſon moyen.

On doit toujours choiſir la plus nette matiere pour la conſtruction des vaiſſeaux ; il faut auſſi qu'elle ſoit compacte & ſerrée, afin que les plus ſubtiles portions de la matiere ne puiſſent pas tranſpirer , & que cette matiere des vaiſſeaux ne ſoit pas capable de communiquer aucune qualité étrangere à la matiere ſimple ou compoſée , ſurquoi le Chymiſte opere. Le verre eſt le corps , qu'on doit employer exclusivement à tout autre, à cause de son resserrement & de sa netteté, s'il étoit capable de souffrir toutes les actions du feu ; mais sa fusibilité & les accidens qui le cassent, nonobstant toutes les précautions des Artistes, fait qu'il faut avoir de nécessité recours à d'autres matieres qui soient capables de résister au feu, & qui ne se puissent rompre si facilement ; comme à la terre de potier, qui fournit à la Chymie un bon nombre de vaisseaux pour son service, selon la diversité de ces terres, & selon leur porosité : car si on dit qu'on les peut enduire de quelques vernis, minéral ou métallique, qui empêcheront la transpiration ; la réponse sera, que cela les rend de la même nature du verre, & qu'ainsi elle sera sujette aux mêmes accidens ; car outre leur frangibilité commune, il faut avoir encore égard à ne les pas exposer trop hâtivement du froid au chaud, ni du chaud au froid ; parce que la compression ou la raréfraction ne manqueroit pas de causer la cassure des uns & des autres.

Nous avons aussi besoin de vaisseaux métalliques, pour faire beaucoup d'opérations de l'Art Chymique, qui seroient bien malaisées & presqu'impossibles sans ce secours ; tant à cause de l'action du feu, qui détruit & qui consume ce qui lui est

foumis, qu'à caufe des diverfes matieres
fur quoi l'Artifte agit ordinairement. Car
on a befoin de verre ou de terre verniffée,
pour contenir les acides & les fubftances
falines, nitreufes, vitrioliques & alumi-
neufes. Au contraire, il faut avoir des vaiffeaux métalliques, qui puiffent long-tems
réfifter au feu ouvert, & qui contiennent
beaucoup de matiere, quand on doit tirer
l'efprit du vin en quantité. On ne peut auffi
tirer les huiles diftillées des végetables fans
ces vaiffeaux ; parce que ces opérations ont
befoin d'un feu violent & long, pour
défunir les parties balfamiques & étherées,
de celles qui font falines & terreftres ; ce
qui ne peut être feparé qu'avec une grande
quantité d'eau & par une grande ébullition. Mais obfervez de ne jamais vous
fervir d'aucun vaiffeau, ni d'aucun inftrument métallique, lorfqu'on travaillera fur
le mercure, qu'on doit prendre dorénavant pour le vif-argent, parce que ce mixte
s'allie & s'amalgame facilement avec la plus
grande partie des métaux, avec les uns plus
facilement, & avec les autres plus diffici-
lement. Cela foit dit en paffant, pour ce
qui regarde la matiere des vaiffeaux.

Pour ce qui eft de la diverfité de la forme
des vaiffeaux, qui doivent fervir aux opérations de la Chymie, on la varie felon les
différentes opérations. Car on fe fert de

cucurbites, couvertes de leur chapiteau ou de leur alambic pour la distillation, aussi-bien que de la *vessie de cuivre*, qui doit être couverte de la *tête de more*, faite du même métal ou d'étain, de crainte que les esprits ou les huiles qu'on distille, ne tirent quelque substance vitriolique du cuivre; il seroit aussi nécessaire, que tous les vaisseaux de cuivre, dont on se servira en Chymie, fussent étamés pour empêcher ce que nous venons de dire; il faut aussi se servir de bassins amples & larges, surquoi on posera une cloche d'étain proportionnée, pour la distillation des fruits récens, des plantes succulentes & des fleurs. Ces trois sortes de vaisseaux suffiront pour la distillation, qui se fait des vapeurs qui s'élevent en haut.

Mais il faut avoir des *cornues* ou des *retortes*, & de grands & amples *récipiens*, pour la distillation qui se fait des vapeurs, qui font contraintes de sortir de côté, ce que les Artistes ont reconnu nécessaire; parce que ces vapeurs ne peuvent pas être facilement élevées à cause de leur pesanteur: il est même quelquefois nécessaire d'avoir des *retortes ouvertes* par le haut, qui soient ou de métal, ou de terre; comme aussi des récipiens à deux & à trois canaux, ou à deux & à trois ouvertures, pour en ajuster d'autres à ce premier, afin de con-

denfer plus facilement & plus fubitement ;
les exhalaifons & les vapeurs qui fortent
de la matiere ignifiée ; car fi cela ne fe
faifoit pas, il faudroit de néceffité, ou que
le vaiffeau qui contient la matiere, fe rom-
pît, ou que le récipient fautât en l'air, s'il
étoit feul, parce qu'il n'y auroit pas affez
d'efpace pour contenir, recevoir & tempérer l'impétuofité des fumées, que le feu
envoye.

Il faut avoir des *matras* à long col, & qui
foient d'embouchure étroite pour la digeftion : on peut auffi fe fervir à cet effet de
vaiffeaux de rencontre, qui font deux vaiffeaux, qui s'embouchent l'un dans l'autre,
afin que rien ne puiffe exhaler de ce qui eft
utile.

On fe fert de *pélicans* pour la circulation,
& même des *jumeaux*, qui font deux cucurbites avec leurs chapiteaux, dont les
becs entrent dans le ventre de la cucurbite
oppofée. Les rencontres peuvent auffi fervir
à cette opération ; mais elles ne font pas
fi commodes, que les deux vaiffeaux précédens.

Il faut fe fervir d'*aludels* pour la fublimation, ou de quelques autres vaiffeaux
analogues ; comme de mettre des pots de
terre, qui s'embouchent les uns dans les
autres, ou des *alambics aveugles*, c'eft-à-
dire, fans becs : on fe fert auffi de papier

bleu, qui soit fort & bien collé, pour en faire des cornets qui reçoivent les exhalaisons des matieres sublimables, comme cela se verra, quand on sublimera les fleurs de benjoin.

Pour la fonte ou pour la fusion, aussi-bien que pour la cémentation & la calcination, il faut avoir des *creusets*, qui soient faits d'une bonne terre qui résiste au feu, & qui soit capable de retenir les sels en fonte, & d'empêcher l'évaporation de leurs esprits, & même de tenir les métaux en flus; il faut aussi avoir des couvercles pour les creusets, qui se puissent ôter & remettre avec les mollets, afin que les charbons, ou quelque autre corps étranger, ne tombent pas dans la matiere qui est au feu; ou qu'on puisse lutter ces couvercles bien exacte-ment, comme cela se pratique dans les cé-mentations.

Il faut avoir finalement des *terrines* & des *écuelles*, des *cuillieres* & des *spatules* de verre, de fayence, de grais, ou de quelque autre bonne terre, qui soit vernissée ou non vernissée, qui serviront pour les dissolutions, les exhalations, les évapora-tions, les cristallisations, & particuliére-ment pour les resolutions à l'air.

Ceux qui voudront travailler aux vérita-bles fixations, auront besoin des œufs phi-losophiques, ou d'un autre instrument qui

G iiij

est de mon invention, que je ne peux appeller autrement que du nom de l'œuf dans l'œuf, ou *Ovum in ovo*; il participe de la nature du pelican, pour la circulation, & de celle de cet instrument, qu'on appelle un enfer, à cause que tout ce qu'on y met n'en peut jamais sortir: ce vaisseau sert à la fixation du mercure; il a aussi la figure d'un œuf qui est enfermé dans un autre, si bien que c'est comme le racourci & la véritable perfection de ces trois vaisseaux, qui peuvent servir à la fixation.

Or, comme la naïve description de tous ces vaisseaux ne peut être faite par écrit, & que la démonstration est beaucoup plus avantageuse que la lecture, on aura recours pour cet effet à la planche qui est à la fin de ce Chapitre, où l'on en verra la représentation, qui servira de modele.

CHAPITRE IV.

De la diversité de toutes sortes de fourneaux.

IL ne suffit pas que le Chymiste ait de la chaleur & des vaisseaux, il faut qu'il ait aussi des fourneaux pour régler & pour gouverner sa chaleur & son feu, pour appliquer & ajuster les vaisseaux au dégré de feu, qu'il jugera convenable à sa matiere.

Les fourneaux font des instrumens, qui

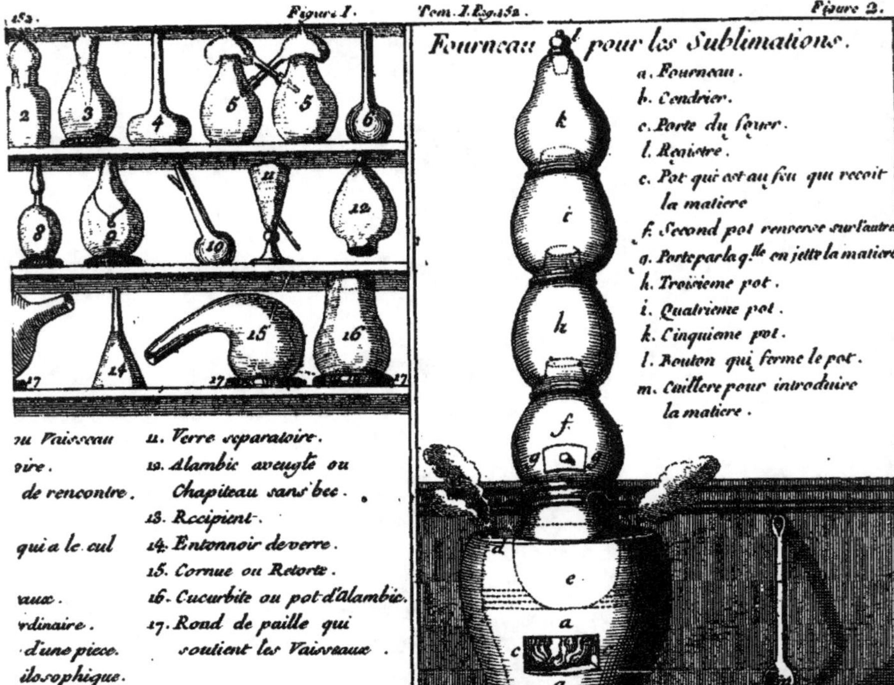

Fourneau ✶ pour les Sublimations.
a. Fourneau.
b. Cendrier.
c. Porte du foyer.
l. Registre.
e. Pot qui est au feu qui reçoit la matiere
f. Second pot renversé sur l'autre
g. Porte par laq.lle on jette la matiere
h. Troisieme pot.
i. Quatrieme pot.
k. Cinquieme pot.
l. Bouton qui ferme le pot.
m. Cuillere pour introduire la matiere.

...u Vaisseau   11. Verre separatoire.
...oire.   12. Alambic aveugle ou
...de rencontre.   Chapiteau sans bec.
                            13. Recipient.
...qui a le cul   14. Entonnoir de verre.
                            15. Cornue ou Retorte.
...vaux.   16. Cucurbite ou pot d'Alambic.
...rdinaire.   17. Rond de paille qui
...d'une piece.   soutient les Vaisseaux.
...ilosophique.
...ns l'Oeuf.
...ras.

font deftinés aux opérations qui fe font par le moyen du feu, afin que la chaleur puiffe être retenue & comme bridée, pour la pouvoir gouverner felon le jugement, l'habileté & l'intention de l'Artifte. On leur donne divers noms, felon la diverfité des opérations aufquelles ils font appropriés. Car ils font fixes & immobiles, ou mobiles & portatifs. Nous ne parlerons ici que des fourneaux immobiles, puifque ce font ceux qui fervent plus utilement aux opérations de la Chymie ; & nous laifferons les autres à la fantaifie de ceux qui feront curieux de s'appliquer à ce bel Art. La matiere des fourneaux eft triple ; fçavoir, les briques, le lut, & les ferremens ; leur forme fe prend de leur utilité.

Tous les *fourneaux* doivent avoir *quatre parties*, qui leur font abfolument néceffaires, de quelque forme qu'ils puiffent être conftruits, qui font premiérement, le *cendrier* avec fa porte, qui fert pour recevoir & pour retirer les cendres qui tombent du charbon : fecondement, il y a la *grille*, qui reçoit & qui foutient le charbon. Il y a en troifiéme lieu, le *réchaux* ou le *foyer* avec fa porte, pour jetter le charbon fur la grille, qui doit avoir fes *regiftres*, pour gouverner & pour régir la chaleur du charbon allumé, qui eft contenu dedans. Il y a finalement l'*ouvroir* ou le *laboratoire*,

qui doit contenir les vaiſſeaux & les matieres ſur quoi on travaille. Ce ſont-là les
remarques générales qui ſe doivent faire
ſur la matiere & ſur la conſtruction des
fourneaux. Il faut enſuite dire quelque
choſe de leur uſage, & faire la deſcription
de leurs parties.

Il faut que nous commencions par le
fourneau, qu'on appelle ordinairement
ATHANOR, qui eſt un mot Arabe, ou
plutôt dérivé du Grec, pour ſignifier que
ce fourneau conſerve une chaleur perpétuelle. On lui donne ce nom par excellence, parce que ce fourneau n'eſt pas ſeulement plus utile que tous les autres, pour
une grande quantité d'opérations en même
tems; mais auſſi parce qu'il épargne le charbon, qu'il ſoulage les ſoins & l'aſſiduité
de l'Artiſte, & que la chaleur qu'il communique, peut être régie avec une très-
grande facilité. Il faut que l'Athanor ait
quatre parties. La premiere, eſt la *tour* qui
contient le charbon. La ſeconde, eſt un
bain marie. La troiſiéme, un *fourneau de
cendres*. Et la quatriéme, celui *du ſable*.
La tour doit avoir quatre ou cinq pieds de
hauteur ou environ : un pied & demi de
quarrure en dehors, & dix pouces de diametre de vuide en dedans. Il faut qu'elle
ait ſon cendrier & ſa porte pour la communication de l'air, & pour retirer les

...t pour ces Figures et les Suivantes.
...trales et de perspectives avec peu d'ombre pour
...r leurs parties interieures lesquelles ne sont
...ntées que par des lignes ponctuées

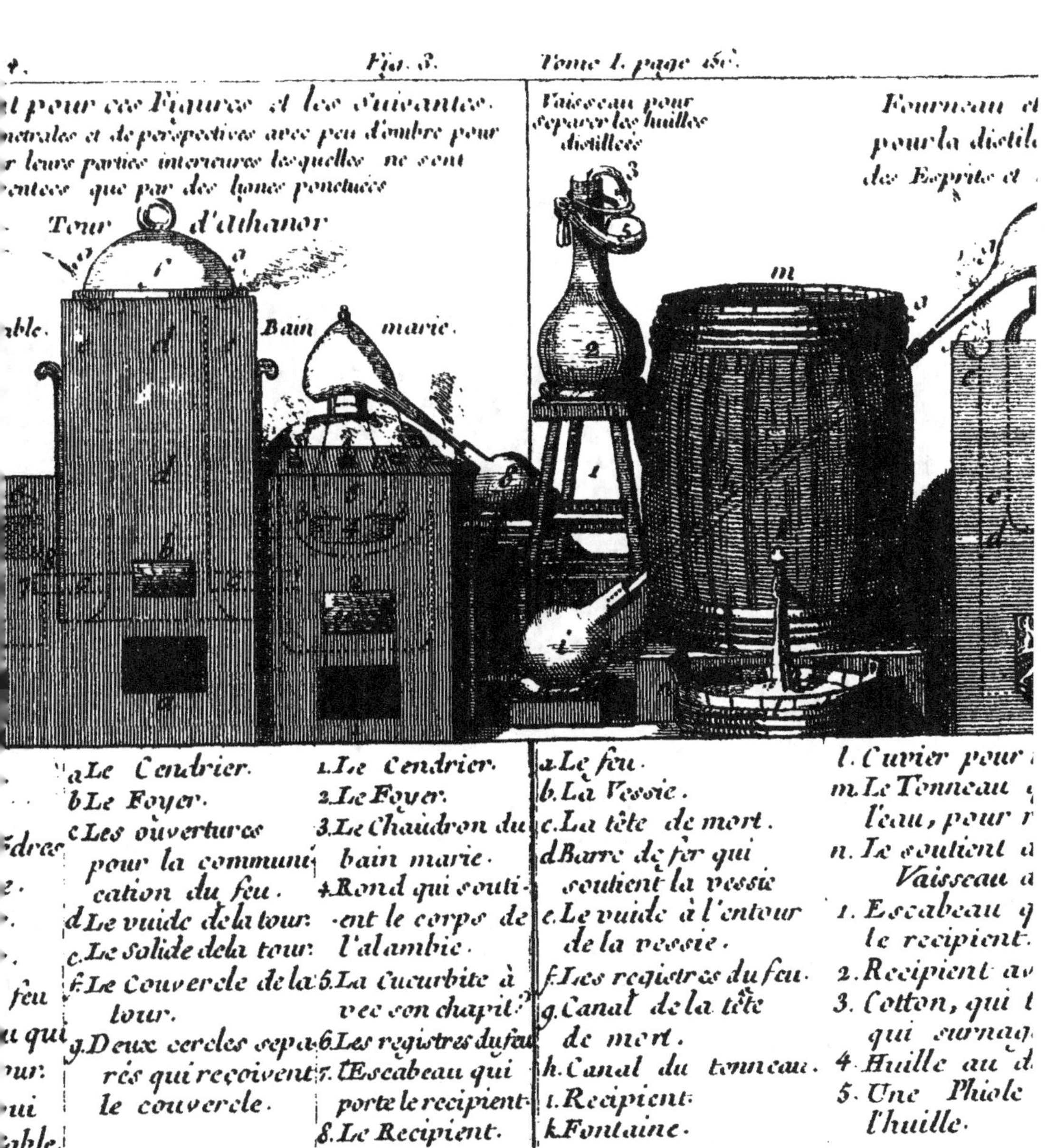

a Le Cendrier.
b Le Foyer.
c Les ouvertures pour la communication du feu.
d Le vuide de la tour.
e Le Solide de la tour.
f Le Couvercle de la tour.
g Deux cercles separés qui reçoivent le couvercle.

1. Le Cendrier.
2. Le Foyer.
3. Le Chaudron du bain marie.
4. Rond qui soutient le corps de l'alambic.
5. La Cucurbite avec son chapiteau.
6. Les registres du feu.
7. l'Escabeau qui porte le recipient.
8. Le Recipient.

a. Le feu.
b. La Vessie.
c. La tête de mort.
d Barre de fer qui soutient la vessie
e. Le vuide à l'entour de la vessie.
f. Les registres du feu.
g. Canal de la tête de mort.
h. Canal du tonneau.
i. Recipient.
k Fontaine.

l. Cuvier pour...
m. Le Tonneau ... l'eau, pour r...
n. Le soutient d... Vaisseau a...
1. Escabeau q... le recipient.
2. Recipient a...
3. Cotton, qui t... qui surnag...
4. Huille au d...
5. Une Phiole ... l'huille.

Cendrier
Foyer.
ouvertures
...r la communi-
...on du feu.
...uide dela tour.
...olide dela tour.
...ouvercle de la
...ur.
...x cercles separ-
...qui reçoivent
couvercle.

1. Le Cendrier.
2. Le Foyer.
3. Le Chaudron du bain marie.
4. Rond qui souti-ent le corps de l'alambic.
5. La Cucurbite avec son chapit[eau]
6. Les registres du feu
7. l'Escabeau qui porte le recipient
8. Le Recipient.

a. Le feu.
b. La Vessie.
c. La tête de mort.
d. Barre de fer qui soutient la vessie
e. Le vuide à l'entour de la vessie.
f. Les registres du feu.
g. Canal de la tête de mort.
h. Canal du tonneau.
i. Recipient.
k. Fontaine.

l. Cuvier pour recevoir l'e[au]
m. Le Tonneau qui contie[nt] l'eau, pour rafraichir
n. Le soutient du Tonneau Vaisseau des huiles
1. Escabeau qui soutie[nt] le recipient.
2. Recipient avec de l'ea[u]
3. Cotton, qui tire l'huille qui surnage l'eau
4. Huille au dessus de l['eau]
5. Une Phiole qui recoit l'huille.

cendres, & la porte du deſſus de la grille,
qui ne ſert que pour la nettoyer, & pour
ôter les terres & les pierrailles, qui ſe rencontrent quelquefois avec les charbons,
qui boucheroient la grille, qui empêche-
roient l'air, & qui par conſéquent étein-
droient le feu. Il faut auſſi que cette tour
ait trois ouvertures d'un demi pied de haut,
& de trois pouces de large aux trois autres
faces, qui ſoient faites au-deſſus de la
grille, afin qu'elles communiquent la chaleur au bain marie, au fourneau de cendres
& à celui du ſable, qui doivent être bâtis
contigus à cette tour, auſquels on fera auſſi
à chacun un cendrier & une grille avec ſa
porte, pour s'en ſervir en particulier ſans
la tour. Ces trous ſe doivent fermer avec
des platines de fer, qui ſe hauſſeront & ſe
baiſſeront, ſelon les dégrés du feu qu'on
voudra donner à l'un ou à l'autre de ces
fourneaux. On peut auſſi faire accommoder un chaudron quarré ou rond, qui ſervira pour boucher le deſſus de la tour, qui
peut être utile à beaucoup d'opérations, &
principalement aux digeſtions : ce chaudron s'emboitera entre deux fers, dont
l'un fera le bord du dedans de la tour, &
l'autre celui du dehors : il faut auſſi que le
vuide d'entre ces deux fers ſoit rempli de
cendres, ce qui empêchera l'expiration de
la chaleur par le haut de la tour; & ainſi

G vj

le feu sera contraint de pousser son action
par les côtés, y étant appellé par les registres, qui seront faits à chacun des trois
fourneaux. Cela suffit pour comprendre la
structure & l'usage de l'Athanor ; car pour
ce qui est de la forme & de la figure, elle
dépend de l'Artiste.

On a encore besoin d'un fourneau distillatoire, dans lequel on enferme la vessie
de cuivre, pour la distillation des eaux de
vie, & pour celle des esprits ardens, qui se
tirent par le moyen de la fermentation ;
aussi-bien que pour l'extraction des huiles
distillées, qu'on appelle improprement
essences; & après avoir couvert la vessie de la
tête de more, il faut avoir un tonneau qui
ait un canal tout droit, ou qui soit fait en
serpent, qui passe au travers, qui reçoive
les vapeurs que le feu chasse, & qui se
condensent en liqueur dans ce canal, par
le moyen de l'eau fraîche qui est contenue
dans le tonneau.

Il faut que ceux qui veulent opérer sur
les minéraux & sur les métaux, ayent un
fourneau d'épreuve & de cémentation, qui
n'est autre chose qu'un rond de briques
d'un pied de diametre en dedans, & haut
de huit ou neuf pouces, auquel on laisse
un trou pour le soufflet, après avoir fait le
premier rang de briques, qui doivent être
très-exactement jointes & liées ensemble

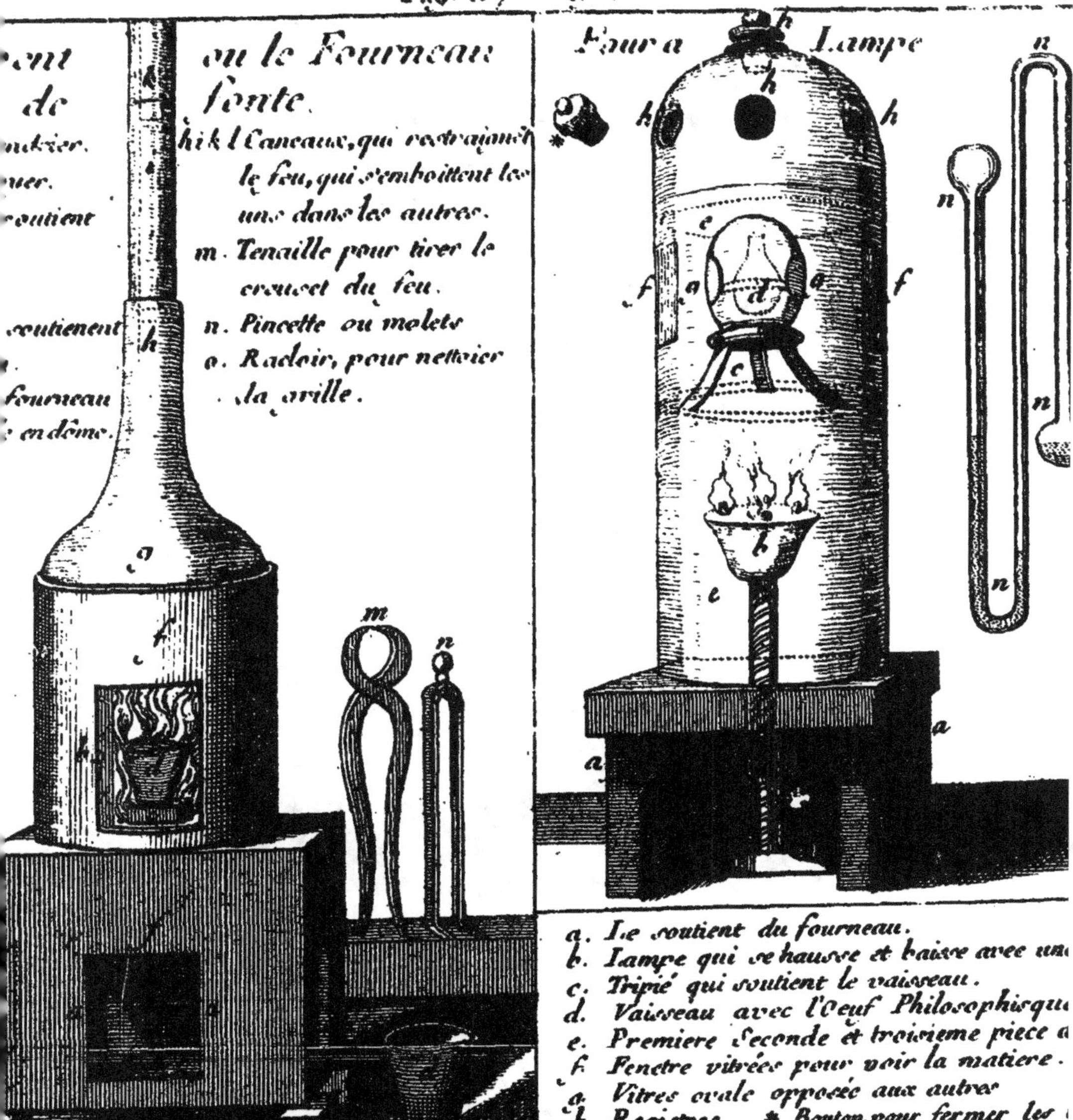

Pag. 167. Fig 6.
ou le Fourneau fonte.
Four a Lampe
ent
de
ntrier.
uer.
outient
soutient
fourneau en dôme.
h i k l Canaux, qui restraignent le feu, qui s'emboittent les uns dans les autres.
m. Tenaille pour tirer le creuset du feu.
n. Pincette ou molets
o. Radoir, pour nettoier la grille.
Creuset
a. Le soutient du fourneau.
b. Lampe qui se hausse et baisse avec une
c. Tripié qui soutient le vaisseau.
d. Vaisseau avec l'Œuf Philosophisque
e. Premiere Seconde et troisieme piece
f. Fenetre vitrées pour voir la matiere.
g. Vitres ovale opposée aux autres
h. Registres. * Bouton pour fermer les

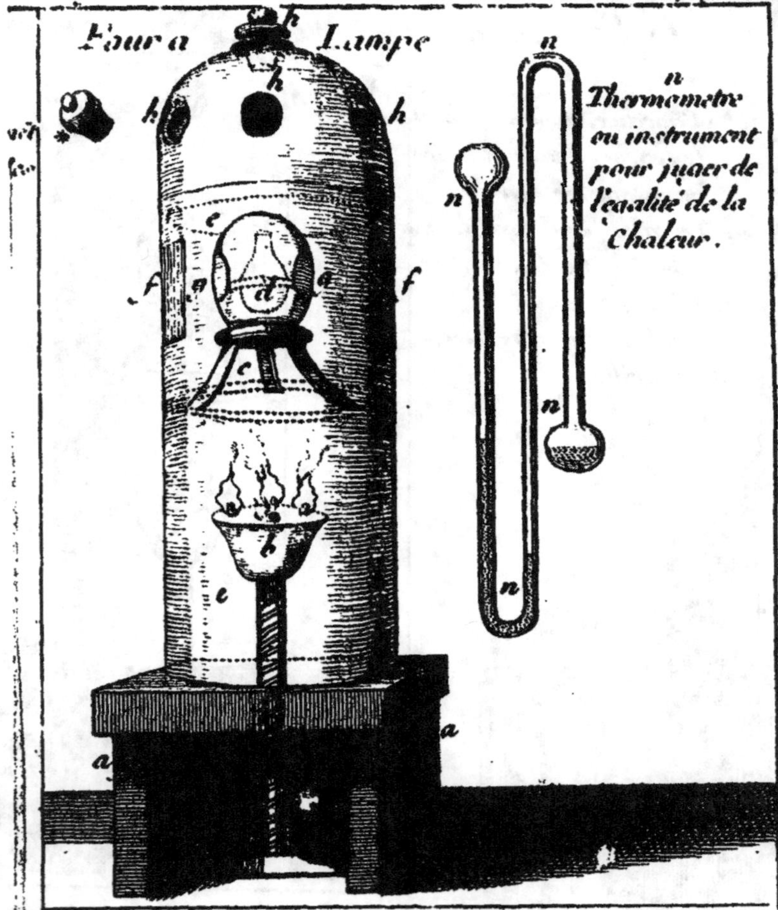

a. Le soutient du fourneau.
b. Lampe qui se hausse et baisse avec une visse.
c. Tripié qui soutient le vaisseau.
d. Vaisseau avec l'Oeuf Philosophisque.
e. Premiere Seconde et troisieme piece du fourneau.
f. Fenetre vitrées pour voir la matiere.
g. Vitres ovale opposée aux autres
h. Régistres.   * Bouton pour fermer les registres.

par un bon lut qui réfifte bien au feu : ce fourneau peut auffi fervir à coupeller & à calciner.

Un laboratoire ne peut être bien accompli, s'il n'eft fourni d'un *fourneau de réverbere*, qui doit être clos ou ouvert. On appelle clos, celui dans lequel on peut diftiller les eaux fortes & les efprits des fels, comme de nitre, de vitriol, du fel commun & des autres chofes de pareille nature. Celui qu'on appelle ouvert, c'eft celui dans lequel on peut réverberer & calciner, par le moyen de la flamme qui doit paffer fur la matiere du derriere en devant, y étant attirée par une ouverture d'un demi pouce de largeur, & de la longueur de tout le fourneau, qu'on laiffe derriere la platine de fer, qui foutient les matieres qu'on veut réverberer ; & cette même flâme fort par une autre ouverture de pareille dimenfion, qui fera le long du haut du fourneau en devant, immédiatement au-deffous de fon couvercle, qui doit être plat fans aucun autre regiftre que cette longue ouverture du devant.

Il faut finalement avoir un *fourneau à vent*, pour les fontes minérales & pour les métalliques, pour les vitrifications & pour les régules. Il faut que la grille foit pofée fur un quarré foutenu fur quatre pilliers, afin que le vent & l'air ayent une libre

entrée, & qu'ainsi ils servent de soufflets :
il faut qu'il y ait une ouverture d'un pied
en quarré aux quatre faces de ce soubasse-
ment ; puis on bâtira une tour ronde de la
hauteur de quinze pouces & de huit pouces
de diametre en dedans ; que la porte pour
l'entrée des creusets, soit de sept ou huit
pouces de largeur, & de dix de hauteur ; il
est nécessaire de couvrir cette tour d'un
couvercle qui soit en dôme, avec un canal
au-dessus, qui soit percé d'un trou de trois
pouces de diametre, sur lequel on en emboitera un autre de la hauteur de trois ou
quatre pieds, afin de concentrer mieux
l'action du feu à l'entour du creuset ou des
autres vaisseaux, qui contiennent la matiere
qu'on veut fondre. Il faut boucher l'entrée
des creusets avec une porte de bonne terre
qui soit de trois pieces.

Mais comme ceux qui s'adonnent au travail de la Chymie, ne sont pas toujours
sédentaires, & qu'ainsi ils ne peuvent être
fournis de toutes les sortes de fourneaux ;
il faut que je donne la maniere d'en bâtir
un, qui pourra servir successivement à toutes les opérations de cet Art, pourvû qu'on
ait les vaisseaux nécessaires, & qui soient
de la même mesure du fourneau que je dé-
crirai, ce qui se fait ainsi.

Il faut bâtir un fourneau d'un pied &
demi en quarré, faire le fond du cendrier

d'une brique plat, & continuer d'élever le
mur d'alentour de deux briques, & laiſſer
le vuide au milieu avec la porte en devant
de quatre pouces de haut, qui ſont deux
briques : couvrez enſuite la porte d'une
brique, & achevez le tour du quarré de la
même égalité ; poſez la grille qui ſoit de
ſept barreaux de fer de la groſſeur du maître doigt, qui ſoient forgés carrément : il
faut poſer ces barreaux ſur leur trenchant
ou leur arrête, afin que les cendres puiſſent
mieux couler, & qu'ainſi elles ne ſuffo-
quent pas le feu ; qu'il n'y ait que la diſtance de l'épaiſſeur du doigt indice entre
chacun de ces barreaux ; puis après avoir
égalé l'épaiſſeur de votre fer avec des tuil-
leaux ou avec du carreau, qui eſt à peu près
de la même épaiſſeur, & bien lutté le tout
enſemble, il faut commencer à bâtir en
hotte, & ne laiſſer que ſix pouces de découvert de votre grille, faiſant à chaque lit
de vos briques une retraite de trois lignes,
ce que vous continuerez juſqu'à dix pouces
de hauteur, qui eſt un eſpace néceſſaire,
tant pour contenir le charbon, que pour le
jeu du feu ; il faut auſſi laiſſer une porte
de la même grandeur, que celle du cendrier ; après avoir achevé cela, il faut poſer
de plat deux barres de fer de la groſſeur
d'un pouce, à la diſtance d'un demi-pied
l'une de l'autre ; puis égaler le mur avec du

gros carreau , ou avec quelque autre corps
de pareille épaisseur ; & bâtir après cela
tout à l'entour trois briques de côté , pour
avoir plus d'espace pour poser les vaisseaux nécessaires aux opérations qui suivent.

Si on veut travailler au bain marie , il
faut avoir un chaudron rond , qui soit proportionné de diametre au-dedans de votre
fourneau , & qui n'ait qu'un pied de haut,
afin de l'emboiter dans ce fourneau ; & l'espace qui sera dans les coins , servira pour
faire des registres pour l'évocation, ou pour
la rémission de la chaleur.

Il faut avoir aussi un autre chaudron ,
qui ait le fond de bonne taule ou de planche de fer , avec le contour qui soit de
moindre épaisseur , qui soit approprié pour
entrer dans le même fourneau , qui servira
pour distiller & pour travailler aux cendres , au sable & à la limaille de fer : si ce
chaudron étoit d'un bon fer de cuirasse , &
qu'il fût forgé tout d'une piece , il pourroit
aussi servir de bain marie.

Que si on veut travailler avec la retorte,
on peut poser un couvercle ue pots de terre,
renversé sur les barres , & mettre sur ce
couvercle une poignée de sable, qui servira
de lut pour empêcher que le verre ne se
casse , & que le feu n'agisse trop promptement sur le vaisseau & sur la matiere qu'il

contient : après quoi, il n'y a plus qu'à couvrir le dessus du fourneau d'une terrine de terre non vernissée, qui soit percée au milieu, afin que ce trou serve de regiftre avec les quatre autres angles, pour la direction du feu.

Si l'Artifte défire de fe fervir de fourneau, à la fonte, à la calcination, à la cémentation, ou à la réverbération, il pourra le faire après avoir ôté le haut des briques qui font bâties de côté, comme auffi les barres, afin qu'il puiffe introduire fes vaiffeaux & fes matieres plus librement & plus facilement.

C'eft ce que nous avions à dire des fourneaux, qu'on bâtit avec le lut & les briques, il ne refte plus qu'à dire quelque chofe du *fourneau de lampe*, qui peut fervir aux plus curieux à plufieurs opérations Chymiques. Ce fourneau doit être fait d'une bonne terre boleufe, qui foit compacte, bien pétrie, bien alliée, & qu'elle foit bien cuite, afin que la chaleur de la lampe ne puiffe tranfpirer ; & afin que cela n'arrive pas, on pourra faire un enduit au-dedans & au-dehors du fourneau, après qu'il fera cuit avec des blancs d'œufs, qui foient réduits en eau par une continuelle agitation.

Ce fourneau doit être de trois pieces, qui faffent en tout la hauteur de vingt &

un pouces, qu'il foit de l'épaiffeur d'un pouce, & qu'il ait en dedans huit pouces de diametre. Il faut que la premiere piece de ce fourneau qui eft fa bafe, foit de la hauteur de huit pouces, qu'il foit percé par le bas de quatre pouces & demi de diame-tre, afin que cette couverture ferve pour l'introduction de la lampe, qui doit être de trois pouces de diametre & de deux de profondeur, qu'elle foit ronde & couverte d'une platine qui foit percée au milieu d'un trou, qui puiffe recevoir une méche de douze fils au plus, & qu'il y ait encore fix autres trous de pareille grandeur, qui foient proportionnés à une diftance également éloignée de celui du milieu. La feconde piece fera de fept pouces de haut, il faut qu'elle s'emboîte jufte dans la premiere piece, & qu'elle ait quatre pattes de terre qui foient d'un pouce hors œuvre, pour foutenir un vaiffeau de terre ou de cuivre, qui aura fix pouces de diametre & de qua-tre de haut, qui fervira de bain marie & de capfule, pour les cendres ou pour le fable. Il faut auffi que cette feconde piece foit percée de deux trous à l'oppofite l'un de l'autre, qui foient d'un pouce & demi de diametre, aufquels on ajuftera deux criftaux de Venife. Ces deux trous fe doivent faire entre la hauteur du quatriéme pouce & du dernier de la hauteur, qui ferviront de

fenêtre, pour voir le changement des couleurs dans les opérations, comme aussi les
dissolutions, en opposant une chandelle
allumée d'un côté & regardant de l'autre,
parce que le vaisseau & la matiere qu'il
contiendra, seront entre deux. La troisiéme
piece du fourneau doit être de six pouces,
pour achever les vingt & un pouces de la
hauteur entiere, qui doit être faite en
dôme ou en hémisphere, qui soit percée
au haut, d'un trou d'un pouce de diametre,
qui reçoive plusieurs pieces de trois lignes
chacune, qui aillent toujours en étrécis-
sant jusqu'à un bouton fait en pyramide,
qui fermera le dernier. Il faudra qu'il y ait
encore quatre autres trous de la même
façon, qui soient faits dans le troisiéme &
quatriéme pouce de la hauteur, & qui
soient également distans les uns des autres :
ce sont ces trous qui servent de registre au
four à lampe, dont la chaleur est régie,
pour l'augmentation ou pour la rémission
de son feu, par l'éloignement & par l'approche de la lampe, qui doit être posée sur
un rond de bois, qui soit ajusté sur un à
vis qui l'éleve, ou qui l'abaisse autant qu'on
voudra, comme aussi en augmentant le
nombre des méches, & en faisant ces méches d'un ou de plusieurs fils, selon que les
opérations le demanderont.

Mais ce qu'il y a de plus considérable

pour la remarque du plus ou du moins de chaleur, se voit par le moyen du thermometre, qui est un instrument de verre, dans lequel on met de l'eau, qui marque très-exactement les dégrés de la chaleur, par l'abaissement & l'élévation de cette eau. On pourra rectifier les huiles, dont on se servira pour la lampe sur des sels fixes faits par calcination, afin qu'elles fassent moins de suie, & qu'elles agissent plus puissamment, puisque cette rectification leur ôte leur humidité excrémenteuse & leur superflu. Les méches doivent être d'or ou d'alun de plume, ou d'amianthes, qui est un minéral qui se trouve dans l'Isle d'Elbe, ausquelles on pourra substituer la moëlle interne de sureau ou de jonc, qui soit bien dessechée, qu'il faudra changer de vingt-quatre heures en vingt-quatre heures, ce qui fait qu'il faut avoir deux lampes, qu'on substituera l'une à l'autre, afin qu'il n'y ait aucune intermission de la chaleur. Si on se sert de la méche de moëlle de sureau, il faut qu'il y ait une petite pointe de fer aigue qui soit soudée au fond de la lampe, & qui réponde au milieu du trou du couvercle qui doit contenir la méche.

La figure de tous ces fourneaux se verra dans la planche, qui est à la fin de ce Chapitre. Il faut seulement dire encore deux mots des instrumens de fer qui sont

Figure 7.
Tom. I. pag. 269.
Le Refrigere complet de cuivre.
recipient
Cornet de fer pour
le jet des regules.
Vessie du
refrigere
Æolipile

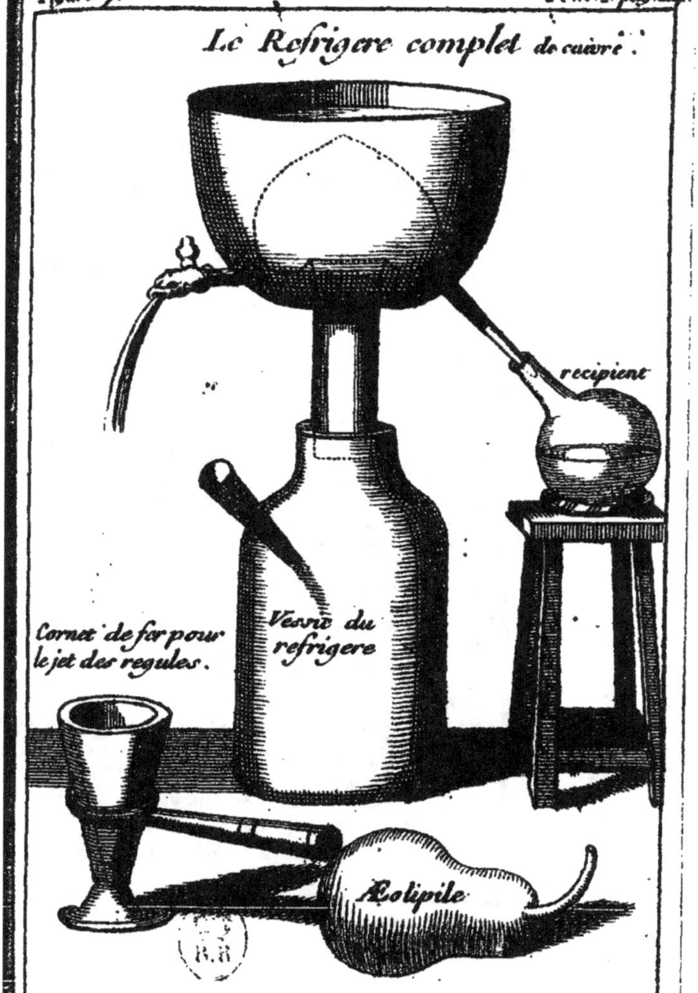

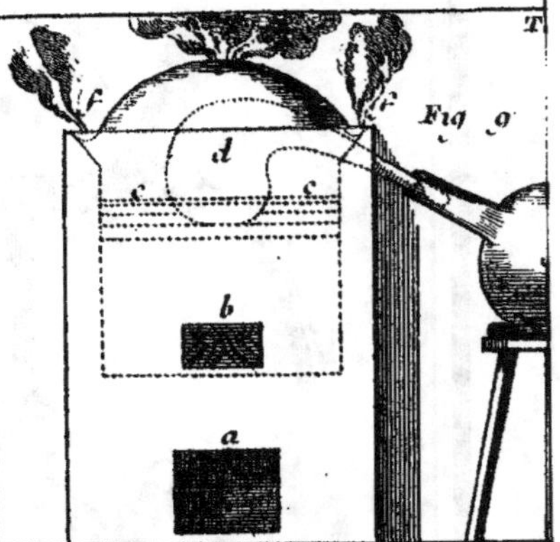

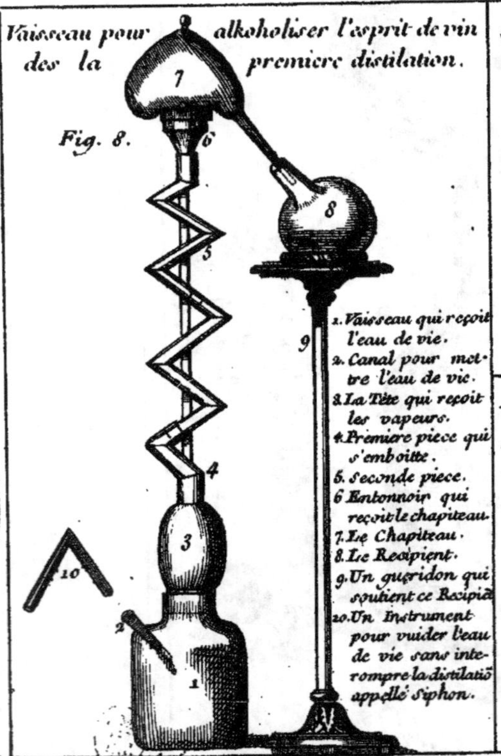

Fourneau commun pour toutes les o[...]
pourveu qu'on y appropric les vaisseau[...]
nous l'avons dit au chapitre des f[...]
voyés page 157.
a. Le Cendrier
b. Le Foyer avec sa grille.
c. Barres de fer qui soutiennent la re[...]
d. La retorte ou Corniie.
e. Le couvercle du fourneau.
f. Les trous ou registres pour supprim[...]
g. Le Recipient.
h. La Selle qui soutient le Recipient

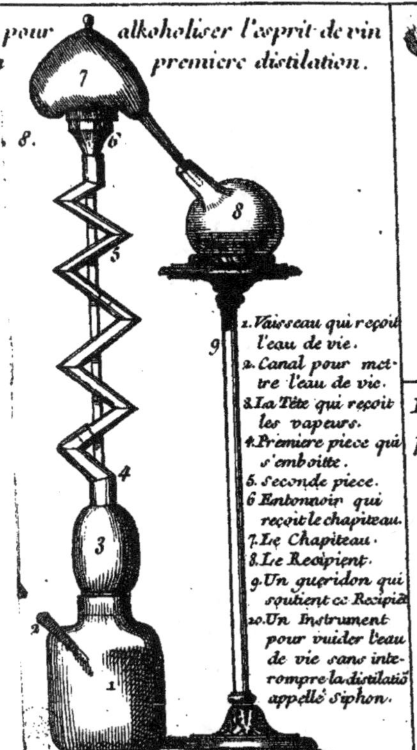

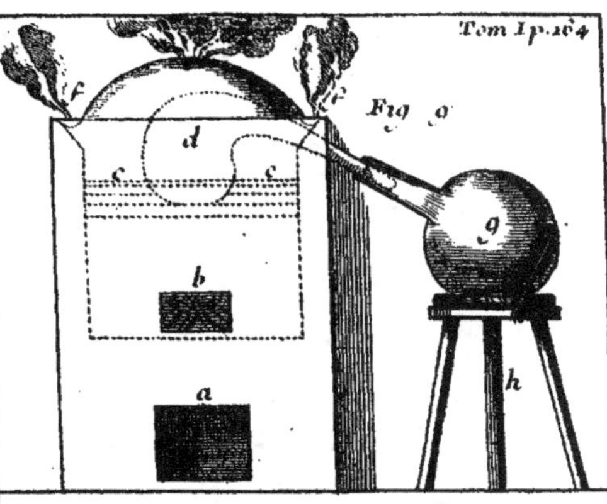

1. Vaisseau qui reçoit l'eau de vie.
2. Canal pour mettre l'eau de vie.
3. La Tête qui reçoit les vapeurs.
4. Première piece qui s'emboitte.
5. Seconde piece.
6. Entonnoir qui reçoit le chapiteau.
7. Le Chapiteau.
8. Le Recipient.
9. Un gueridon qui soutient ce Recipiet.
10. Un Instrument pour vuider l'eau de vie sans interrompre la distilatió appellé Siphon.

Fourneau commun pour toutes les operations pourveu qu'on y approprie les vaisseaux come nous l'avons dit au chapitre des fourneaux. voyés page 157.

a. Le Cendrier.
b. Le Foyer avec sa grille.
c. Barres de fer qui soutiennent la retorte.
d. La retorte ou Cornüe.
e. Le couvercle du fourneau.
f. Les trous ou registres pour supprimer le feu.
g. Le Recipient.
h. La Selle qui soutient le Recipient.

nécessaires pour les fourneaux : car il faut
avoir des tenailles pour tirer les creusets du
feu, des mollets ou des pincettes, un ra-
cloir fait en crochet pour nettoyer les grilles,
& une pelle de fer pour tirer les cendres.
Il faut aussi avoir un cornet de fer, forgé
& bien soudé pour le jet de regules, dont
on verra aussi la figure avec les instrumens
de verre.

CHAPITRE V.

Des lutations.

APrès avoir fait la description de la
variété des vaisseaux & de leurs usages, aussi-bien que de la diversité des fourneaux, il faut parler de toutes les lutations,
tant du lut ou du mortier qui sert à la fabri-
que des fourneaux, que du lut qui sert à la
conservation des vaisseaux, & à radouber &
raccommoder leurs cassures, & même à leur
mutuelle conjonction.

Le lut qui doit être employé à la cons-
truction des fourneaux, se doit faire avec
de la terre argileuse, qui ne soit pas trop
grasse, de peur qu'elle ne fasse des fentes,
& qui ne soit pas trop maigre, ni trop sa-
bleuse, de peur qu'elle n'ait pas assez de
liaison : il faut détremper cette terre avec
de l'eau, dans quoi on aura détrempé de la

crotte de cheval en bonne quantité & de
la ſuie de cheminée, afin que cela communique à l'eau un ſel, qui donne la liai-
ſon & la réſiſtance au feu. Que ſi on ſe
veut ſervir de ce même lut, pour enduire
& pour lutter les vaiſſeaux de verre ou de
terre qu'on expoſe au feu ouvert, & principalement pour les retortes, il y faudra
ajoûter du ſel commun, ou de la tête morte
d'eau forte, du verre pilé & des paillettes
de fer, qui tombent en bas de l'enclume
quand on forge ; & on aura un lut qui ré-
ſiſtera ſi bien au feu, qu'il ſera impénétra-
ble aux vapeurs, juſques-là qu'il ſert de
retorte, lorſque celles de verre ſont fon-
dues par la longueur & la grande violence
du feu de flamme, qu'on donne ſur la fin
des opérations qu'on fait ſur les minéraux.
Quand nous avons parlé des vaiſſeaux,
nous avons dit qu'il y en avoit qu'on de-
voit joindre enſemble pour une ſeule opération ; & que lorſque les ſubſtances ſurquoi on travaille, ſont ſubtiles, pénétrantes
& étherées, il eſt néceſſaire que les jointures des vaiſſeaux ſoient très-exactement
luttées. Il faut donc qu'il y ait trois ſortes
de luts, pour joindre les vaiſſeaux enſemble, lorſqu'ils ne ſont pas expoſés au feu
ouvert ; le premier, eſt le lut, qui ſe fait
avec les blancs d'œufs battus & réduits en
eau par une longue agitation, dans quoi il

faut tremper des bandelettes de linge, fur-
quoi il faut poudrer de la chaux vive, qui
foit réduite en poudre fubtile, puis pofer
une autre bande de linge moüillé, puis
poudrer & continuer ainfi jufqu'à trois
fois ; mais notez qu'il ne faut jamais mêler
la poudre de la chaux vive avec l'eau des
blancs d'œufs, d'autant que le feu fecret
de cette chaux les brûleroit & les durciroit,
qui eft pourtant une faute que beaucoup
d'Artiftes commettent : on peut auffi tremper de la veffie de porc, ou de celle de
bœuf dans l'eau de blancs d'œufs, fans fe
fervir de la chaux, & principalement dans
la rectification & dans l'alkoholifation des
efprits ardens, qui fe tirent des chofes
fermentées. Le fecond lut, eft celui qui fe
fait avec de l'amidon, ou avec de la farine
cuite & réduite en boüillie avec de l'eau
commune : ce lut fuffit pour lutter les vaiffeaux, qui ne contiennent pas des matieres
fi fubtiles. Le troifiéme, n'eft rien autre
chofe que du papier coupé par bandes plié
& trempé dans l'eau, qu'on met à l'entour
du haut des cucurbites, tant pour empêcher
que le chapiteau ne froiffe la cucurbite,
que pour empêcher les vapeurs de s'exhaler : cette lutation n'a point de lieu, que
lorfqu'on évapore & qu'on retire quelque
menftrue, qui ne peut être utile à quelque
autre opération.

Il faut auffi faire un bon lut, pour les
fiffures des vaiffeaux & pour les joindre
enfemble, lorfqu'ils doivent fouffrir une
grande violence de feu. Il y en a de deux
fortes. Le premier, eft celui qui fe fait avec
du verre réduit en poudre très-fubtile, du
Karabé, ou du fuccin & du borax, qu'il
faut détremper avec du mufcilage de gomme arabique, qu'on appliquera aux jointures des vaiffeaux ou à leurs caffures; &
après que cela fera bien feché, il faudra
paffer un fer rouge par-deffus, qui leur
donnera une liaifon & une union prefque
parfaite avec les vaiffeaux. Mais fi on ne
veut pas tant prendre de peine, il faut faire
fimplement un lut avec du fromage mol,
de la chaux vive & de la farine de fégle,
& l'expérience fera voir qu'il eft très-excellent pour cet effet.

Que fi vous adaptez le col de la cornue
au récipient, pour la diftillation des eaux
fortes & des efprits des fels, il faut prendre
fimplement du lut commun & de la tête
morte de vitriol ou d'eau forte, avec une
bonne poignée de fel commun, qu'il faut
bien pétrir enfemble avec de l'eau, dans
quoi on aura diffout le fel, & boucher
avec ce lut l'efpace qui joint le récipient &
la cornue enfemble, & le faire fécher à
une chaleur lente, afin qu'il ne faffe point
de fentes; que s'il arrivoit qu'il fe fendît,

il

il faut avoir foin d'en bien refermer les fentes, à mefure qu'elles fe font, parce que cela eft de grande importance pour empêcher l'exhalaifon des efprits volatils.

On peut encore ajoûter légitimement à toutes ces lutations, le lut ou le fçeau de Hermès, qui n'eft rien autre chofe que la fonte du verre, dont le col du vaiffeau eft fait : il faut pour cet effet donner le feu de fufion peu à peu, & lorfqu'on voit que le col du vaiffeau commence à s'incliner par la chaleur du feu qui fond le verre, il faut avoir des cifeaux qui foient forts, & couper le col de ce vaiffeau à l'endroit où le verre commance à couler : cela fait une compreffion qui unit les bords du verre inféparablement. Que fi on aime mieux le ferrer en pointe, en tortillant le col du vaiffeau peu à peu, il faut après mettre le petit bout à la flamme de la chandelle ou de la lampe, afin qu'il fe forme un petit bouton, qui bouche bien exactement un petit trou, qui demeure ordinairement au bout du tortis, & qui eft prefque imperceptible.

Or, comme les vaiffeaux ne font pas toûjours fabriqués felon que nous le défirerions, & qu'il en faut ôter fouvent quelque partie, qui peut incommoder dans les opérations ; il faut auffi enfeigner de quelle façon cela fe pourra faire fans rifquer le

vaiſſeau, ce qui ſe fait en rompant & caſ-
ſant le verre également en travers : on y
procede de trois façons, ſçavoir, ou en
appliquant un fer rouge pour commencer la fente ou la fiſſure, ou en faiſant
trois tours de fil ſoufré à l'entour du col du
vaiſſeau, s'il eſt gros & épais, ou finalement en échauffant & tournant le vaiſſeau
qu'on veut caſſer, à la flamme de la lampe
ou de la chandelle, s'il eſt petit & mince ; & lorſque le verre eſt bien échauffé par
l'un de ces trois moyens, il le faut eſſuyer,
& jetter deſſus quelques gouttes d'eau froide, qui feront une fente, qu'il faudra
continuer & conduire juſqu'au bout avec
de la méche d'arquebuſe allumée, en
échauffant le verre en ſoufflant ſur le charbon de la méche, & ainſi on ne riſquera
jamais les vaiſſeaux.

CHAPITRE VI.

De l'explication des caracteres & des termes,
dont les Auteurs ſe ſont ſervis en Chymie.

Omme les anciens Sages cachoient les
ſecrets de la nature ſous des ombres
& ſous des obſcurités, de peur que le vulgaire ignorant ne profanât la ſacrée Philoſophie ; les Philoſophes Hermétiques,
qui ſont les Chymiſtes, en ont uſé de mê-

me pour ne pas rendre leur science commune, & pour ne pas profaner les misteres admirables qu'elle contient : c'est pourquoi ils se sont servis de marques & de caracteres hieroglifiques, aussi-bien que de quelques termes qui sont inusités aux autres, pour exprimer plusieurs choses, qui sont de l'essence de la théorie ou de la pratique de leur art. Ce qui fait que nous avons jugé à propos d'expliquer, autant que nous pourrons, ce que signifient ces marques & ces termes obscurs, afin que lorsque les curieux de la Chymie les rencontreront dans les Auteurs anciens ou dans les modernes, cela ne les rebute pas, & ne leur fasse commettre aucune faute : assurant que ce que nous en dirons, donnera assez de lumiere aux nouveaux Chymistes, pour les introduire dans la claire intelligence de tous les livres, qui traitent de cette belle Physique.

Les Chymistes se servent encore, outre toutes ces marques, de plusieurs termes obscurs pour cacher leur science, qui semblent très étranges aux novices en cet art : c'est pourquoi il faut aussi que nous en expliquions quelques-uns des plus cachés, pour mieux faire connoître les autres. Ainsi ils ont appellé *Lili*, la matiere pour faire quelque teinture excellente, soit de l'antimoine, ou de quelque autre chose ; l'eau

forte, l'estomac d'Autruche ; le sel armoniac sublimé, l'aigle étenduë ; la teinture
d'or, le lion rouge ; celle du vitriol, le
lion vert ; les deux dragons, le mercure
sublimé corrosif & l'antimoine ; le beure
d'antimoine, l'écume envenimée des deux
dragons ; la teinture de l'antimoine, sang
de dragon ; & lorsque cette teinture est
coagulée, ils l'ont nommée la gelée du
loup. Ils appellent encore la rougeur qui
est dans le récipient, quand on distille l'esprit du sel de nitre, le sang de la Sala-
mandre. Ils ont appellé la vigne, le grand
végétable ; & le tartre, l'excrément du suc
du plan de Janus, & beaucoup d'autres
noms qui sont plus ou moins énigmati-
ques, que nous ne rapporterons pas ici,
tant à cause que cela seroit inutile & en-
nuyeux, que parce qu'ils peuvent être facilement conçûs & entendus par la lecture
& par le travail, qui sont les deux fils qui
peuvent faire sortir de ce labirinthe. Ainsi
nous finirons ce Chapitre & ce premier
Livre, pour entrer par le second de notre
deuxiéme partie, dans la description in-
génuë que nous donnerons du travail, de
la préparation des remedes, & des excellens usages ausquels ils peuvent être appliqués. Et les caracteres sont expliqués
dans la Table ci-jointe.

L'Explication des Caractères Chimiques

ou mars	[symbole]
	[symbole]
	[symbole]
	[symbole]
e aaa	[symbole]
nté égale	[symbole]
	[symbole]
u Verseau	[symbole]
ste	∼
l lune	()
ou mercure	[symbole]
Belier, Signe	[symbole]
	[symbole]
	[symbole]
Couperose	[symbole]
	[]
	B
ie ou marin	♏B
reux	VB
gne celeste	♎
	[symbole]
	[symbole]
	[symbole]
	[symbole]
,Sig. Cel?	♉
ne Celeste	69
	Æ
ablées	[symbole]
	[symbole]

Chaux	C℮
Chaux vive	[symbole]
Cimenter	[symbole]
Cinabre	c'est le...
Vermillon	☿ 33
Circ	[symbole]
Coaguler	Æ E
Creuset	+ [symboles]
Cristal	C
Cuivre calciné ou Es ustum	♀ [symboles] 3
Digerer	[symbole]
Distiller	[symbole]
Eau	∼ ▽
Eau forte	▽F
Eau regale	VR VR
Eau de vie	V
Esprit	SP
Esprit de vin	▽ [symboles]
Estain ou Jupiter	♃
Farine de briques	[symbole]
Feu	△
Eau de roue	[symbole]
Fixer	[symbole]
Filtrer	3
Fleur d'Airain	[symbole]
Gomme	[symbole]
Heure	[symboles]
Huile	[symboles]
Jour	[symboles]

Jumeaux, Sig. Celeste	♊
Lion, signe celeste	♌
Lit sur lit ou stratum	[symbole]
super stratum	SSS SSS
Luter	[symbole]
Marcassite	[symboles]
Mercure precipité	[symboles]
Mercure sublimé	[symboles]
Sept Meteaux	[symbole]
Mois	⊠
Minium	[symbole]
Nitre ou Salpetre	[symbole]
Nuit	[symboles]
Or ou Soleil	☉
Orpiment	[symboles]
Plomb ou Saturne	♄
Poissons, sig celeste	♓
Poudre	[symbole]
Precipiter	[symbole]
Purifier	[symbole]
Q. S. quantite suffisante	
Quinte essence	Q E
℞. c'est prenez	
Realgar	[symboles]
Retorte, Cornuë	[symbole]
Sable	▲
Saffran de Venus	[symbole]
	[symboles]
Saffran de Mars	[symboles]

Sagittai...	
Savon	
Scorpion	
Sel alkali	
Sel armo...	
Sel commu...	
Sel gemm...	
Soude	
Scuffre	
Souffre n...	
Soufre v...	
Souffre	
Sublimer	
Talk	
Tartre	
Taureau, S...	
Terre	
Tête mor...	
Tutie	
Verre	
Vierge, S...	
Verdet ou...	
Verseau, S...	
Vinaigre	
Vinaigre	
Vitriol	
Urine	

l'Explication des Caracteres chimiques

Colonne 1 (bord gauche, partiellement coupée)

- mars ...
- ...
- ...
- ...
- a a ...
- égale ...
- ...
- Verseau ...
- e ...
- une ...
- u mercure ...
- elier, Signe
- ...
- ...
- nperose ...
- []
- B
- ou marin NB
- ux VB
- ne celeste
- ...
- ...
- ...
- ...
- Sig. Cel? ...
- e Celeste 69
- ...
- nelées ...

Colonne 2

- Chaux ... CC
- Chaux vive ...
- Cimenter ... Z
- Cinabre ... c'est le ...
- Vermillon ... 33
- Cire ...
- Coaguler ... ÃE
- Creuset ... +
- Cristal ...
- Cuivre calciné ou Es ustum ... 3
- Digerer ...
- Distiller ...
- Eau ...
- Eau forte ...
- Eau regale ... VR VR
- Eau de vie ... V
- Esprit ... SP
- Esprit de vin ...
- Estain ou Jupiter ... ♃
- Farine de briques ...
- Feu ... △
- Feu de roue ...
- Fixer ...
- Filtrer ... 3
- Fleur d'Airrain ...
- Gomme ...
- Heure ...
- Huille ...

Colonne 3

- Jumeaux, Sig. Celeste . II
- Lion, Signe celeste ...
- Lit sur lit ou stratum ..
- super stratum SSS SSS
- Luter ...
- Marcassite ...
- Mercure precipité ...
- Mercure sublimé ...
- Sept Meteaux ...
- Mois ... ⊠
- Minium ...
- Nitre ou Salpetre ...
- Nuit ...
- Or ou Soleil ... ⊙
- Orpiment ...
- Plomb ou Saturne ... ♄ ♄
- Poissons, Sig celeste ...)(
- Poudre ...
- Precipiter ...
- Purifier ...
- Q. S. quantité suffisante
- Quinte essence ... Q E
- ℞ c'est prenez
- Realgar ...
- Retorte, Cornuë ...
- Sable ...
- Saffran de Venus ...
- Saffran de Mars ...

Colonne 4 (bord droit, partiellement coupée)

- Sagittaire,
- Savon ...
- Scorpion S
- Sel alkali
- Sel armon
- Sel comun
- Sel gemme
- Soude
- Souffre ...
- Souffre n...
- Soufre vif
- Souffre d...
- Sublimer
- Talk
- Tartre ...
- Taureau, Sig
- Terre ...
- Tête mort
- Tutie ...
- Verre ...
- Vierge, Sig
- Verdet ou
- Verseau, Sig
- Vinaigre
- Vinaigre ...
- Vitriol ...
- Urine ...

Caracteres chimiques.

Terme	Symbole
Jumeaux, Sig. Celeste.	♊
Lion, signe celeste	♌
Lit sur lit ou stratum.. super stratum	SSS SSS
Luter..............	N
Marcassite	♂ ⚏
Mercure precipité	☿
Mercure sublimé....	☿
Sept Meteaux.........	⚒
Mois	⊠
Minium	♄
Nitre ou Salpetre......	�
Nuit..............	♀♀
Or ou Soleil.........	☉
Orpiment	🜍
Plomb ou Saturne..	♄ ♄
Poissons, sig celeste...	♓
Poudre..............	
Precipiter	▽
Purifier.............	♌
Q. S. quantite suffisante	
Quinte essence	Q E
℞. c'est prenez	
Realgar	♉ ♉ X
Retorte, Cornüe	⌒
Sable..............	△
Saffran de Venus...	
Saffran de Mars	♂

Sagittaire, Sig. Celeste	♐
Savon..............	◇
Scorpion, Sig. celeste	♏
Sel alkali......	
Sel armoniac......	✳
Sel comun ...	⊖ ⊕
Sel gemme.........	
Soude..............	
Souffre..............	
Souffre noir	
Souffre vif.........	
Souffre des Philosophes	
Sublimer......	
Talk..............	X
Tartre.........	
Taureau, Sig celeste ...	♉
Terre..............	▽
Tête morte.........	
Tutie..............	
Verre..............	
Vierge, Signe Celeste	♍
Verdet ou verd de gris	⊕
Verseau, signe Cel...	≈
Vinaigre.........	X +
Vinaigre distillé...	
Vitriol.............	⊕ ⊕
Urine..............	▢

Poids en Chimie et mede[cine]

℈ß Demi grain.

℈j Grain, c'est la pesanteur [d'un] grain de bled.

℈ß Demi Scrupule fait 12.

℈1. Un Scrupule ou 24. g[rains] c'est le tiers d'une dr[agme]

ℨß Demi Dragme ou de[mi] fait 36. grains.

ℨ1. Une Dragme ou un g[ros] fait 72. grains.

℥ß Demi once, faisant q[uatre] dragmes ou gros. Les Allemands com[ptent] par Lot, et le Lot fa[it] demi once.

℥1. Une Once faisant [huit] dragmes ou gros. Le Marc pese huit [onces] on ne le dit gueres [que] pour la monnoie. Jadis en Medecine [la] livre etoit de 12. on[ces] aujourdhuy elle es[t] dans quelques pro[vinces] la Livre n'est que [huit] onces.

SECONDE PARTIE.
LIVRE SECOND.
Des Opérations Chymiques.

CHAPITRE I.

Des observations nécessaires pour la sépara-
tion & pour la purification des cinq pre-
mieres substances, après qu'elles ont été
tirées des composés.

LE feu est un puissant agent & une
cause équivoque, qui éleve facilement les substances évaporables, sublimables & volatiles, comme sont le phlegme,
l'esprit & l'huile. Le phlegme est élevé le
premier, à cause qu'il n'adhére pas beaucoup aux autres, & c'est pour cela qu'il ne
faut qu'un feu lent pour son extraction,
comme il faut aussi un feu plus fort pour
faire sortir l'huile, à cause de sa viscosité
& de son union avec le sel; & l'esprit
requiert encore un feu plus violent à
cause de sa pesanteur, puisque les esprits

H iij

ne font que des fels ouverts, comme les
fels ne font que des efprits coagulés.
Quelquefois le phlegme, l'huile & l'efprit
montent confufément enfemble avec beaucoup de fel, par la grande violence & par
la véhemence du feu ; & même on trouve
fouvent beaucoup de terre, qui s'eft fubli-
mée avec ces fubftances, comme on le peut
voir en la fuye des cheminées, dont on
peut faire aifément la féparation des cinq
fubftances.

On peut donc féparer le *phlegme*, qui
fort le premier à la chaleur du bain tiéde,
ou à quelque autre, qui lui foit analogue.
On le fépare de l'*huile* par l'entonnoir, parce que l'huile furnage ; mais il le faut féparer de l'efprit par la chaleur temperée du
bain marie, ou quelque autre femblable ;
car cette chaleur eft capable de faire monter le phlegme,& ne peut pouffer l'*efprit* en
haut à caufe de fa pefanteur : il faut donc
un feu plus fort pour fublimer l'efprit,
comme celui des cendres, du fable ou de la
limaille, ou même de quelque chaleur
plus vive, felon la nature particuliere de
l'efprit.

Le *fel* & la *terre* n'ont pas une étroite liaifon enfemble, c'eft pourquoi on les peut
facilement féparer par le moyen de quelque liqueur aqueufe, qui eft le menftruë
le plus propre pour diffoudre les fels, &

pour les féparer de la terre : & comme la
terre eft d'une nature indiffoluble , elle fe
précipite au fond par fa pefanteur. Après
qu'on aura féparé le fel de cette maniere ,
il faut filtrer la leffive , & faire évaporer
jufques à pellicule le menftruë dans des
écuelles de verre , de fayence ou de grais ,
puis les expofer au froid pour faire criftali-
fer le fel , qu'il faut-deffécher à une chaleur
lente , puis le mettre dans des vafes de verre , qui foient bien bouchés , afin d'empêcher qu'ils ne fe réfoudent par l'attraction de l'humidité de l'air.

Mais il faut remarquer que les *efprits ar-*
dens , qui font faits des chofes fermentées ,
font encore plus légers que le phlegme , &
qu'ainfi ils montent les premiers ou dans
leur diftillation , ou dans leur rectification.
L'exemple en eft familier & remarquable
dans la façon dont fe fait le vin : car fi on
prend du moût pour le diftiller , avant qu'il
ait été fermenté , il ne montera que du
phlegme ; car l'efprit demeurera lié & at-
taché avec le fel effentiel de ce fuc , qui
s'épaiffira en un extrait fort doux & très-agréable : au lieu que fi l'on attend à diftiller
cette liqueur , après que la fermentation
aura été faite dans les celliers , on tirera un
efprit ardent le premier, le phlegme fuivra,
& il ne reftera au fond qu'un extrait ingrat & mauvais , parce que ce fel effentiel

du moût aura été volatilisé en esprit par l'action de la fermentation.

La difference des vaisseaux & les divers dégrés du feu, servent aussi beaucoup à séparer & à rassembler ces diverses substances, après qu'elles sont déliées les unes des autres : car la liaison étant une fois rompue, chacune se retire à part ; mais lorsque le feu intervient, il met & réduit le tout en vapeurs & en exhalaisons, que les Artistes reçoivent en des vaisseaux divers, selon la diversité de ces substances. Ainsi on sépare facilement l'esprit de l'huile par l'entonnoir, soit qu'elle surnage comme les huiles des fleurs & des semences, soit qu'elle aille au fond, comme celle qui se tire des aromats & des bois. Mais on ne sépare le sel de l'esprit que par une grande & violente chaleur, à cause de la grande simpathie, qui est entre l'esprit & le sel : ce qui fait remarquer qu'il faut des sels pour fixer les esprits, & qu'il faut aussi réciproquement des esprits pour volatiliser les sels.

Chacun pourra recueillir de soi-même, sur ce que nous avons dit ci-devant, plusieurs autres belles considérations pour ce qui concerne les distillations des mixtes, qui sont abondans en sel, en esprit, ou en huile, ou en quelque autre substance moyenne entre ces trois ; mais il faut surtout re-

marquer géneralement, que les animaux
& leurs parties ne requierent dans les opérations que l'on fait fur leur fubftance,
qu'une chaleur très lente, à caufe qu'ils
font compofés d'une huile & d'un efprit,
qui font très-volatils, & que les végetaux
& leurs parties demandent une chaleur
d'un dégré plus exalté, fuivant le plus ou
le moins de fixité qu'ils ont en eux ;
mais les minéraux, & fur tout la famille
des fels, demandent la chaleur la plus violente.

Lorfque les huiles, les efprits & les autres
fubftances montent confufément enfemble,
il les faut rectifier, c'eft-à-dire, qu'on les
purifie par une diftillation réiterée. Or le
feu lent & léger emporte & enleve facilement le phlegme d'avec le fel, le fel fe cache dans le fein de la terre, & ne la quitte
point, jufqu'à ce que l'efprit & l'huile en
foient féparés par l'augmentation du feu,
qui acheve de défunir le compofé par la
violence de fon action ; & cela étant achevé, il faut verfer de l'eau fur la terre,
qu'on appelle ordinairement & affez improprement tête morte ; & cette eau réfout
& diffout le fel, après quoi on évapore le
menftrue, & le fel fe trouve au fond du
vaiffeau, tranfparent & criftallin, fi c'eft
un fel effentiel, qui eft toujours de la nature du nitre, pourvû qu'on y laiffe une

H v

portion du phlegme, afin que le sel se cris-
tallise dedans : mais si le sel est un sel alkali, qui se fait par la calcination, il le
faut évaporer à sec, & le sel se trouve au
fond du vaisseau, en forme de pierre opa-
que & friable.

Toutes ces remarques sont très nécessaires dans la pratique, parce qu'on n'a souvent besoin que d'une de ces substances,
qui soit séparée de toutes les autres : c'est
pourquoi il faut la sçavoir tirer du mêlan-
lange des autres, d'autant que quand les
autres y sont encore jointes, l'effet que
nous désirons, est empêché par la con-
nexion & la présence des principes asso-
ciés : car une partie du mixte peut être
astringente & coagulative ; & l'autre sera dissolvante & incisive, selon la diversité des principes, qui composent ce mixte :
ces parties demeurant jointes ensemble,
préjudicient l'une à l'autre, si bien que
quand on a l'intention de dissoudre, il
faut connoître & sçavoir séparer le principe dissolvant à part, comme il faut prendre le principe coagulatif pour coaguler.

Les premieres dissolutions ont toujours
quelques impuretés, & sentent ordinairement l'empyreume, & principalement
celles qui sont faites sans addition de quelque menstrue avec grande violence de feu,
comme les huiles qu'on tire par la retorte,

qui font craffes & remplies de quelque
portion du fel volatil du mixte, & quelquefois du fel fixe, qui monte par l'extrème action du feu. C'eft pourquoi il faut
fçavoir le moyen de féparer ces differentes
parties : car fi l'huile qui aura été diftillée,
eft remplie de ces impuretés, ou qu'elle
ait acquis une odeur empyreumatique ; il
faut la rectifier fur des fels alkali, comme
fur le fel de tartre, ou fur des cendres gra-
velées, ou encore fur le fel des cendres du
foyer : car la fimpathie qu'il y a entre les
fels, fera qu'ils fe joindront enfemble ;
ou pour parler plus philofophiquement,
les fels fixes tuëront par leur action les fels
volatils, qui font ordinairement acides,
& ainfi l'huile montera claire, fubtile, &
fans avoir cette odeur de fumée, & que
le fel volatil charrie avec foi comme une
éfpece de fuie. Que fi la premiere rectification n'eft pas fuffifante, il faudra la réiterer fur d'autres fels, ou fur le même fel
dont on fe fera déja fervi, pourvû qu'on
l'ait auparavant fait rougir dans un creufet, pour lui faire perdre l'impureté & la
mauvaife odeur, qu'il avoit acquife dans
la premiere rectification.

Il faut féparer les impuretés des efprits,
par leur rectification fur des terres, qui
foient privées de tout fel, ou fur des cendres dont on aura tiré le fel par les leffives:

parce que si on les rectifioit sur des corps, qui eussent du sel en eux, ce sel retiendroit une portion de l'esprit ; ou si l'esprit étoit plus puissant, il volatiliseroit le sel, & le sublimeroit avec soi, à cause de leur sympathie mutuelle, qui fait qu'ils se lient & qu'ils s'unissent très-étroitement ensemble. Ceux qui ont ignoré l'action, la réaction & les diverses fermentations qui se font dans le travail de la Chymie, par le moyen & par le mêlange des sels & des esprits, ont erré, & ont commis des fautes irréparables ; comme cela se peut remarquer par la lecture des Praticiens Chymiques.

On peut purifier les sels volatils, en les dissolvant dans leurs propres esprits, après quoi il les faut filtrer pour en séparer les héterogenéités, ou matieres étrangeres, puis les pousser dans des cucurbites basses, ou dans des cornuës, qui ayent le col bien large ; ainsi on fera deux opérations à la fois : car on rectifiera l'esprit, & on sublimera le sel volatil, qui n'est autre chose qu'esprit coagulé, ou qu'une substance qui est d'une nature moyenne entre les sels & ses esprits, par le mêlange d'une petite portion du soufre interne du mixte dont il a été tiré.

Pour ce qui est des sels essentiels, comme sont ceux qu'on tire des sucs des plan-

tes vertes & succulentes, où le nitre & le
tartre prédominent, qui contiennent en
eux les principes, qui possedent l'essence
& la principale vertu du mixte ; il les faut
purifier ou avec de l'eau de pluie distillée, ou dans l'eau qu'on aura tirée des
sucs des plantes ; puis il faut passer ces
dissolutions sur des cendres du foyer,
ou sur celles qui auront été faites par la
calcination du marc des plantes, qui auront été pressées, afin que cela serve comme de filtration, pour ôter les terrestéités
& les viscosités, qui pourroient empêcher
la cristallisation de ces sels : il faut ensuite
évaporer ce qui aura été coulé, jusqu'à la
réduction du quart de toute l'humidité,
puis verser le reste dans une terrine qu'on
mettra en lieu froid, pour laisser cristalliser la substance saline, qui est contenue
dans la liqueur.

Quant aux sels alkali ou fixes, qui se
font par la calcination, il les faut purifier
en réverberant les cendres jusqu'a ce qu'elles soient grises ou blanchâtres ; après cela
il s'en fait une lessive qu'on filtre & évapore jusqu'à sec, si c'est le sel de quelque
plante qu'on a distillée, il faudra réiterer
la dissolution de ce premier sel dans l'eau
propre de cette plante, afin que ce qui est
spirituel & de sel essentiel dans cette eau,
se joigne au sel fixe qui le retiendra, ce

qui augmentera sa vertu : c'est même ce qui empêchera que ce sel ne se résoude à l'air aussi facilement qu'il feroit. Si le sel a été ainsi préparé, on le peut exposer au froid pour le cristalliser, après avoir été évaporé jusqu'à pellicule ; mais si c'est une simple lessive, il la faut évaporer jusqu'à sec, après qu'elle aura été filtrée.

Tout ce que nous venons de dire, doit faire connoître qu'il ne faut épargner ni peine, ni travail, pour séparer & pour purifier toutes ces diverses substances ; puisque c'est une chose qui est absolument nécessaire, afin que l'une ne soit pas contraire à l'autre, & qu'ainsi on puisse se servir de ces beaux remedes, selon les véritables indications de la Médecine : car ces substances étant jointes encore ensemble, nuisent quelquefois plus qu'elles ne soulagent, & ce mêlange empêche que ce qui peut faire à notre intention, n'agisse selon toute l'étendue de la vertu du sel, de l'huile ou de l'esprit, parce que la faculté de l'une de ces choses est empêchée & rabbatuë par la viscosité, ou par la sécheresse de l'autre.

Toutes ces remarques générales peuvent être appliquées à toutes les préparations Chymiques, qui se font non seulement sur les animaux & sur les végetaux ; mais aussi à telles qui se font sur les minéraux ; &

autant pour ceux qui travaillent à la métallique, que pour ceux qui cherchent des
remedes pour exercer la Médecine, qui
ne travaillent que pour contenter leur curiofité, & pour l'examen des vérités phy-
fiques.

CHAPITRE II.

*Apologie des remedes préparés felon l'art de
la Chymie.*

J'Ai crû qu'il étoit néceffaire de déchar-
ger ceux qui font profeffion de la Chymie, des calomnies & des impofitions que
les ignorans de ce bel Art leur imputent,
avant que de faire la defcription des préparations des remedes, dont les véritables
Médecins fe fervent; afin de précaution-
ner de défenfes, & de munir de raifons
ceux qui s'adonnent à cette fcience, contre
la foibleffe de leurs ennemis. Je dis que
ces ennemis des Chymiftes & de la Chymie font ignorans, parce qu'ils n'ignorent
pas feulement la vraie préparation & les
véritables effets de ces remedes, mais qu'ils
ignorent encore de plus & la nature & fes
effets, qui ne peuvent être découverts que
par ceux qui travaillent fur les productions
naturelles, & qui anatomifent exactement

& curieusement toutes les parties qu'elles contiennent en particulier.

Mais avant que d'alléguer les raisons que les Galénistes & les Chymistes peuvent apporter de part & d'autre dans le differend & le procès qui est entre eux, il faut trouver premierement un Juge competent & capable de décider la question; c'est-à-dire, qu'il faut que ce Juge ait une exacte connoissance de la science & des opinions des uns & des autres. Car un Galéniste ne pourroit blâmer & réfuter légitimement la théorie & la pratique de la Chymie, s'il n'avoit une parfaite connoissance des deux parties de cet Art. D'une autre part le Chymiste ne peut réfuter l'erreur des Galénistes, s'il n'a la connoissance de leur doctrine toute entiere. Mais afin que personne ne se scandalise, il faut qu'on sçache qu'il y a une grande difference entre les Galénistes & la doctrine de Galien, & que ce n'est pas contre cet Auteur que la Chymie déclame, parce qu'elle sçait le desir extrème qu'il a eu de pouvoir être Chymiste; puisqu'il a recherché avec une grande avidité une science qui lui apprît à séparer les diverses substances, dont les mixtes sont composés. Mais aujourd'hui tel se dit être Galéniste, qui n'a cependant jamais mis le nez dans les œuvres de Galien; & tel se vante de suivre la doctrine d'Hipocrate, qui n'a toutefois jamais examiné sa pratique. Il faut donc appeller Galénistes, ces Médecins qui ne le font que de nom feulement, & qui après avoir pris quelques écrits dans une Univerſité, qui leur donne la créance que la Médecine n'eſt rien autre choſe qu'une ſcience du chaud & du froid, s'en vont après cela dans quelque ville pour y pratiquer, où tous leurs diſcours ne font tiſſus que de la chaleur & de la froidure, tout leur entretien & toute leur ſcience ne prêchent que le plus ou le moins de ces premieres qualités. Mais le grand Fernel, qui a été l'ornement de ſon ſiécle, confeſſe & fait paroître, après avoir reconnu cette erreur, qu'il y a beaucoup d'autres vertus dans les mixtes, pardeſſus ces premieres qualités, comme il le fait voir évidemment ſur la fin de ſon ſecond Livre, *De abditis rerum cauſis*, où il montre comment il faut tirer la vertu ſéminale qui eſt contenue dans les choſes, & qui eſt avec vérité le ſiége de toute leur activité.

Il faut donc établir la Philoſophie Péripatéticienne pour juge de cette controverſe, pourvû qu'elle ſoit imbuë de la belle connoiſſance de la Médecine Galénique, auſſi-bien que de celle de la Médecine chymique, afin qu'ainſi perſonne ne ſoit juge & partie. Pour cet effet il faut ſe dépoüiller de tous les préjugés qu'on pourroit avoir pour l'un ou pour l'autre de ces deux Arts, pour les soumetre à l'examen de la raison, qui est la pierre de touche, qui découvre la bonté ou la fausseté de toutes les sciences.

Les Galénistes, tels qu'ils ont été dépeints, blâment premierement les remedes, qui ont été préparés selont l'art de la Chymie, pour trois causes. La premiere est, parce que ces remedes ne peuvent être faits que par le moyen du feu : la seconde, parce qu'on les tire des minéraux ; & la troisiéme, parce qu'ils agissent avec trop de violence.

C'est à quoi il faut répondre par ordre, & dire premierement, que s'il falloit blâmer tout ce qui passe par le feu, & tout ce qui ne peut être fait sans ce moyen, les Cuisiniers qui apprêtent les alimens, & les Apoticaires même qui préparent les médicamens selon leurs régles, s'y opposeroient. Secondement, que tous les remedes Chymiques ne sont pas tirés des minéraux, quoiqu'on leur puisse dire qu'ils s'en servent eux-mêmes dans leur pharmacie ; mais que la plus grande & la meilleure partie des plus excellens remedes Chymiques sont tirés de la famille des animaux & des végetaux. Et pour la troisiéme raison, il faut dire, que s'il y en a quelquesuns qui agissent avec violence, & que le

Médecin Chymique s'en serve avec jugement dans quelque maladie opiniâtre & désesperée, qu'il ne fait rien en cela qu'à l'imitation de ce grand Hipocrate, qui se servoit de l'élebore, qui est le plus violent de tous les végetaux. Que s'ils objectent que ce grand Médecin ne se servoit de ce remede, que faute d'en avoir quelque autre ; on peut aussi leur répondre raisonnablement, que les Médecins Chymiques ne se servent de ces remedes violens qu'aux extrèmes maladies, & cela, *quia extremis morbis extrema remedia.*

C'est être pourtant bien ignorant de la Chymie, de dire que tous les remedes qu'elle produit, sont violens ; car elle travaille à les préparer d'une maniere si belle & si nécessaire, qu'ils en sont plus agréables au goût, plus salutaires au corps, & moins dangéreux dans leurs opérations. Et c'est proprement en cela que la Pharmacie Chymique differe de la Galenique, qui prépare bien les médicamens, & qui prétend en corriger le vice & la violence ; mais elle ne le fait pas avec la perfection requise, puisqu'elle ne sépare pas le pur de l'impur, ni l'homogene de l'hétérogene. Car, qui est-ce qui ne confessera qu'un malade prendra plus gayement quelques grains de magistere, de scammonée ou de jalap, ou quelque pilule d'un extrait panchymagogue, ou finalement une très-petite portion d'une bonne préparation du mercure, qu'on peut enveloper dans des conserves agréables, ou dans des gelées délicates, ou bien encore les diffoudre dans quelque liqueur agréable, que d'avaler un bol de cinq ou fix dragmes de caffe ou de catholicum double? Qu'il prendra de meilleur courage trois ou quatre grains de quelque fudorifique fpécifique, comme du bezoard minéral, que d'avaller un verre de quelque diffolution de thériaque, ou d'opiate de Salomon? Qu'il répugnera moins à un boüillon dans quoi on aura diffout un fcrupule de tartre vitriolé, qu'à un grand verre d'apozeme, ou de quelque fyrop magiftral fait à l'antique, dont les recipés font ordinairement de la longueur d'un pied & demi.

Mais on dira de plus, que quoique les Chymiftes fe vantent de la douceur & de l'agrément de leurs remédes, il faut néanmoins qu'ils avouent qu'ils font plus dangéreux que les autres, à caufe qu'ils font tirés des minéraux. Il eft vrai que la Chymie ne nie pas qu'elle ne tire beaucoup de remedes de la famille des minéraux ; mais elle ne veut, ni ne peut avoüer qu'ils foient ni véneneux, ni contraires à la nature humaine, parce que c'eft une très-haute ignorance de l'affirmer de cette forte. Car fi les

Anciens les ont mis en usage tous cruds &
sans aucune préparation, comme on le peut
voir dans Galien même, dans Dioscoride,
dans Pline & dans plusieurs autres Auteurs.
Si les Galenistes modernes s'en sont aussi
servis, comme Rondelet qui se sert du
mercure crud dans ses pilules contre la vé-
rolle. Mathiole qui a pratiqué l'antimoine,
qu'il appelle par excellence la main de
Dieu ; si Gesnerus a employé le vitriol,
Fallope la limaille d'acier, & Riolan &
tant d'autres le soufre, pour les maladies
du poulmon ; pour quelle raison ne sera-t'il
pas permis aux Chymistes de se servir de
ces mêmes remedes, lorsqu'ils les ont préparés & corrigés, & qu'ils les ont dépoüillés de la malignité & du venin qu'ils contenoient, par la séparation du pur & de
l'impur ; qui vaut beaucoup mieux que la
prétendue correction des Galenistes, qui
tâchent de dompter le vice & la malignité
des mixtes, dont les Anciens se sont servis,
& dont ils se servent encore, par l'addition
de quelque autre corps, qui peut avoir &
qui a même en soi son vice particulier &
ses impuretés, comme cela se prouve par
l'ellebore, la thitimale, la scammonée, la
coloquinte, l'agaric, & quelques autres
qu'ils prétendent corriger par la simple addition du mastic, de la canelle, du giroffle,
de la gomme tragacant & du gingembre ?

Mais pour montrer plus évidemment combien cette correction differe de celle des Chymiſtes, on la compare ordinairement à un ſot & à un ignorant Cuiſinier, qui pour rendre les tripes qu'il voudroit apprêter, plus délicates & de meilleur goût, ſe contenteroit de les faire boüillir avec des herbes odorantes & des aromats, ſans les avoir lavées, & ſans leur avoir ôté les ordures dont elles ſont toujours pleines.

Les Galeniſtes pourſuivront encore, & diront que les remedes Chymiques ſont à craindre à cauſe de leur acrimonie ; mais on leur répond à cela, que ſi l'uſage des choſes âcres doit être banni des médicamens, qu'il le doit être encore beaucoup plus raiſonnablement des alimens, & qu'il faut par conſéquent exclure de la cuiſine & des ragoûts le ſel, le vinaigre, le verjus, l'ail, les oignons, la moutarde, le poivre & toutes les autres ſortes d'épiceries, comme il faudroit auſſi rayer beaucoup de médicamens de leurs antidotaires. Ils ne s'apperçoivent pas auſſi qu'ils choquent Galien même par cet argument, qui a mis les cantarides au rang des médicamens, qui ſont mortels à cauſe de la corroſion qu'elles exercent particuliérement ſur la veſſie : il les ordonne pourtant, & ſes Sectateurs après lui en petite quantité, & les fait prendre dans quelque liqueur convenable, pour provoquer les urines, & les tient fort souveraines pour cet effet.

C'est ce que font les Chymistes, qui donnent leurs remédes âcres en petite quantité dans des liqueurs propres & spécifiques, pour faire produire les effets qu'ils esperent de leurs médicamens. Mais pour fermer tout-à-fait la bouche aux Galenistes, il faut leur prouver qu'ils se servent dans leur pratique, quoi qu'empyriquement, des remedes Chymiques, soit qu'ils soient naturels, ou qu'ils soient artificiels. Par exemple, ne se servent-ils pas de l'acier & du mercure crud, comme aussi de beaucoup d'autres mixtes naturels ? Ne se servent-ils pas aussi de l'esprit de vitriol, de l'aigre de soufre, du cristal minéral, de la crème & des cristaux de tartre, du safran de mars apéritif & de l'astringent, du sel de vitriol, & du sucre de Saturne ? Et quoique la plûpart d'entr'eux ne connoissent pas l'antimoine, ni ne sçachent pas le tems, ni la vraye méthode de donner cet admirable remede, ils ne laissent pas néanmoins de le donner en cachette, le masquant ordinairement de quelque infusion de senné, ou de quelque petite portion de leurs pilules ordinaires ; car ils mêlent le vin émétique dans leurs infusions, & la poudre

émétique dans leurs pilules. Mais ce qui
est encore plus considérable & plus remarquable , c'est que les Galenistes envoyent
leurs malades aux bains & aux fontaines
minérales , lorsqu'ils sont au bout de leur
rollet , & lorsqu'ils ne trouvent plus dans
leur méthode aucune chose , qui soit capable de déraciner le mal qu'ils n'ont pas
quelquefois connu : cette pratique leur fait
tacitement avoüer qu'il.y a dans les minéraux une vertu plus puissante , plus pénétrante & plus active , que dans pas un des
autres remedes dont ils s'étoient servis auparavant. Les remedes dont les Chirurgiens
se servent tous les jours , avec un très-
loüable succès , témoignent encore la vérité
de ce que je dis ; car ils sont tous composés
des minéraux & des métaux , & principalement ceux qui agissent avec le plus d'efficace. Il est vrai que les Chymistes envoyent
aussi leurs malades aux eaux minérales , &
leur en font pratiquer l'usage ; mais il y a
cette différence entr'eux & les Galenistes ,
que les premiers se servent de ces remedes,
parce qu'ils connoissent distinctement quel
soufre , quel sel , ou quel esprit prédomine
dans les eaux qu'ils ordonnent : ce que ne
font pas les derniers , qui ne connoissent
que confusément la vertu , qui réside dans
ces eaux ; & qui ne les prescrivent , qu'à
cause que d'autres s'en sont servis avant
eux,

eux , n'étant pas capables de raisonner sur
les effets qu'elles produisent , & encore
moins de prouver les causes efficientes internes de ces mêmes effets ; puisque cela
n'appartient qu'au Chymiste , qui peut
anatomiser les eaux minérales , & qui peut
aussi faire une démonstration de ce qu'elles
contiennent de fixe ou de volatil. Que si
l'Artiste ne trouve pas sa satisfaction dans
l'examen qu'il fait de ces eaux , il cherchera
de quoi se contenter par le travail qu'il fera
sur les terres circonvoisines des fontaines
minérales ; il tâchera de découvrir quel
métail abonde dans les marcassites , qui se
forment ordinairement en ces lieux-là ;
après l'avoir trouvé , il reconnoîtra quel
sel & quel esprit est le plus propre pour
dissoudre ce métal , afin de l'unir & de le
mêler indivisiblement avec l'eau : son esprit étant instruit de cette sorte , il ne manquera pas de rendre des raisons pertinentes
& démonstratives des effets & de la cause
des vertus que produisent les eaux minérales. Que si quelqu'un dit que les Galenistes rendent aussi raison de ces effets , &
que même ils les attribuent au sel , au
soufre , ou à l'esprit qui prédomine dans
ces eaux : je répons à cela , qu'ils ne satis-
feront jamais parfaitement sur ce sujet , par
les raisonnemens qu'ils auront tirés des
connoissances qu'ils auront prises de l'Eco-

le ; mais qu'il faut qu'ils ayent tiré ces lumieres des Auteurs Chymiques ; & qu'ainfi ce ne fera plus un Galenifte qui parlera, puifqu'il ne raifonnera que par l'organe des Chymiftes. Concluons donc pour les remedes Chymiques, & difons que ce font les véritables armes, dont un Médecia fe doit fervir pour chaffer & pour dompter les maladies les plus rebelles, & celles mêmes qui paffent pour incurables ; felon la pratique & les remedes ordinaires de la Médecine Galenique. Ainfi nous finiffons cette Apologie, en difant que ces merveïlleux médicamens agiront toujours *citiùs, tutiùs & jucundiùs.*

CHAPITRE III.

Des facultés des mixtes, & des divers dégrés de leurs qualités.

IL faut que nous confidérions, après tout ce que nous avons dit ci-deffus, quels fruits nous pouvons recueillir de la féparation des cinq principes qu'on peut tirer des compofés, pour l'établiffement des vertus & des facultés des médicamens, auffi-bien que pour les dégrés de leurs qualités. Quand donc on aura diftingué la diverfité des fubftances, que l'Artifte peut tirer des chofes naturelles, & qu'on aura remarqué que

quelques - unes d'elles abondent plus ou
moins en foufre, en fel, en efprit, en
terre ou en phlegme, & que cela fe rencontre dans tous les mixtes des trois familles de la nature, qui font les animaux, les
végetaux & les minéraux ; il femble qu'on
peut déterminer légitimement quelque
chofe pour l'ufage de la Médecine, pour
faire reconnoître les vertus & les propriétés, qui font fpécifiques à chacune des parties qui ont été tirées des mixtes. Car comme la Médecine ordinaire a tout attribué
aux divers dégrés des premieres & des fe-
condes qualités ; il faut auffi faire fervir ce
Chapitre de quelque milieu, pour faire
connoître le commencement de la vérité
des vertus fpécifiques de chaque principe
du compofé, afin que ce que nous dirons
ici ferve d'introduction, pour mieux pénétrer dans les penfées de tous les Auteurs
qui en ont écrit jufqu'ici : car on peut dire
affûrément, que ce qui abonde en huile,
tient auffi des qualités de l'huile ; & que
ce qui abonde en efprit, tient de celles de
l'efprit, & ainfi des autres parties conftituantes ou feparées. On pourroit même
inférer ici le catalogue de tous les mixtes,
où le foufre prédomine, auffi-bien que les
compofés où les autres principes abondent.
On pourroit encore de plus anatomifer tous
les corps naturels, pour fçavoir précifément

en quelle dofe ils font participans de l'un ou de l'autre des cinq principes, & combien la nature en aura départi à chacun d'eux en particulier ; & après un travail de cette maniere, on pourroit fe vanter de connoître diftinctement toutes les facultés des chofes naturelles. Mais comme ce n'eft pas feulement le travail de la vie d'un feul homme, & qu'au contraire, celle de plu- fieurs Artiftes n'y fuffiroit pas ; & qu'outre ces confidérations, il faudroit plufieurs Volumes pour contenir les remarques qui feroient néceffaires à cet effet ; nous nous contenterons d'en dire quelque chofe en paffant, lorfque nous décrirons le travail qu'on peut faire fur chaque mixte, afin que nous ne paffions pas les bornes que nous nous fommes prefcrites, pour faire un Traité de la Chymie en forme d'a- bregé.

Pour donc revenir aux divers dégrés des qualités des mixtes, ou des cinq fubftances qu'on en peut tirer ; difons premiérement que l'huile échauffe, ou qu'elle femble faire fon opération par le moyen de la chaleur, qui eft une qualité plus excellente que celle qu'on appelle élémentaire. Par exemple, nous voyons un effet fenfible, & qui eft connu de tous, qui eft, que fi on fépare du vin, fon huile ou fon efprit étheré, qui eft fa partie fulfurée & fon fel volatil, exalté par la fermentation qu'on appelle vulgairement eau-de-vie ; que ce qui restera, ne sera plus propre pour échauffer , & encore moins pour communiquer la qualité que nous attribuons aux huiles & aux esprits ; que si on rejoint cette portion d'esprit ou d'huile étherée à son phlegme , on lui redonnera aussi en même tems la même propriété d'échauffer , qu'il avoit auparavant ; ce qui nous oblige de conclure , que plus un mixte abonde en huile étherée & en esprit volatil , plus aussi il est capable d'échauffer , de fortifier & d'augmenter nos esprits , comme étant le plus analogue & le plus approchant de la nature des esprits vitaux , comme aussi de celle des esprits animaux , à cause que c'est cette seule portion du mixte , qui peut passer jusques dans les dernieres digestions.

Le même jugement se peut faire dans tout ce qui constitue le regne végetable ; car on peut dire que les différentes parties des plantes ont divers dégrés de qualités , selon qu'elles ont été plus ou moins fermentées , digerées & cuites par la chaleur extérieure du Soleil , & par celle qui leur est intérieure & essentielle , qui est contenue dans leur sel , qui est l'envelope de leur esprit fermentatif & digestif ; & selon que ce sel est exalté par les actions de ces deux causes efficientes ; ces parties des plantes en ont aussi plus ou moins d'efficace & de vertu. Ainsi la semence doit tenir le premier lieu, parce qu'elle est poussée jusqu'à sa perfection, & qu'elle contient en soi le germe & l'esprit spermatique, qui peut produire & se multiplier en son semblable; & que c'est aussi dans le corps de la semence, que la nature a rassemblé, cuit, digeré & concentré tout ce qu'il y avoit de sel, de soufre & d'esprit dans tout le corps de la plante, comme cela se prouve par la distillation des semences, dont on tire une grande quantité de sel volatil, qui n'est rien autre chose que ces trois principes volatilisés, & unis ensemble par la chaleur intérieure de la plante, & par la chaleur extérieure du soleil; & c'est dans ce sel volatil que toutes les vertus des choses sont cachées, ce qui est cause que Helmont les appelle les Lieutenans Généraux des arcanes. Il faut ensuite descendre par dégrés, pour reconnoître les divers dégrés des qualités des autres parties des plantes, en leur appliquant le raisonnement que nous avons fait sur la semence; car la fleur est moindre que la semence, & la feüille est moindre que la fleur en vertu; le bois vaut moins que l'écorce, & le fruit vaut mieux que la feüille des arbres, & ainsi des autres parties du végetable, qu'on estimera toutes selon qu'elles abonderont en huile, en efprit , en fel effentiel ou en fel volatil.

Mais il faut ici faire une digreffion , & remarquer la différence qui eft entre les plantes annuelles, & celle qui eft entre les plantes perpétuelles ; car il y en a qui ont le fiége de leur vertu dans la racine ; les autres l'ont dans la feüille , & la plûpart l'ont dans la femence ; c'eft pourquoi , il faut être exact obfervateur de toutes ces circonftances , afin d'en faire un jugement folide , & de les examiner par les fens extérieurs & par le raifonnement , pour en faire le choix néceffaire.

Tout ce que nous venons de marquer, fe peut auffi appliquer aux autres principes pour la diftinction des dégrés de leur facultés ; car fi on prive , par exemple , un mixte de fon fel , il perdra la faculté déficcative , déterfive , coagulative , & toutes les autres propriétés qui proviennent du fel. Or, il fe peut faire qu'un mixte aura deux, trois, quatre ou cinq fois , plus ou moins de fel, d'efprit, de foufre , de phlegme ou de terre , en comparaifon d'un autre compofé , ce qui fera la raifon & la regle de pouvoir fubdivifer les dégrés de fes facultés ; quand on aura découvert par le travail l'abondance , ou le défaut de ce qui produit la vertu dans les chofes naturelles , parce que cela nous eft encore caché par la négligence de ceux qui ont écrit , & par l'ignorance de ces Physiciens bâtards, qui ne connoissent ni leur mere, ni les enfans qu'elle a produits : car nous voyons que le suc de berberis, celui des oranges & des citrons, que le vin aigre & celui qui est distillé, que l'esprit de vitriol, celui du sel commun, du sel nitre, du tartre & celui de beaucoup d'autres semblables, méritent qu'on leur attribue divers dégrés de quali- tés, à cause de l'éminence de leurs actions, qui proviennent de l'abondance ou du dé- faut de quelque principe, qui est plus ou moins épuré, ce qui fait connoître que les mixtes ont plus ou moins d'efficace, d'ac- tion & de vertu, selon le trop ou le peu des principes efficiens. C'est pourquoi, on peut à bon droit tirer de la théorie & de la pratique de la Chymie quelque fondement véritable, pour orner & pour diversifier la Médecine, pour redresser la Pharmacie commune, qui est sur le penchant de sa ruine, & pour examiner à fond la prati- que des Naturalistes ordinaires.

CHAPITRE IV.

De l'ordre que nous tiendrons dans la descrip-
tion des opérations Chymiques.

L'Ordre qu'on tient pour décrire les cinq principes, qui se tirent de tous les mix- tes, par le moyen des opérations de la

Chymie, se peut donner en deux façons : car on peut premiérement, assembler en un Traité toutes les eaux simples, ou composées selon leurs especes ; en un autre, tous les esprits : on pourroit aussi en faire un pour les huiles en particulier, & un autre pour les sels, & ainsi des autres principes. On peut aussi décrire secondement ces cinq substances, selon l'ordre qu'on les tire de chaque individu que nous fournit la nature. Ce sera ce dernier ordre que nous suivrons, comme celui qui satisfait mieux l'esprit, & où il y a moins de confusion : nous donnerons donc à chaque mixte en particulier un Chapitre à part, dans lequel nous ferons une exacte description de la nature de ce mixte, & de toutes les opérations Chymiques, qui sont utiles & nécessaires à la Médecine, sans oublier aucune chose de ce que l'Artiste doit observer, pour bien & curieusement anatomiser le mixte sur quoi il travaillera, jusqu'à ce qu'il en ait separé toutes les différentes parties que la nature lui a données.

Et pour faire les choses avec quelque méthode, nous commencerons par les météores, où nous parlerons de la pluye, de la rosée, du miel, de la cire & de la manne. Ensuite de quoi, nous enseignerons les préparations qui se font sur les animaux & sur leurs parties. Nous continuerons sur

les végetaux, où nous montrerons comment il faut anatomiſer toutes les parties
de cette ample & riche famille ; pour finalement achever par les minéraux , & par
l'examen que nous ferons de ce que contiennent d'eſſentiel les pierres, les ſels, les
marcaſſites & les métaux , dont nous ſépa-
rerons les parties les plus fixes & les plus
dures, pour en tirer les remedes merveilleux., qui ſont enfermés dans le centre de
ces véritables produits de la terre.

CHAPITRE V.

De la roſée & de la pluye.

Comme les Chymiſtes ne peuvent extraire ni diſſoudre, ſans quelque liqueur qui ſoit propre à ces deux actions ,
pour tirer la vertu des choſes (ils appellent
ordinairement la liqueur qui leur ſert à
diſſoudre & à extraire un menſtrue ; & ce
ſera de ce ſeul mot que nous nous ſervi-
rons dans toutes les opérations que nous
décrirons) : comme, dis-je, ils ne ſe peuvent paſſer de menſtrue , auſſi ont-ils recherché avec beaucoup de ſoin & de travail,
pour en trouver un qui ne fût doüé d'aucune qualité particuliere , & qui fût propre
à toutes ſortes de mixtes; quoique les menſtrues particuliers qu'ils pôſſédent , ſoient

destinés pour l'extraction & pour la dissolution de quelques composés. Les Artistes
n'ont pas crû pouvoir mieux parvenir à
leur but, que par le choix qu'ils ont fait de
la substance la plus pure & la plus simple
qui soit dans la nature, qui est l'eau de la
rosée & celle de la pluye, qui font deux
substances, qui contiennent en elles l'esprit
universel, pour en tirer leur menstrue universel, qui soit capable d'extraire la vertu
des choses, & d'en être retiré sans emporter aucune portion de l'excellence du mixte,
pourvû que ces deux liqueurs soient bien
& dûement préparées.

Il n'est pas nécessaire que nous répétions
que la rosée & la pluye font deux météores, puisque nous en avons parlé dans la
premiere Partie de ce Traité de Chymie:
il suffira que nous disions qu'il fa : recueillir l'eau de pluye durant l'espace de huit
jours avant l'équinoxe de Mars, & huit
jours après, parce qu'en ce tems-là l'air est
tout rempli des vrayes semences célestes,
qui font destinées au renouvellement de
toutes les productions naturelles ; & lorsque l'eau a été élevée de la terre, & qu'elle
a été privée des divers fermens dont elle
avoit été remplie par les diverses généra-
tions, qui s'étoient faites dedans & dessus
la terre par son moyen ; elle retombe en
terre par l'air, où elle se refournit d'un

efprit pur , & qui eft indifférent à être fait toutes chofes. Cela fuffit pour montrer la néceffité du tems de l'équinoxe , pour le choix de l'eau de pluye.

Qu'on prenne donc en ce tems-là une grande quantité d'eau de pluye , qu'on la mette dans quelque cuve de bois qui foit bien nette , en un lieu qui foit bien ouvert & où l'air foit bien perméable , & qu'on la laiffe fermenter , afin qu'elle faffe un fédiment des impuretés les plus groffieres , qu'elle pourroit avoir acquifes des toits & des canaux , qui la reçoivent & qui nous la fourniffent ; elle jettera de plus une efpece d'écume en haut , qui acheve de la dépurer tout-à-fait. Après cela , qu'on en empliffe des cruches de grais , des bouteilles , ou des barils , fi on en veut garder comme elle eft , vû qu'elle eft déja propre à beaucoup d'opérations , & qu'elle eft plus utile que pas une autre efpece d'eau que ce puiffe être , comme nous le ferons voir dans la fuite de la pratique , à caufe qu'elle eft plus fubtile que les autres eaux , & qu'elle abonde en un fel fpirituel , qui eft le feul agent capable de bien pénétrer dans les mixtes.

Mais fi on veut rendre cette eau plus fubtile & plus capable d'extraire les teintures & la vertu des chofes , il faut la diftiller dans la veffie avec la tête de more

& le canal, qui paſſe à travers du tonneau,
& n'en retirer que les deux tiers de ce qu'on
en aura mis dans le vaiſſeau, & réitérer
cette diſtillation, juſqu'à ce qu'on ait réduit
cent pintes à dix, qui ſerviront après à l'extraction des purgatifs.

On peut faire la même choſe ſur la roſée, qui eſt encore préferable à l'eau de
pluye ; il la faut prendre au mois de Mai,
parce qu'elle eſt alors beaucoup plus chargée de l'eſprit univerſel, & qu'elle eſt remplit de ce ſel ſpirituel qui ſert à la génération, à l'entretien & à la nourriture de
tous les êtres.

CHAPITRE VI.

Du miel & de la cire.

IL ne faut pas trouver étrange qu'on
mette ici le miel entre les météores,
puiſque la roſée contribue beaucoup à ſa
géneration : car elle s'épaiſſit ſur les plantes, après qu'elle eſt deſſus ; elle retient &
condenſe en ſoi les vapeurs, que les plantes exhalent continuellement, ce qui ſe
fait par la fraîcheur de la nuit ; & la chaleur du ſoleil digere & cuit le tout en miel
& en cire, que les abeilles vont recueillir
enſuite, & le portent dans leurs ruches
pour leur ſervir d'aliment. On peut tirer

une conféquence de ce que nous avons dit, pourquoi il y a plus de miel en une faifon qu'en l'autre. Le meilleur miel eft celui qui eft d'un blanc jaunâtre, qui eft agréable au goût & à l'odorat, qui n'eft ni trop clair, ni trop épais, qui eft continu en fes parties, & qui fe diffout facilement fur la langue. Celui des jeunes mouches eft meilleur que celui des vieilles. On en fait l'eau, l'efprit, l'huile, le fel & la teinture. On tire de la cire, qui eft une fubftance emplaftique, du phlegme, de l'efprit, du beurre, de l'huile & une très petite portion de fleurs, qui ne font rien autre chofe que le fel volatil de ce mixte.

§. 1. *La maniere de tirer les principes du miel.*

Il faut prendre du miel, & le mettre dans une cucurbite de verre, de fayence ou de grais, & mettre par deffus environ deux onces de chanvre, ou d'étoupes, pour empêcher que le miel ne monte dans le chapiteau par fon ébullition, & en luter les jointures avec deux bandes de papier, qui foient enduites de colle faite avec de la farine & de l'eau cuites enfemble. On mettra la cucurbite au fable, on l'échauffera lentement, afin de tirer l'eau par ce premier dégré de feu ; puis on changera de récipient, & on augmentera le feu, pour faire monter une feconde eau,

qui fera jaune , & qui contiendra l'efprit ;
& augmentant encore le feu , il en fortira
un efprit rouge avec l'huile , qu'il faudra
féparer par l'entonnoir & rectifier l'efprit.
Il faut calciner dans un réverbere ce qui
refte au fond de la cucurbite , pour en tirer
le fel avec fon phlegme , qu'il faudra évaporer jufqu'à fec , ou jufqu'à pellicule ,
pour le faire criftallifer enfuite en quelque lieu froid.

L'une & l'autre des eaux du miel , fçavoir la claire & la jaune , font très-utiles
pour déterger & pour nettoyer les yeux ,
& principalement pour en ôter les fuffu-
fions & les taches : elles fervent auffi pour
faire croître les cheveux ; l'efprit eft un
grand défopilatif , car étant pris depuis fix
jufqu'à quinze ou vingt gouttes , dans des
eaux apéritives , ou dans de la décoction
de racines d'ortie & de bardane , il ouvre
les obftructions , pouffe les urines , & chaffe la gravelle , les colles & les ~laires des
reins & de la veffie. Si on circ. e l'huile
de miel dans l'efprit de vin , l'efpace de
vingt ou trente jours , elle devient très-
douce & très-agréable , elle fert admira-
blement pour guérir les arquebufades , &
pour mondifier & nettoyer les ulcéres rongeans & chancreux : c'eft un excellent remede pour appaifer les douleurs de la goute ; auffi-bien que pour effacer les taches

du vifages, fi on la mêle avec de l'huile de camphre.

§. 2. *Pour faire l'hydromel vineux & le vinaigre du miel.*

Il faut prendre une partie de très-bon miel, & huit parties d'eau de pluie dépurée, ou d'eau de riviere, qu'on aura laiffé repofer quelques jours, afin de la dépoüiller de fes impuretés ; & les faire boüillir lentement jufqu'à la confomption de la moitié, après l'avoir écumée très-exactement. Il faut enfuite mettre la moitié de la liqueur dans un tonneau, à laquelle il faut ajoûter fur un tonneau de trente pintes une once de fel de tartre & deux onces de teinture de ce fel, pour aider à la fermentation, qui fera parachevée dans le mois philofophique, qui eft de quarante jours : mais obfervez qu'il faut tous les jours remplir le tonneau, pour remplacer ce que l'efprit fermentatif pouffe dehors : cela étant achevé, il faut mettre le tonneau dans la cave, & le boucher comme il faut ; puis on s'en peut fervir de boiffon, tant pour les fains que pour les malades.

Mais, quand on voudra faire du vinaigre du miel, il faut prendre dans le tonneau, dans quoi on aura mis le miel cuit à moitié avec l'eau, un noüet rempli de fe-

mence de roquette , qui foit battuë groffiérement , puis mettre le tonneau dans un
lieu chaud , fi c'eft en hiver ; mais fi c'eft
en été , il faut l'expofer à la chaleur du foleil , jufqu'à ce que la liqueur ceffe de
boüillir & de fermenter , & cela fe change par dégré & doucement en un très-bon
vinaigre , qu'on peut diftiller comme l'autre ; ce fera un excellent menftruë pour la
diffolution des cailloux , & pour celle de
toutes les autres pierres , quand même elles
n'auroient pas été calcinées auparavant ;
c'eft ce que Quercetan appelle dans fes ouvrages , le vinaigre Phlilofophique. Il faut
auffi remarquer que ce même Auteur fait
fouvent mention du miel dans fes œuvres
fous les noms de rofée & de manne célefte.

§. 3. *Pour faire la teinture du miel.*

Cette teinture n'eft pas un des moindres
remedes qui fe tirent de ce météore , tant
à caufe de la vertu particuliere de ce mixte ,
que pour celle du menftruë , qu'on employe pour l'extraction des facultés de cette
manne célefte , qui contient beaucoup plus
d'efficace , que ne fe le font imaginés ceux
qui croyent qu'elle fe change facilement
en bile , à caufe de ce faux axiome de l'E-
cole , qui leur fait paffer pour véritable ,
que *omnia dulcia facilè bilefcunt* ; parce
qu'ils ne comprennent pas que ces change-

mens ne se font pas en nous par le mêlange
des humeurs , mais par les diverses fermentations , qui ont leur origine dans le ventricule , & que le levain qui les occasionne-
ne , est ou sain , ou malade , selon les idées
bonnes ou mauvaises , que l'esprit de vie ,
qui est dans les hommes , aura conçûes.
Revenons donc à notre sujet , & disons
que le miel est une des substances du monde , qui contient le plus de l'esprit universel , & que c'est aussi celle qui est la plus
capable d'être réduite en la nature de cet
agent géneral du monde , pour en tirer de
beaux remedes pour la Médecine ; pourvû
que nous lui conservions quelque chose de
sa spécification , qui nous le rende utile &
sensible.

Il faut donc choisir du meilleur & du
plus beau miel qu'on puisse trouver , suivant les marques que nous en avons données , & en mêler une partie avec trois
parties de sable le plus net & le plus pur
qui se puisse avoir , dans un mortier de
marbre , & les battre ensemble , tant qu'on
en fasse une masse qui puisse être réduite
en boulettes de telle grosseur qu'elles puisse entrer dans un matras à long col. Après
les avoir mis là-dedans , il faut verser dessus de l'esprit de vin très-subtil , tant que
le menstruë surpasse la matière de trois ou
de quatre doigts ; puis il faut mettre un

autre matras, qui entre dans le col du premier de deux travers de doigts ou environ,
il faut lutter enſuite les jointures des vaiſſeaux de deux bandelettes de veſſie de bœuf
ou de porc, qui ayent été trempées dans du
blanc d'œuf, qu'on aura réduit en eau par
une violente & fréquente agitation ; &
que cette remarque & cette façon de lutter
les jointures des vaiſſeaux ſuffiſe pour
toutes les opérations qui ſuivront. Qu'on
lie le matras au couvercle du bain marie,
pour le ſuſpendre à la vapeur, & qu'on
digere ainſi le miel avec ſon menſtrue,
juſqu'à ce que l'eſprit de vin ſoit bien empreint, bien teint & bien chargé du ſoufre
intérieur de ce mixte, que cet eſprit atti-
rera par l'analogie qui eſt entre lui & ce
principe. Cela étant en cet état, il faut
laiſſer refroidir les vaiſſeaux, puis les ouvrir & filtrer la teinture par le papier, & le
mettre dans une petite cucurbite, qu'on
couvrira de ſon chapiteau ; on en luttera
très-exactement les jointures, & on adap-
tera un récipient propre, puis on retirera
la moitié de l'alkohol de vin à la très-lente
chaleur du bain marie ; le bain étant refroidi, il faut ouvrir les vaiſſeaux & garder précieuſement ce qui ſera reſté de teinture dans une phiole, qui ait l'orifice étroit,
& qui ſoit bien bouchée avec du liége qui
ait été trempé dans de la cire boüillante.

pour en boucher les porofités & la couvrir
d'une double veffie moüillée & d'un papier,
afin que rien ne puiffe exhaler de ce remede, à caufe de fes parties, & qu'on s'en
puiffe fervir au befoin.

L'ufage de cette teinture, eft prefque
divin dans les affections de la poitrine, qui
font caufées par des férofités lentes & vif-
queufes, qui font amaffées dans la capacité
du thorax ; car elle a la vertu de les fubtili-
fer & de les diffoudre, parce qu'elle fortifie fuffifamment le malade pour lui faire
cracher ce qui lui nuifoit, où il le chaffe
& le met dehors par les urines, par les
fueurs, ou par la tranfpiration infenfible,
qui font les bons effets ordinaires que produifent les remedes, qui approchent de l'u-
niverfel. Ce font ces rares médicamens,
qui font voir la vérité de cette belle maxime, qui dit que *natura corroborata eft om-*
nium morborum medicatrix. La dofe de cette
teinture, eft depuis un quart de cuillerée
jufqu'à une cuillerée entiere, pour les perfonnes qui font avancées en âge, & depuis
cinq goutes jufqu'à vingt pour les enfans.
On peut la donner toute feule, ou la mêler
dans des décoctions, ou dans des eaux fpécifiques & appropriées à la maladie, comme font celles de fleur de tuffilage, de racines de petafites, de marrube blanc &
odorant, comme auffi dans celles des bayes

de genévre & des racines d'énula, parce que tous ces simples abondent en esprit pénétrant & volatil : on la peut encore donner dans des boüillons, ou dans le breuvage ordinaire du malade.

§. 4. *Pour tirer l'huile de la cire.*

On peut tirer de la cire, aussi-bien que de beaucoup d'autres mixtes un phlegme, un esprit acide, une huile & des fleurs, que nous avons dit être son sel volatil. Mais comme les autres substances, excepté l'huile, ne sont pas de grande utilité dans la Médecine, nous ne nous arrêterons pas à leurs descriptions : nous nous contenterons seulement de donner une façon de faire l'huile de cire qui soit utile, facile & compendieuse.

Qu'on prenne une livre de cire jaune, qui soit bien odorante & bien nette de toute ordure ; qu'on la fasse fondre à chaleur fort lente, dans un bassin de cuivre, qui ait un couvercle qui le ferme juste ; & quand on a quelque autre opération au feu, il faut prendre des charbons tous rouges, & les noyer les uns après les autres dans la cire fondue, jusqu'à ce qu'ils soient bien imbus de la cire, & qu'ils en soient suffoqués & remplis ; il faut continuer ainsi jusqu'à ce que toute la cire soit entrée dans les charbons ; avec cette précaution néan-

moins de couvrir le baffin toutes les fois,
qu'on y mettra des charbons ardens, afin
d'éviter que la cire ne s'enflamme. Il faut
après cela mettre les charbons en poudre
groffiere, & les mêler avec leur poids égal
de fel décrépité ; qu'on mette ce mélange
dans une cornue de verre, qui ait un tiers
de fa capacité qui foit vuide ; puis mettre
la retorte au fable, & adapter à fon col un
récipient affez ample, qu'il faut luter exactement avec de la veffie & du blanc d'œuf :
on laiffera fécher le lut ; puis on donnera
le feu par dégrés, jufqu'à ce que les vapeurs
ceffent d'elles-mêmes, ce qui arrive ordinairement dans l'efpace de quinze ou vingt
heures : le tout étant refroidi, il faut féparer l'huile, qui eft encore craffe & épaiffe,
comme un beurre de la liqueur aqueufe,
& en réferver une partie en cette confiftence, pour s'en fervir extérieurement ; mais
il faut rectifier le refte dans une baffe cucurbite, & le mêler avec trois ou quatre
livres de vin blanc & quatre onces de fel
de tartre, mettre la cucurbite aux cendres,
& diftiller avec toute l'exactitude qui eft
requife, pour la rectification d'une huile
très-fubtile : on aura de cette maniere une
huile de cire auffi claire, auffi fluide & auffi
pénétrante que l'efprit de vin, & qui
poffede des vertus très-particulieres, tant
pour l'intérieur que pour l'extérieur. On le

donne intérieurement depuis six goutes
jufqu'à douze dans quelque liqueur diurétique, pour la rétention de l'urine ; ainfi
on la peut donner pour cet effet dans de
l'eau de perfil & dans celle du bois de faffafras, même dans la décoction du bois né-
phrétique. Elle eft fort réfolutive, quand
on l'applique extérieurement, ce qui fait
qu'elle eft excellente pour diffoudre les tumeurs fchirreufes & les œdémateufes. Elle
eft auffi très-bonne pour redonner le mouvement aux membres perclus & paralitiques, & pour remédier à toutes les affections froides des parties nerveufes : on s'en
fert auffi très-heureufement contre la fcia-
tique, & contre les goutes froides des pieds
& des mains.

Le beurre ou l'huile groffiere, qu'on a
réfervé fans rectification, guérit les fiffures
des engelûres ; il foude & cicatrice les fentes du bout de mammelles.

On peut rectifier la liqueur aqueufe, &
l'on trouvera que le quart eft un efprit de
fel, qui n'eft pas moins bon que celui qui
fe diftille tout feul.

CHAPITRE VII.

De la manne.

PLine appelle la manne, avec raison, le miel de l'air, qui contient en soi une nature céleste. J'ai dit que c'étoit avec raison qu'il la nommoit ainsi, parce que la manne n'est autre chose qu'une rosée, ou une liqueur agréable, qui tombe dans le tems des équinoxes, sur les rameaux & sur les feüilles des arbres ; de-là, sur les herbes, sur les pierres, & quelquefois sur la terre même, qui se condense en peu de tems, & qui paroît grumelée comme la gomme.

On choisit ordinairement celle qui est orientale, comme la Persienne ou la Syriaque ; mais on se peut légitimement contenter de celle qui vient de la Calabre, qui fait partie du Royaume de Naples ; il faut qu'elle soit récente & blanche ; car quand elle roussit, c'est une preuve qu'elle commence à vieillir, & qu'elle a perdu la partie céleste & spiritueuse, en quoi consistoit sa vertu.

Pour faire l'esprit de la manne.

Prenez autant que vous voudrez de manne bien choisie, mettez-là dans une cucurbite de verre, que vous couvrirez de
son

son chapiteau, & les lutterez ensemble
exactement, puis vous la mettrez aux cendres, & donnerez un feu très-lent, après
avoir adapté un récipient au bec de l'alambic, & il en sortira un esprit insipide, qui
a des vertus très-notables; car c'est un excellent sudorifique, & qui se peut donner
heureusement, tant dans les fiévres pesti-
lentielles & malignes, que dans toutes les
autres fiévres communes; cet esprit fait suer
abondamment, & chasse les excrémens des
dernieres digestions, comme on le peut
remarquer par l'extrême puanteur de la
sueur qu'il provoque. La dose, est depuis
une demie cuillerée jusqu'à une entiere.

Cet esprit a de plus une vertu toute particuliere, qui est de dissoudre le soufre,
dont on peut tirer par ce moyen une teinture jaune, qui n'est pas un des moindres
remedes pour la poitrine & pour les principales parties qu'elle contient; car cette
teinture est comme un baume restauratif,
pour corriger le vice des poulmons, &
pour conserver leur action; on en peut
donner depuis deux goutes jusqu'à douze,
dans du suc d'ache dépuré & préparé,
comme nous l'enseignerons au Chapitre des
végetaux.

On peut encore faire une eau de manne,
qui sera laxative & sudorifique tout ensemble. Pour cet effet, il faut prendre une

partie de manne bien choifie & deux parties de nitre bien pur ; puis les ayant mêlées enfemble, il les faut mettre dans une
veſſie de bœuf, ou dans celle d'un pourceau, qui foient bien nettes l'une ou l'autre ; puis il faut lier bien exactement le
haut de la veſſie, & la ſuſpendre dans l'eau
boüillante, juſqu'à ce que le tout ſoit diſ-
fout : il faudra diſtiller cette diſſolution de
la même façon que nous avons dit de l'eſprit ; & on aura une eau inſipide, qui lâche
le ventre, & qui fait auſſi ſuer copieuſe-
ment : la doſe, eſt depuis une drachme
juſqu'à ſix, dans un boüillon, ou dans
quelque décoction pectorale. On peut ſe
ſervir de ce remede, pour évoquer les ſéroſités ſuperflues, qui cauſent ordinairement les rhumatiſmes.

CHAPITRE VIII.

Des animaux.

LE Traité des animaux, eſt une partie
de la Pharmacie Chymique, qui contient les remedes qui ſe tirent des animaux,
& la façon de les préparer. Or, comme la
Chymie a pour ſon objet toutes les choſes
naturelles ; auſſi travaille-t'elle ſur les animaux & ſur l'homme même, qui eſt le
plus parfait de tous. Mais comme l'étendue

d'un abregé ne souffre pas de faire un dénombrement très-exact des animaux terrestres parfaits, ni celui des oiseaux, non
plus que celui des poissons & des insectes,
qui sont les quatre classes de cette grande,
belle & ample famille des animaux ; aussi
nous contenterons-nous de faire premiérement quelques observations sur la nature
des animaux en général, & sur le choix que
l'Artiste en doit faire, lorsqu'il en veut
tirer les médicamens merveilleux qu'ils contiennent, pour le soulagement de la misere
des hommes. De - là nous passerons aux
opérations, qui se font sur quelques-uns
de ces animaux, qui serviront d'exemple
& de guide, pour travailler sur tous les autres qui sont de même nature.

Nous dirons donc en passant, que comme
tous les animaux sont composés d'une substance plus volatile, plus subtile & plus
aërée, que les végetaux dont ils se sont
nourris ; qu'aussi n'ont-ils point en leur résolution artificielle tant de terre, ni tant
de diversités de substance : si bien qu'on
n'en peut tirer que trois médicamens, qui
sont très - efficaces, sçavoir l'esprit, le sel
volatil & l'huile. Nous ne perdrons point
de tems à disputer, si les formes de ces animaux sont spirituelles ou matérielles, parce que ce sont des disputes, qui sont plus
curieuses qu'elles ne sont utiles. Nous di-

rons feulement, qu'il faut que l'Artifte
choififfe les animaux les plus fains pour en
tirer fes remedes, qu'ils foient d'un âge
médiocre, afin que les parties puiffent avoir
acquis la fermeté & la perfection qui eft
requife ; car on fçait que les animaux meurent tous les jours en vieilliffant, après
qu'ils ont paffé un certain point de perfection, qui eft leur non plus outre, felon la
nature preferite à chacun d'eux pour leur
durée. Il faut auffi que l'animal meure de
mort violente, & principalement qu'il ait
été étranglé, parce que cette fuffocation
concentre les efprits dans les parties, &
qu'elle empêche leur diffipation ; & que
c'eft dans la confervation de cette flamme &
de cette lumiere vitale, que réfide & que fe
fixe proprement la vertu des animaux &
de leurs parties, comme cela fe prouve par
l'hiftoire que rapporte Bartholin dans fes
centuries, de ce qui eft arrivé à Montpel-
lier : C'eft qu'une femme ayant acheté de
la chair d'un animal nouvellement tué, &
qui étoit encore toute fumante, la pendit
dans la chambre où elle couchoit ; s'étant
éveillée la nuit, elle fut furprife de voir
une grande lumiere dans fa chambre,
quoique la Lune ne luisît point ; elle en
fut effrayée, ne pouvant s'imaginer d'où
cela pouvoit provenir ; elle reconnut enfin
que cela venoit de la chair qu'elle avoit

penduë au croc, & en fit le lendemain récit à ses voisines, qui voulurent voir cette
chose qui leur sembloit incroyable ; mais
leur vûe confirma la vérité : un morceau de
cette chair lumineuse fut porté à défunt
Monseigneur le Prince, Lieutenant général pour Sa Majesté en la Province de Lan-
guedoc, en l'année 1641, qui perdit sa
lumiere peu à peu, comme elle approchoit
de sa corruption. Cette vérité ne peut être
contredite dans cette chair morte; & tous les
Curieux éprouveront, quand il leur plaira,
qu'il sort des étincelles de lumiere des animaux vivans, s'il prennent la peine de frotter le poil d'un chat à contre-poil dans un
lieu bien obscur, ce qui n'est que trop suffisant pour vérifier de plus en plus, que la
lumiere n'est pas seulement le principe de
composition dans toutes les choses, mais
qu'elle est aussi le principe de leur conservation, & principalement de celle de la vie.
L'histoire précédente me fait souvenir de
la plainte que faisoient des garçons Bou-
chers à Sédan, de ce qu'entrant de nuit
dans le lieu où on tue les animaux, ils
appercevoient des lueurs extraordinaires,
ce qu'ils rapportoient superstitieusement à
des apparitions de démons, & s'en ef-
frayoient, dont je suis témoin oculaire ;
mais lorsqu'il y avoit de la chandelle allumée dans le lieu, la lueur disparoissoit ; ce

qui fait voir qu'elle ne provenoit que de la chair des animaux, qui avoient été nouvellement tués.

§. 1. *De l'Homme.*

L'Artiste tire de l'homme, qui est ou mâle, ou femelle, diverses substances sur quoi il travaille, ou durant sa vie, ou après sa mort. On tire du mâle & de la femelle durant leur vie ce qui suit ; à sçavoir, les cheveux, le lait, l'arrierefaix, l'urine, le sang & la pierre de la vessie. On en tire aussi après leur mort, ou le corps entier, ou ses parties, qui sont les muscles ou la chair, l'axonge ou la graisse, les os & le crâne. C'est de ces différentes parties que l'Artiste tirera des remedes, comme nous l'allons enseigner exactement l'un après l'autre, ce qui doit servir d'exemple pour le pareil travail, qui se peut faire sur les autres animaux & sur leurs parties. Il y a néanmoins encore plusieurs autres parties dans les animaux, qui sont utiles à la Médecine ; mais comme elles ne sont point soumises ordinairement aux opérations Chymiques, aussi n'avons-nous pas jugé nécessaire d'en faire le rapport en ce Chapitre, qui n'est qu'une petite partie de l'Abregé de la Chymie.

§. 2. *Des cheveux.*

Pour tirer quelque remede des cheveux,

il les faut distiller, afin de ne rien perdre ;
car par cette opération, on en tire l'esprit
& l'huile, & on en conserve la cendre, ce
qui se fait ainsi. Prenez des cheveux du
mâle ou de la femelle, comme on les trouve chez les Perruquiers, & en emplissez
une cornue de verre, plutôt que de terre,
à cause de la subtilité des esprits qui en
sortent, & les mettez au fourneau, que
nous appellerons fourneau de sable, à laquelle vous adapterez un ample récipient,
dont vous lutterez exactement les jointures ; & lorsque le lut sera sec, vous com-
mencerez à donner un feu moderé, que
vous augmenterez peu à peu, jusqu'à ce
que les vapeurs commenceront d'entrer en
abondance dans le récipient ; alors continuez le feu selon ce même dégré, jusqu'à
ce qu'il ne sorte plus rien de la cornue, &
que le récipient commence à devenir clair
de soi-même ; poussez alors le feu avec
plus de violence, afin que rien ne demeure,
& que la calcination de ce qui reste dans
la retorte s'acheve parfaitement ; cessez
alors le feu, & laissez refroidir les vaisseaux,
vous trouverez dans le récipient deux substances différentes, qui sont l'esprit armoniac des cheveux, & l'huile qui n'est rien
autre chose que la portion sulfurée de ce
mixte, mêlée avec la plus grossiere du sel
volatil. On pourra se servir de ces deux

K iiij

subſtances en Médecine, après les avoir
ſéparées ; mais il ſera pourtant néceſſaire
de les rectifier, à ſçavoir l'eſprit au bain
marie ſur d'autres cheveux, qui ſoient
coupés fort menus dans une petite cucurbite, couverte de ſon chapiteau avec toutes
les précautions requiſes ; & l'huile ſur ſes
propres cendres, mais à feu de cendres,
donnant d'abord une chaleur moderée.

L'eſprit des cheveux ne ſe donne point
intérieurement, tant à cauſe de ſa mauvaiſe odeur & de ſon mauvais goût, qu'à
cauſe auſſi que l'Art tire des autres parties
de l'homme d'autres eſprits, qui ſont moins
déſagréables pour l'uſage. On ne ſe ſert
donc de celui-ci que mêlé avec du miel,
pour oindre les parties où les cheveux ſont
en trop petite quantité, ou celles dont ils
ſont tombés. L'huile eſt excellente, pour
extirper radicalement les dartres en quelques endroit qu'elles ſoient ſituées, ſi on
en fait un limement avec un peu de ſel de
Saturne, & qu'on en applique deſſus, après
avoir purgé le patient avec quelque remede
qui évacue les ſéroſités. La cendre étant
mêlée en forme de cérat avec du ſuif de
mouton, produit de beaux effets, pour radouber les luxations, & pour fortifier le
membre démis ou diſloqué. On peut encore
ajoûter, que les cheveux entiers ſont un
remede très-prompt pour arrêter le flux de

fang des playes, du nez, & même le flux
immoderé des femmes.

§. 3. *Du lait.*

Le lait de femme eft de foi-même un
très-excellent remede pour les yeux, foit
pour en appaifer la douleur & pour en ôter
l'inflammation, foit celle de la fubftance
même de l'œil, ou celle qui provient des
petits ulceres qui fe font aux paupieres, ou
dans les coins des yeux : on peut fubftituer
quelqu'autre forte de lait, quand on ne
peut avoir de celui d'une femme. Mais il y
a une eau vitriolée, qui fe diftille avec le
lait de femme ou avec quelqu'autre lait,
foit de celui de vache, d'âneffe ou de ché-
vre, qui peut être toujours prête, & qui
fait des merveilles pour ôter les maux des
yeux ; elle fe fait de cette façon.

Prenez du lait & du vitriol blanc en
poudre, de chacun partie égale ; mettez-
les enfemble dans une cucurbite de verre,
avec tout l'ajuftement requis à la diftillation ; puis tirez-en l'eau dans le fourneau
des cendres avec une chaleur graduée, jufqu'à ce que les nuages blancs apparoiffent :
après quoi, il faut finir le feu, afin que
l'eau ne devienne pas corrofive : cette eau
corrige la rougeur des yeux, & en ôte les
inflammation d'une façon merveilleufe.

K v

§. 4. De l'arrierefaix.

Pour préparer quelque remede de l'arrierefaix, il faut en avoir un qui vienne du premier accouchement d'un mâle, que la femme dont il fortira foit d'un âge médiocre, comme depuis dix-huit ans jufqu'à trente-cinq ; que la femme foit faine, de poil noir ou châtain ; il en faut excepter les rouffes, que fi on n'en peut avoir du premier, que ce foit toujours d'un mâle, s'il fe peut ; mais fi la néceffité preffe, on pourra même fe fervir de celui qui fuit une fille ; car à parler véritablement, le mâle & la femelle font nourris d'un même fang & dans un même corps, il ny a que la différence de la force & de la vigueur.

Prenez donc une arrierefaix avec les conditions requifes, mettez-le dans une cucurbite de verre, & le diftillez au B. M. jufqu'à fec, & en refervez l'eau dans une bouteille, qui foit bien bouchée d'un liége qui ait été trempé dans de la cire fondue. Que fi ce qui refte au fond de la cucurbite, n'eft pas affez fec pour être mis en poudre, il le faut fécher dans un triple papier à une chaleur moderée ; mais remarquez qu'il ne faut pas qu'il foit retourné en diftillant non plus qu'en le defféchant, afin que les efprits & le fel volatil fe concentrent, parce que c'eft proprement ce fel qui conf-

titue la vertu de la poudre qu'on en doit
faire.

L'eau d'arrierefaix est un excellent cos-
métique, qui déterge doucement la peau
des mains & du visage, qui en unit aussi
les rides & en efface les taches, pourvû
qu'on y ajoûte un peu de sel de perles &
un peu de borax. Mais elle est aussi très-
excellente pour faire sortir l'arrierefaix,
quand le travail de la femme a été long &
difficile, & qu'il y a eu de la foiblesse,
pourvû qu'on mêle avec cette eau le poids
d'une demie drachme de la poudre du
corps dont elle a été tirée, ou le même
poids d'un foye d'anguille desseché avec
son fiel, qui est un remede qui ne manque
jamais son effet.

La poudre de l'arrierefaix donnée au
poids depuis un scrupule, jusqu'à deux ou
à trois, est un souverain remede contre
l'épilepsie, ou dans sa propre eau, ou dans
celle de fleurs de pivoine, de fleurs de
muguet, ou dans celle de fleurs de tillot, il
en faut donner sept jours continuels à jeun
dans le décours de la Lune.

Que si on calcine l'arrierefaix dans un
pot de terre non vernissé, qui soit bien
couvert & bien lutté ; les cendres seront
un remede spécifique contre les écroüelles
& contre les goitres, si on en donne durant
le dernier quartier de la Lune, le poids de

demie drachme dans de l'eau d'auronne
mâle tous les matins à jeun.

§. 5. *De l'urine.*

Quoique l'urine soit un excrément qu'on
rejette tous les jours , cependant elle contient un sel qui est tout mystérieux , & qui
possede des vertus qui ne sont connues que
de peu de personnes. Il ne faut pas que son
nom ou sa puanteur fassent peur à l'Artiste,
qui aura connu ses propriétés ; cela n'est
propre qu'à ceux qui se vantent d'avoir
éminemment la connoissance de la Pharmacie & de ses préparations , sans oser se
noircir les mains , ni séparer les différentes
parties qui composent les choses. Et pour
prouver généralement combien l'urine a de
vertus médécinales , nous dirons seulement
en passant , qu'elle dessèche la gratelle ,
lorsqu'on la lave avec cette liqueur nouvellement rendue ; qu'elle résout les tumeurs, étant appliquée chaudement ; qu'elle
mondifie , déterge & nettoye les playes &
les ulceres vénimeux ; qu'elle empêche la
gangrène ; qu'elle ouvre & lâche le ventre
doucement & sans tranchées , si on la donne
en clysteres devant qu'elle soit refroidie ;
parce qu'autrement , elle seroit privée de
son esprit volatil , en qui réside sa principale vertu ; qu'elle empêche , ou pour le
moins qu'elle affoiblit les accès de la fiévre

tierce, fi on l'applique chaudement fur les pouls & en frontal ; qu'elle guérit les ulcéres des oreilles, fi on en verfe dedans ; qu'elle ôte la rougeur & la demangeaifon des yeux, fi on en diftille dans leurs coins ; qu'elle ôte le tremblement des membres, fi on les en lave, étant mêlée avec de l'efprit de vin ; qu'elle réfout & diffipe la tumeur & l'enflure de la luette en gargarifme ; & qu'enfin, elle appaife les douleurs que caufent les météorifmes de la rate, fi on l'applique deffus, étant réduite en cataplafme fait avec des cendres. Que fi l'urine eft comme un tréfor pour les maladies du dehors, elle n'eft pas moins efficace pour celles du dedans ; car elle eft excellente pour ôter les obftructions du foye, de la rate & de la veffie du fiel, pour préferver de la pefte, pour guérir l'hydropifie naiffante, & pour ôter la jauniffe ; jufques-là même qu'il y en a qui ont obfervé que l'urine du mari eft très-fpécifique, pour faire accoucher la femme dans un travail long & difficile ; & que l'expérience fait voir qu'elle produit des effets furprenans pour la guérifon des fiévres tierces, fi on en donne un verre de toute nouvelle dès les premiers mouvemens de l'accès.

Nous n'avons avancé tout ce qui eft ci-deffus, que pour faire voir combien l'urine bien préparée & féparée de fes impuretés

groſſieres , ſera plus excellente & produira
de meilleurs effets , que lorſqu'elle eſt encore corporelle ; comme auſſi pour prouver
de plus en plus , que tout ce que les mixtes
ont de vertu ne provient que de leurs eſprits
& de leurs ſels.

Ceux qui voudront ſe ſervir de l'urine,
en prendront , s'ils peuvent , de celle des
jeunes hommes , des adoleſcens , ou de
celle des enfans de l'âge depuis dix ans
juſqu'à quinze , qui ſoient ſains & qui
boivent du vin ; que ſi cela ne ſe peut , ils
en prendront comme ils la pourront avoir ,
car l'urine a toujours ſes eſprits & ſon ſel ;
elle en aura pourtant moins & ſera plus
groſſiere ; mais l'expérience du travail fera
voir qu'on y trouvera les mêmes remedes ,
ſoit pour s'en ſervir de médicament en
dehors ou en dedans , ou pour en faire les
opérations qui ſuivent.

§. 6. *Pour faire l'eſprit igné de l'urine & ſon ſel volatil.*

Prenez trente ou quarante pintes d'urine , qui ait les conditions que nous avons
dites , & la faites évaporer à lente chaleur,
juſqu'en conſiſtence de ſyrop ; mettez ce
qui vous reſtera dans une cucurbite , qui
ſoit haute d'une coudée , que vous couvrirez de ſon chapiteau & que vous lutterez
très-exactement ; mettez votre vaiſſeau au

bain marie ou aux cendres, pour en tirer
l'esprit & le sel volatil par la distillation :
si c'est au bain marie, il faut qu'il soit
boüillant ; mais si c'est aux cendres, il faudra graduer le feu avec plus de précaution.
Ainsi vous aurez un esprit qui se coagulera
en sel volatil dans l'alambic, qui se coagule au froid, & qui se résout en liqueur à
la moindre chaleur. Mais il faut noter qu'il
ne faut évaporer l'urine, que lorsqu'elle est
nouvelle ; car si elle avoit été fermentée ou
digerée, le meilleur s'évaporeroit.

On peut aussi distiller l'esprit de l'urine
dans un alambic au bain marie boüillant,
sans l'évaporer ; mais il faudra le rectifier.

On peut encore distiller l'esprit d'urine
sans feu apparent, qui est une opération
merveilleuse, ce qui se fait ainsi : il faut
évaporer l'urine très-lentement jusqu'aux
deux tiers, après quoi mettez trois ou quatre doigts de haut de bonne chaux vive
dans une cucurbite ; & versez votre urine
évaporée sur cette chaux, couvrez preste-
tement le vaisseau de son chapiteau, & lui
adaptez un récipient ; ainsi vous aurez de
l'esprit d'urine en peu de tems & sans feu,
qui sera très-subtil & très-volatil, qui ne
cédera point aussi en bonté à celui qui aura
été fait d'une autre maniere : ceux qui auront la cornue ouverte de Glaubert, le dis-
tilleront plus facilement & en plus grande

quantité. Il est fort difficile de garder le sel volatil de l'urine, à cause de sa subtilité & de la pénétrabilité de ses parties ; c'est pourquoi, il est nécessaire de le digérer avec son propre esprit, & de les unir ensemble, pour les conserver dans une fiole qui ait l'embouchûre étroite, qui n'ait point d'autre bouchon que de verre, & une double vessie moüillée par dessus.

Cet esprit salin volatil, ou ce sel spirituel, a des vertus qui sont presqu'innombrables ; car il est premiérement très-souverain pour appaiser les douleurs de toutes les parties du corps, & principalement celles des jointures, lorsqu'il est mêlé avec quelque liqueur convenable. Il ouvre plus que tout autre remede toutes les obstructions tartarées des entrailles & du mésentere ; c'est ce qui fait que son usage est admirable dans le scorbut & dans toutes les maladies hypocondriaques, dans les mauvaises fermentations qui se font dans l'estomach, & dans les deux sortes de jaunisse : il n'est pas moins bon pour atténuer & pour dissoudre le sable & les glaires, qui se forment dans les reins ou dans la vessie. On peut même en faire un remede très-excellent contre l'épilepsie, l'apoplexie, la manie & contre toutes les autres maladies qu'on dit prendre leur origine du cerveau : mais il le faut préparer comme il suit.

Prenez du vitriol, qui ait été purifié par diverses dissolutions, filtrations & cristallisations faites avec de l'eau de pluye distillée, ou ce qui seroit encore meilleur, avec de celle de la rosée ; imbibez-le d'esprit d'urine, jusqu'à ce qu'il surnage seulement la matiere ; bouchez très - exactement le vaisseau, & le mettez digérer durant huit ou dix jours ; après quoi mettez la matiere digerée dans une haute cucurbite & la distillez aux cendres jusqu'à sec, & vous aurez un très-excellent céphalique, qui guérit la migraine & les autres douleurs de la tête par le seul flair ; & qui concilie le sommeil, si on le tient quelque peu de tems sous le nez. Il faut mettre ce qui restera dans le fonds de la cucurbite, dans une retorte que vous mettrez au sable avec son récipient bien lutté, & vous en tirerez encore le sel volatil & une espece d'huile brune, qui n'est pas méprisable dans la Médecine & dans la métallique ; vous pourrez aussi faire une dissolution de ce qui restera, que vous filtrerez, évaporerez & cristalliserez en un sel , qui sera un véritable stomachique pour chasser les viscosités & les superfluités nuisibles, qui s'attachent ordinairement aux parois de l'estomac, on le donne dans du boüillon ou dans de la bierre chaude. La dose est depuis huit grains jusqu'à vingt, &

même jusqu'à une demie drachme.

La dose de l'esprit d'urine, est depuis deux gouttes jusqu'à douze ou quinze dans des émulsions, dans des boüillons, ou dans quelques autres liqueurs appropriées; celle du sel volatil, est depuis deux grains jusqu'à dix, de la même façon que l'esprit.

§. 7. *Pour faire l'eau, l'huile, l'esprit, le sel volatil & fixe du sang humain.*

Prenez au mois de Mai une bonne quantité de sang de quelques jeunes hommes, qui se font ordinairement saigner en ce tems-là, & le mettez distiller aux cendres dans une ample cucurbite de verre; mais il faut mettre deux ou trois poignées de chanvre par-dessus le sang, pour empêcher son élévation dans le chapiteau, qu'il faudra lutter exactement, & y adapter un récipient : il faut graduer le feu avec jugement, & surtout empêcher que la masse qui restera, ne se brûle, mais qu'elle se dessèche seulement. Ainsi vous aurez l'eau & l'esprit, qu'il faudra rectifier au bain marie; l'eau servira pour extraire le sel de la tête morte calcinée; l'esprit peut être gardé comme il est, pour s'en servir contre le mal caduc & contre les convulsions des petits enfans, la dose est depuis une demie drachme jusqu'à une drachme entiere; il est aussi spécifique pour les mêmes maux, en y mêlant des fleurs de muguet & de lavande, pour en tirer la teinture. Il sera pourtant meilleur de le cohober par la retorte, sur ce qui sera resté dans la cucurbite, jusqu'à neuf fois, ou jusqu'à ce qu'il ait acquis une couleur de rubis, & que l'huile sorte sur la fin avec le sel volatil, qui adhérera au col de la cornue, ou aux parois du récipient, qu'il faudra mêler avec l'esprit, & les rectifier & joindre ensemble par la distillation que vous en ferez au bain marie. C'est cet esprit empreint de son sel volatil, qui est tant vanté pour la cure de la paralysie, pris intérieurement depuis six gouttes jusqu'à dix, dans des boüillons, ou dans de la décoction de racine de squine, ou bien dedans du vin blanc.

Il faut achever de calciner au feu de roue, ce qui sera resté dans la cornue, puis en extraire le sel avec l'eau qu'on aura tirée du sang; il faut filtrer la dissolution, l'évaporer & laisser cristalliser le sel, qu'il faut garder pour ce qui suit.

Prenez l'huile distillée du sang, & la rectifiez sur du colchotar au sable dans une retorte, jusqu'à ce qu'elle soit subtile & pénétrante; mêlez le sel fixe avec cette huile & les digerez ensemble, jusqu'à ce qu'ils soient bien unis; ainsi vous aurez un baume, qui fait des merveilles pour appaiser

la douleur des gouttes des pieds & des
mains, & pour en ôter l'enflûre & la rougeur ; mais ce qui est de meilleur, c'est que
ce remede amollit, dissipe & résout les
tophes & les nœuds des gouteux ; comme
aussi ceux des vérolés, pourvû qu'on les ait
purgés auparavant avec de bons remedes
tirés du mercure ou de l'antimoine.

Il faudra pourtant ne s'arrêter pas toujours à la saison du printems pour avoir
du sang, car on en pourra prendre dans les
autres saisons de l'année, si la nécessité le
requiert. On peut aussi se servir du sang de
cerf, de bouc, de celui de pourceau, de bœuf
ou de mouton, qu'on pourra distiller de la
même façon que le sang humain ; car leurs
digestions se font de même que dans les
animaux parfaits ; & leur sang est doüé des
mêmes facultés, sinon que celui des hommes est plus subtil, à cause de la délicatesse
de ses alimens.

℞. 8. *Pour faire le sel & l'élixir de la pierre de la vessie.*

C'est une chose admirable, que ce qui
cause tant de maux aux hommes, soit pourtant capable de leur servir de remede ; cela
se voit en la pierre de la vessie, qui peut
être donnée sans autre préparation, que
d'être mise en poudre, au poids depuis un
scrupule jusqu'à une drachme dans du vin

blanc, ou dans de la décoction de racines de bardane & d'ortie brûlante, pour dissoudre & pour faire sortir la gravelle & les glaires des reins & de la vessie ; mais les remedes qu'on en tire par la préparation Chymique, ont beaucoup plus de vertu, & agissent avec beaucoup plus de promptitude.

Prenez donc une partie de pierres de la vessie, & les mettez en poudre, que vous joindrez avec deux parties de charbon de hêtre pulvérisé ; mettez-les ensemble en un creuset, que vous lutterez, & les calcinez au feu de roue ou au feu de réverbere, cinq ou six heures durant ; & lorsque le creuset sera refroidi, broyez ce qui restera, & en faites une lessive avec quelque eau diurétique, ou avec du phlegme de salpêtre ou d'alun, que vous filtrerez & l'évaporerez jusqu'à pellicule, puis la mettrez cristalliser en un lieu froid, & continuerez ainsi jusqu'à ce que vous ayez tiré tout le sel ; que s'il n'étoit pas assez net, il le faut mettre dans un creuset, puis le faire rougir au feu sans le mettre en fusion ; il le faut purifier par plusieurs dissolutions, filtrations, évaporations & cristallisations. Il faut mettre ce sel bien desséché dans une fiole, qui doit être bien bouchée, de peur qu'il ne soit humecté par l'attraction de l'air. La dose de ce sel, est depuis quatre grains jusqu'à huit dans des liqueurs appropriées, pour faciliter l'excrétion de l'urine ; comme aussi pour dissoudre & pour faire sortir le sable & les glaires, qui sont ordinairement la cause occasionnelle de la génération & de la fermentation de la pierre dans les reins, ou dans la vessie.

Mais si vous en voulez faire une essence ou un élixir, qui soit encore plus efficace que ce sel, il faudra que vous calciniez la pierre avec son poids égal de salpêtre très-pur dedans un bon creuset, au feu de roue durant l'espace de six heures ; puis il faut extraire le sel de la masse avec de l'esprit de vin simple, qu'il faut filtrer, évaporer & cristalliser ; & lorsque les cristaux seront desséchés, il les faut mettre digérer durant douze jours dans un vaisseau de rencontre à la vapeur du bain marie, avec de l'esprit de vin rectifié ; après quoi mettez un chapiteau sur le vaisseau, & retirez l'esprit de vin à la chaleur de l'eau du bain, & le cohobez tant de fois, que vous réduisiez le sel en une liqueur subtile & claire, que vous garderez précieusement. Il en faut donner depuis cinq gouttes jusqu'à dix, pour les mêmes maux & dans les mêmes liqueurs que nous avons dites ci-dessus.

Il ne faut pas que l'Artiste fasse aucune difficulté de se servir du nitre, pour calciner le calcul, de peur que son sel ne se joigne à celui de cette pierre : car outre que tout ce qu'il y a de volatil, d'âcre & de corrosif dans le nitre, s'évanoüit par la calcination ; c'est que ce qui reste avec la pierre calcinée, étant réduit à la nature universelle par l'action du feu, cela ne peut qu'augmenter la vertu de ce remede, plutôt que de la diminuer.

Après avoir achevé de traiter des choses qui se tirent de l'homme durant sa vie, il faut que nous achevions ce Chapitre, par l'examen que nous ferons de celles que nous en tirons après sa mort ; & nous commencerons par la chair, qui nous fournit beaucoup de belles préparations, ainsi que la suite le fera voir.

§. 9. *De la chair humaine & ses préparations.*

La mumie qu'on prépare avec la chair du microcosme, est un des plus excellens remedes qui se tirent des parties de l'homme. Mais parce que la mumie est en horreur à quelques-uns, & qu'elle n'est ni connue, ni conçûe des autres ; il n'est pas hors de propos de dire quelque chose de ses différences, avant que de venir à la description de sa véritable préparation.

Ceux des Anciens qui ont le plus doctement écrit de la mumie, n'en marquent que quatre sortes. La premiere, est celle des Arabes, qui n'est rien autre chose qu'une liqueur, qui est sortie des corps qui ont été embaumés avec de la mirrhe, de l'aloë & du baume naturel, qui ont été mêlés, dissous & unis avec la substance des chairs du corps embaumé, qui contenoient en elles l'esprit & le sel volatil, qui font la partie mumiale & balsamique, qui composent avec la mirrhe, l'aloë & le baume, cette premiere sorte de mumie des Anciens, qui véritablement ne seroit point à rejetter, s'il étoit possible de la recouvrer : mais on n'en trouve point du tout à présent.

La seconde, est la mumie des Egyptiens, qui est une liqueur épaissie & séchée, sortie des corps, qui ont été confits & remplis d'un baume, qu'on appelle ordinairement Asphalte ou Pissasphalte. Or, comme les soufres sont d'une nature incorruptible ; c'est aussi par leur moyen & par leur faculté balsamique, que les corps morts sont préservés de la corruption : cette seconde n'approche pas de la premiere, & n'est propre que pour l'extérieur ; parce qu'elle n'a pû tirer du cadavre les vertus de la vie moyenne, qui étoit restée dans ses parties, à cause de la solidité compacte & du resserrement des parties de ces bitumes sulfurés, qui sont secs & friables.

La troisiéme, est tout-à-fait ridicule & méprisable, parce que ce n'est rien autre chose que du pissasphalte artificiel, c'est-à-dire,

dire, de la poix noire mêlée avec du bitu-
me, & boüillie avec de la liqueur qui fort
des corps morts des efclaves, pour lui donner l'odeur cadavereufe ; & c'eft cette troifiéme forte qu'on trouve ordinairement
chez les Epiciers ; qui la fourniffent aux
Apothicaires, qui font trompés par l'odeur
de cette drogue falfifiée & fophiftiquée.
J'ai appris ce que je viens de dire d'un Juif
d'Alexandrie d'Egypte, qui fe moquoit de
la crédulité & de l'ignorance des Chrétiens.

La quatriéme forte de mumie, & celle
qui eft la meilleure & la moins fophiftiquée, eft celle des corps humains, qui fe
trouvent avoir été deffechés dans les fables
de la Lybie : car il y a quelquefois des cara-
vanes entieres, qui font enfevelies dans ces
fables, lorfqu'il fouffle quelque vent contraire, qui éleve le fable, & qui les couvre
inopinément & en un inftant. J'ai dit que
cette quatriéme étoit la meilleure, parce
qu'elle eft fimple, & que cette fuffocation
fubite concentre les efprits dans toutes les
parties, à caufe de la furprife & de la peur
que les Voyageurs conçoivent, qui felon
le dire de Virgile :

Membra quatit gelidufque coit formidine fanguis.

Et que de plus, l'exficcation fubite qui
s'en fait, foit par la chaleur du fable, foit
par l'irradiation du Soleil, communique

quelque vertu aſtrale , qui ne ſe peut donner par quelque autre façon d'agir que ce
ſoit. Ceux qui auront de cette derniere
mumie, s'en ſerviront pour faire les prépa-
tions qui ſuivront : mais comme on ne
trouve pas toujours de ces corps morts ainſi
deſſéchés , & que les remedes qu'on en tire
ſont très-néceſſaires ; l'Artiſte pourra ſub-
ſtituer une cinquiéme ſorte de mumie , qui
eſt celle que Paracelſe appelle *mumiam pa-
tibuli* , & qu'on peut légitimement appeller
la mumie moderne , qu'il préparera de cette
ſorte.

§. 10. *Préparation de la mumie moderne.*

Il faut avoir le corps de quelque jeune
homme de l'âge de vingt-cinq ou trente ans,
qui ait été étranglé , duquel on diſſequera
les muſcles , ſans perte de leur membrane
commune ; après les avoir ainſi ſéparés , il
les faut tremper dans de l'eſprit de vin,
puis les ſuſpendre en un lieu , où l'air ſoit
perméable & bien ſec . afin de les deſſé-
cher , & de concentrer dans leurs fibres ce
qu'il y a de ſel volatil & d'eſprit , & qu'il
n'y ait que la partie ſéreuſe & inutile qui
s'exhale. Que ſi le tems eſt humide, il faut
ſuſpendre ces muſcles dans une cheminée,
& les parfumer tous les jours trois ou quatre fois avec un petit feu fait du bois de
geneyre, qui ait ſes branches, avec ſes feüil-

les & ses bayes, jusqu'à ce qu'ils soient secs,
comme la chair du bœuf salée, de laquelle
on charge les navires, qui sont employés aux
longs voyages. Ainsi vous aurez une mumie, qui ne cédera nullement à la quatriéme en bonté, & que j'estime même davantage, parce qu'on est assûré de sa préparation ; qu'on peut de plus en avoir plus facilement, & qu'il semble que les esprits,
le sel volatil & la partie mumiale & balsamique, y doivent avoir été mieux conser-
vés, parce que les chairs n'ont pas été
séchées avec une si grande chaleur.

§. 11. *Pour faire le baume de la mumie des*
modernes.

Prenez une livre de la cinquiéme mumie, concassez-là dans le mortier avec un
pilon de bois, jusqu'à ce qu'elle soit réduite en fibres très-déliés, qu'il faut couper
fort menu avec des ciseaux, puis la mettre
dans un matras à long col, & verser dessus
de l'huile d'olive empreinte de l'esprit de
thérébentine, qui est proprement son huile
étherée, jusqu'à ce qu'elle surnage de la
hauteur de trois ou quatre doigts ; scellez
le vaisseau hermétiquement, & le mettez
digérer dans le fumier, ou dans de la sieure
de bois à la vapeur du bain, durant l'espace
du mois philosophique qui est de quarante
jours, sans discontinuer la chaleur. Après

quoi ouvrez le vaiſſeau , verſez la matiere
dans une cucurbite , que vous mettrez au
bain marie ſans la couvrir , & laiſſerez
ainſi exhaler la puanteur qu'elle aura con-
tractée,& que toute la mumie ſoit diſſoute ;
alors coulez le tout par le cotton , & mettez digérer au bain marie cette diſſolution
dans un vaiſſeau de rencontre , avec partie
égale d'eſprit de vin rectifié , dans quoi
vous aurez diſſout deux onces de vieille
thériaque , & mêlé une once de chair de
viperes en poudre, pendant l'eſpace de trois
ſemaines ; au bout de ce tems , vous ôterez
l'alambic aveugle, & couvrirez la cucurbite
d'un chapiteau à bec , & retirerez l'eſprit
de vin à la très-lente chaleur du bain , &
coulerez ce qui reſtera par le cotton ; ainſi
vous aurez un beaume très-efficace, de quoi
vous pourrez vous ſervir au-dedans & au-
dehors.

C'eſt un très-excellent remede intérieur
contre toutes les maladies vénimeuſes, &
particuliérement contre les peſtilentielles
& toutes celles qui ſont de leur nature. Il
eſt auſſi très-bon d'en donner à ceux qui
ſont tombés & qui ont du ſang caillé dans
le corps, aux paralytiques, à ceux qui ont
des membres contracts & atrophiés, aux
pleurétiques & à toutes les autres maladies,
où la ſueur eſt néceſſaire : c'eſt pourquoi,
il eſt à propos de bien couvrir les malades,

aufquels on en donnera. La dofe eft depuis une drachme jufqu'à trois, dans des boüillons, ou dans de la teinture de faffafras, ou de baye de genevre.

Mais on ne peut affez exalter les beaux effets qu'elle produit pour le dehors ; car c'eft un baume, qui eft même préférable au baume naturel, pour appaifer toutes les douleurs externes qui proviennent du froid, ou de quelque vent enclos dans les efpaces des mufcles ; comme auffi contre celles qui font occafionnées par des foulures & des meurtriffures ; il en faut oindre auffi les membres paralitiques, les parties contractes & atrophiées, c'eft-à-dire, qui ne reçoivent point de nourriture ; il en faut encore frotter les endroits du corps, qui font douloureux, où néanmoins on ne voit aucune enflure ni rougeur ; mais notez qu'il en faut donner en même tems intérieurement, afin que la chaleur interne coopere avec l'externe ; car il faut couvrir le malade, & le laiffer en repos quelques heures, afin de provoquer la fueur, ou que ce qui caufe la douleur & le vice des parties, s'exhale infenfiblement.

§. 12. *Comment il faut préparer & diftiller l'axunge humaine.*

L'axunge ou la graiffe humaine, eft de foi, fans autre préparation, un remede

extérieur qui est très-considérable ; car elle
fortifie les parties foibles & dissipe leur
sécheresse extérieure ; elle appaise leurs
douleurs , résout leurs contractions , &
redonne l'action & le mouvement des parties nerveuses , adoucit la dureté des cica-
trices , remplit les fosses , & rétablit l'iné-
galité de la peau , qu'a laissée le venin de la
petite vérole.

La *premiere préparation* , est simple &
commune ; car il faut seulement la décou-
per & la faire boüillir avec du vin blanc,
jusqu'à ce que les morceaux soient bien
frits , & que l'humidité du vin soit évaporée ; puis la presser entre deux platines d'é-
tain , qui ayent été chauffées , & garder
cette axunge pour la nécessité.

La *seconde préparation* , est lorsqu'on en
veut faire un liniment anodin , résolutif &
refrigérant , dont on peut très-utilement se
servir aux enflures , aux inflammations ,
aux duretés , & aux autres accidens , qui
arrivent ordinairement aux playes & aux
ulcéres , ou par l'intempérance du malade ,
ou par l'impéritie & la négligence du Chirurgien mal expérimenté. Pour le faire,
prenez du phlegme de vitriol ou d'alun ,
qui soient empreints de leur esprit acide ,
environ une demie livre ; mettez-la digérer
au sable avec environ deux onces de lithar-
ge lavée & séchée, qu'il faudra remuer sou-

vent ; & lorfque la liqueur fera bien chargée , il la faudra filtrer , & en faire le liniment en forme de nutritum. Que fi vous
le voulez rendre plus fpécifique , il y faudra joindre à mefure qu'on l'agitera , quelque portion de la teinture de mirrhe &
d'aloë, faite avec du très - bon efprit de
vin.

La *troifiéme* & la derniere *préparation* de
la graiffe humaine, que je tiens la plus exacte
& la meilleure, eft la diftillation, ce qui fe
pratique ainfi. Prenez une partie d'axunge
humaine, & deux ou trois parties de fel décrépité, que vous pifterez & mêlerez bien
enfemble ; vous mettrez ce mêlange dans
une cornue de verre, que vous placerez au
fable avec fon récipient, qui foit lutté très-
exactement ; puis vous donnerez le feu par
dégrés, jufqu'à faire rougir le fond de la
retorte, ce qui ne requiert qu'environ huit
heures de tems ; ainfi vous aurez une huile
d'axunge humaine qui fera très-fubtile,
qui eft un remede fouverain pour ranimer
& pour dégourdir les membres paralitiques, qui font ordinairement refroidis &
atrophiés, & cette huile vaut mieux que
le corps dont elle a été tirée, pour s'en
fervir à tout ce à quoi nous avons dit ci-
déffus qu'elle étoit propre. Que fi on veut
rendre cette huile plus pénétrante & plus
fubtile, il la faudra circuler au bain marie

avec partie égale d'esprit de vin durant quelques jours, puis la rectifier en la distillant aux cendres dans une cucurbite de basse coupe; elle deviendra par ce moyen si pénétrante & si subtile, qu'à peine la peut-on conserver dans le verre, vû qu'elle devient imperceptible, aussi-tôt qu'elle est appliquée, tant elle est pénétrante.

Les préparations que nous venons de décrire, serviront d'exemples pour toutes les autres huiles, beurres, graisses & axunges, qu'on rendra par ce moyen plus efficaces & plus pénétrantes.

§. 13. *Pour faire l'esprit, l'huile & le sel volatil des os & du crâne humain.*

La préparation du crâne ne sera point différente de celle des os; c'est pourquoi, nous ne perdrons pas le tems pour en faire deux descriptions: l'une & l'autre préparation se fait ainsi.

Prenez des os humains, qui ayent été pris d'un homme qui soit fini de mort violente, & qui n'ayent point été enterrés ni boüillis, ni mis dedans de la chaux vive, & les faites sier par morceaux d'une grosseur convenable, qui puissent entrer dans une cornue, qui soit luttée, & qui ne soit remplie que jusqu'aux deux tiers; vous la mettrez au réverbere clos à feu ouvert; & après lui avoir adapté & lutté bien exactement son récipient , vous couvrirez le réverbere , & laisserez au-dessus un trou d'un pouce & demi de diamettre , qui servira de regiftre pour gouverner le feu, qui doit être gradué modérement , jusqu'à ce que tous les nuages blancs soient paffés ; alors il faut changer de récipient, ou vuider la matiere qui sera contenue dans le premier , puis le lutter exactement , & continuer & augmenter le feu , pour faire sortir l'huile & le sel volatil avec le refte de l'efprit ; ce qu'il faut pourfuivre jusqu'à ce que le récipient devienne clair de foi-même ; ce qui arrive dans l'efpace de douze heures , depuis le commencement de l'opération.

Mais notez qu'il faut garder la fieure des os, ou en faire limer ou raper ; afin que cela ferve à la rectification de l'efprit , de l'huile & du fel volatil. Il faut auffi calciner & réverberer jufqu'à blancheur à feu ouvert, entre des briques, les morceaux qui feront reftés dans la cornue , afin qu'ils fervent pour arrêter & fixer en quelque façon le fel volatil , qu'on ne peut garder autrement , à caufe de fa fubtilité , comme nous en donnerons la defcription en parlant de la diftillation & de la rectification de ce qui fe tire de la corne de cerf.

Je ne fçaurois paffer fous filence une expérience , que j'ai vûe en la perfonne d'un

Cornette, qui avoit été bleſſé d'une mouſ-
quetade à la cuiſſe, proche du genoüil, &
qui avoit la jambe & le genoüil en ſi mauvaiſe ſituation après ſa guériſon, que le
talon approchoit de la feſſe, ce qui le ren-
doit preſque inutile à ſa charge. Mais leur
Chirurgien Major, qui étoit Allemand,
entreprit de lui rendre le mouvement du
genoüil ; & pour parvenir à ſes fins, il lui
fit prendre tous les jours dans des boüillons, ſix ſemaines durant, le poids d'une
drachme de la poudre des os de la jambe &
de la cuiſſe d'un homme, qui avoit été
diſſequé quelques années auparavant ; ce
qui lui redonna non-ſeulement le mouvement pliant du genoüil, mais qui le mit
de plus en état avant les ſix ſemaines ache-
vées, de faire des armes, de joüer à la
paume & de monter à cheval. Ce qui doit
faire remarquer, que cette poudre ne peut
avoir produit un ſi rare effet, qu'à cauſe
du ſel volatil, ſpirituel & pénétrant qu'elle
contenoit, puiſque la partie matérielle ne
pouvoit jamais paſſer juſques dans les dernieres digeſtions. Je n'ai rapporté cette
hiſtoire, que pour mieux faire croire &
pour mieux faire comprendre les effets,
que produiſent les remedes qu'on tire des
os & du crâne humain, par la diſtillation
qui ſépare le pur de l'impur. On donne
l'eſprit & le ſel volatil du crâne humain,

pour la cure de l'épilepſie dans de l'eau de
fleurs de tillot, de muguet ou de pœone.
Celui des os ſe donne auſſi avec heureux
ſuccès, pour réhabiliter les membres ra-
courcis & deſſéchés, pourvû qu'on les frotte
auſſi du baume de la mumie moderne.
L'huile du crâne & celle des os ne s'applique qu'extérieurement, pour nettoyer &
pour guérir les ulceres vilains & rongeans,
pourvû qu'on y mêle un peu de colchotar
en poudre, & qu'on donne des potions
vulnéraires & purgatives au malade de deux
jours en deux jours. La doſe de l'eſprit, eſt
depuis trois gouttes juſqu'à dix ; & celle
du ſel volatil arrêté, depuis quatre grains
juſqu'à huit.

§. 14. *La maniere de bien préparer les reme-*
des qui ſe tirent de la corne de cerf.

Quoique nous ayons donné le modelle
de faire toutes les opérations Chymiques,
pour tirer les remedes des parties des animaux ; cependant comme il y en a pluſieurs
qui auroient de l'averſion de travailler ſur
les parties de quelques animaux, qui ſont
en quelque façon différentes de celle-là, &
qui ont en elles une plus grande portion
de ce qui peut être utile à la cure des maladies : j'ai crû qu'il étoit néceſſaire de décrire exactement les bons remedes, qui ſe
tirent de la corne de cerf, qu'on peut légi-

timement subſtituer à ceux qu'on prépare
des parties de l'homme. Car il faut avoüer
qu'il y a quelque choſe de très-beau & de
merveilleux dans la production annuelle
du bois de cerf, qu'il renouvelle tous les
printems, comme une eſpece de végétation. Et pour faire voir cette vérité, il faut
remarquer que les armes de cet animal, ne
lui deviennent inutiles & inſupportables,
que lorſqu'il eſt tombé en pauvreté, comme diſent les Veneurs, qui eſt une façon
de parler qui eſt aſſez phyſique ; car ils
veulent dire qu'ils manquent de bonne &
de ſuffiſante nourriture durant l'hiver,
lorſque la terre eſt long-tems couverte de
neige ; & qu'ainſi, ces pauvres animaux
n'ont plus d'eſprits naturels, ni d'humide
radical en aſſez grande quantité, pour
pouſſer juſques dans leur bois, vû qu'ils
n'en ont pas même aſſez pour les ſuſten-
ter & pour entretenir leur vie, puiſqu'ils
ſont en ce tems-là maigres & langoureux.
Mais lorſque la riche ſaiſon du printems
leur donne la pointe de l'herbe & les bour-
jons des arbriſſeaux des taillis, ils ſont
comme ranimés d'un nouveau feu ſi abondamment, que la ſublimation des eſprits
pouſſé juſqu'à leur tête, & leur donne des
demangeaiſons qui font qu'ils mettent bas
leur vieille rameure, qui eſt toute rare,
ſpongieuſe & privée de ſa meilleure & de

la principale partie, qui eſt ſon ſel volatil
ſpirituel, en quoi conſiſte toute la vertu
médicinale, qu'on deſire en tirer : après
quoi, ils pouſſent un nouveau bois, qui
eſt au commencement mol & tout rempli
d'un ſang très-ſubtil, qui ſe durcit peu à
peu, & qui acquiert toute la perfection
requiſe. Ce qui fait juger de la néceſſité
du choix qu'on doit faire du bois de cet
animal ; car il ne faut pas prendre pour
vos opérations de ce qui aura été mis
bas ; il ne faut pas auſſi le prendre avant
qu'il ait acquis la fermeté requiſe ; il faut
même encore négliger celui qui approche
de l'hyver : mais le vrai tems de le prendre
en ſa perfection, eſt entre les deux Fêtes
de Notre-Dame d'Août & de Septembre :
c'eſt en ce tems qu'il eſt ſuffiſamment fourni d'eſprit, de ſel volatil & d'huile, pour
en faire les médicamens que nous allons
décrire, il faut que le cerf ait été tué, ou
pris par les chiens ; mais il faut avant que
d'en venir là, montrer comment il faut
diſtiller l'eau de tête de cerf, lorſqu'elle eſt
encore tendre & qu'elle eſt couverte de ſon
poil, parce que cette eau eſt de grande
vertu, & qu'elle n'échauffe pas tant que les
autres remedes que nous décrirons, à cauſe
que ſes eſprits ne ſont encore qu'embrion-
nés, & qu'ils ne ſont pas, ni cuits, ni dige-
rés juſqu'à leur derniere perfection.

§. 15. *Comment il faut distiller la corne de cerf, qui est encore molle pour avoir l'eau de tête de cerf.*

Il faut prendre ce nouveau bois du cerf pour le distiller, depuis le quinziéme de Mai, jusqu'à la fin de Juin ; il le faut couper par roüelles, de l'épaisseur de la moitié d'un travers de doigt, & les poser l'un sur l'autre en échiquier, dans le fond d'une cucurbite de verre qu'il faut mettre au bain marie ; & lorsque tout sera prêt, il faut donner le feu jusqu'à ce que l'eau commence à distiller, & continuer la même chaleur jusqu'à ce qu'il n'en sorte plus rien : on pourra de plus mettre la cucurbite aux cendres, pour achever de tirer l'humidité qui resteroit, afin que les morcèaux soient plus secs, & se puissent mieux conserver. Il y en a qui ajoûtent du vin, de la canelle, du macis & un peu de saffran à cette distillation, pour rendre l'eau plus efficace ; tant pour faciliter les accouchemens difficiles, que pour faire sortir l'arriere-faix, quand les femmes ont perdu leurs forces ; comme aussi pour faire nettoyer la matrice des sérosités, dont ses membranes ont été imbues durant la grossesse, qui causent avec le sang qui reste, les tranchées qui tourmentent les femmes accouchées. L'Apothicaire curieux pourra faire la simple &

la compofée, afin qu'il puiſſe ſatisfaire aux
intentions des Médecins qui les voudront
employer. La doſe de la ſimple, eſt depuis
une demie juſqu'à une & deux cuillerées
entieres : on peut même paſſer plus avant,
parce que cette eau fortifie ſans altérer &
ſans échauffer ; outre qu'elle eſt bonne aux
femmes en travail, elle n'eſt pas moins
excellente à toutes les maladies qui participent du venin. Ceux qui la voudront conſerver long-tems, ajoûteront une dragme
& demie de borax en poudre à chaque livre
de cette eau ; ce qui la rendra encore meilleure, puiſque le borax eſt de ſoi un ſpécifique, pour faciliter l'accouchement. La
doſe de l'eau compoſée, doit être moindre ;
car il ne faut pas aller au-deſſus de deux
dragmes ; c'eſt un vrai contrepoiſon dans
toutes les fiévres malignes & pourpreuſes,
& principalement dans la rougeole & dans
la petite vérole.

Il ne faut pas rejetter les morceaux, qui
ſont reſtés au fond du vaiſſeau ; il les faut
au contraire employer en poudre très-
ſubtile au poids, depuis un demi ſcrupule
juſqu'à une demie dragme, pour tuer les
vers des enfans, même pour en empêcher
le ſeminaire ; il leur faut faire boire cette
poudre dans de la décoction de rapure de
corne de cerf & d'yvoire : cette poudre n'a
de la vertu, qu'à cauſe que la chaleur du bain

marie n'a pas été capable d'élever le ſel
volatil , qui étoit dans les plus ſolides parties de ces morceaux.

§. 16. *La préparation philoſophique de la*
corne de cerf.

Il y a beaucoup d'Artiſtes , qui croyent
qu'on ne peut rendre la corne de cerf tendre & friable , pour la pouvoir aiſément
mettre en poudre , ſans la calciner : mais
comme cette calcination-là prive de ſes
eſprits & de ſon ſel , les plus expérimentés
ont trouvé le moyen d'en faire une eſpece
de calcination philoſophique , qui lui conſerve ſa vertu ; ce qui doit faire remarquer
l'extrème différence qu'il y a entre l'ancienne Pharmacie , & celle qui eſt éclairée des
lumieres de la Chymie.

Prenez-donc de la corne de cerf bien
choiſie , & qui ſoit en ſon vrai tems ; ſiez-
là par morceaux de la longueur d'un empan
vers les extrèmités ; puis mettez deux bâtons en travers du haut de la veſſie , qui
ſert à la diſtillation des eſprits & des eaux ,
auſquels vous ſuſpendrez avec de la fiſſelle
les morceaux des andoüilletes du cerf ,
lorſque vous diſtillerez quelques eaux cordiales , comme ſont celles de chardon bénit , d'ulmaria ou de petite centaurée ; ou
ce qui vaudroit encore mieux , lorſque
vous diſtillerez quelques matieres fermen-

tées, qui doivent avoir par ce moyen des
vapeurs plus pénétrantes & plus subtiles;
il faut couvrir la vessie & donner le feu,
comme pour la distillation ordinaire, de
l'eau de vie; & les vapeurs pénétreront la
corne de cerf jusques dans son centre, &
la rendront aussi friable, que si elle avoit
été calcinée à feu ouvert, & qu'elle eût été
broyée sur le porphyre; mais il faut continuer la distillation quatre ou cinq jours
consécutifs, sans ouvrir le vaisseau; ce qui
est cause qu'il faut que la vessie soit percée
en haut sur le côté, afin d'y pouvoir mettre
de l'eau chaude à mesure qu'elle diminue
par la distillation, & qu'il ne faut pas que
la liqueur approche de demi pied de la matiere qui est suspendue. Que si on objecte
que les vapeurs peuvent enlever avec elles
la portion la plus subtile des esprits de la
corne de cerf, nous répondons que cela se
peut; & qu'ainsi les eaux cordiales & sudo-
rifiques, ou les esprits distillés de la fermentation des bayes de genevre, ou de
celle de sureau, n'en auront que plus de
vertu : mais que cette chaleur vaporeuse
n'est pas suffisante pour en emporter le sel
volatil, qui est retenu dans la matiere par
la liaison très-étroite qu'il a avec l'huile ou
le soufre, qui ne peut être défuni que par
une chaleur beaucoup plus violente.

Cette corne de cerf ainsi préparée, est

encore plus excellente, que celle qui eſt
reſtée de la diſtillation précédente, tant
pour fortifier & pour être diaphorétique,
que pour en donner aux enfans pour tuer
les vers, & pour empêcher toutes les corruptions qui ſe font ordinairement dans
leur petit eſtomac. La doſe, eſt depuis un
demi ſcrupule juſqu'à une demie dragme
& deux ſcrupules, dans des eaux cordiales
& ſudorifiques, ou dans quelque conſerve
ſpécifique, contre toutes les maladies peſtilentielles & vénimeuſes.

§. 17. *La façon de préparer l'eſprit, l'huile
& le ſel volatil de la corne de cerf.*

Prenez autant qu'il vous plaira de corne
de cerf, qui ſoit de la condition qui eſt
requiſe ; ſiez-là, ou la faites ſier par roüelles ou par talleoles, de l'épaiſſeur de deux
écus blancs ; empliſſez-en une cornue de
verre, qui ſoit luttée ; mettez-là au réverbere clos à feu nud ; & graduez le feu juſqu'à ce que les gouttes commencent à tomber les unes après les autres dans le récipient, qui ſoit bien lutté avec de la veſſie
moüillée, & que vous puiſſiez compter
quatre entre l'intervalle que les gouttes
feront en tombant ; continuez & réglez le
feu de cette même égalité, juſqu'à ce que
les gouttes ceſſent ; alors ôtez le récipient
& le vuidez, puis remettez-le, luttez-le

avec de bon lut salé comme il faut ; &
augmentez le feu d'un dégré , jusqu'à ce
que l'huile commence à distiller , avec
encore quelque peu d'esprit ; & le sel volatil commencera de s'attacher aux parois
du col de la cornue , & de là passera en
vapeurs dans le corps du récipient , où il
s'attachera en forme de cornes de cerf & de
branchages des arbres , qui sont chargés de
petite gelée ou de neige , qui est une opération qui est très-agréable à voir ; car il
tombe même de ce sel volatil en forme de
neige au fond du récipient , qui se joint à
l'esprit qui est au-dessous de l'huile. Continuez le dernier dégré du feu , jusqu'à ce
qu'il n'en sorte plus rien , & que le récipient paroisse clair sans aucune vapeur.

Or, ce n'est pas assez d'avoir tiré ces diverses substances de la corne de cerf ; il
faut les sçavoir rectifier , tant pour en ôter,
autant qu'on le peut faire , l'odeur empyreumatique, que pour en séparer la grossie-
reté : & pour commencer par la premiere
substance qui en est sortie , qui est l'esprit ,
il faut la rectifier aux cendres à feu lent
dans une cucurbite de verre , dans laquelle
on aura mis la hauteur de trois ou quatre
doigts , de la sieure ou de la rapure de
corne de cerf ; & cet esprit sortira beau ,
clair , net , & privé de la plus grande partie de sa mauvaise odeur ; celui qui vient

le premier, est préférable au dernier, parce que c'est un esprit volatil, de qui la nature est de monter toujours le premier ; il faut rejetter le reste comme inutile, & mettre cet esprit rectifié dans une fiole d'embouchure étroite, qui soit bien bouchée. C'est un remede excellent, pris intérieurement ou appliqué au-dehors ; car il nettoye & rectifie toute la masse du sang des superfluités séreuses, par les urines & par la sueur, aussi-bien que par la transpiration insensible ; c'est pourquoi, il est très-spécifique contre le scorbut, contre la vérole & contre toutes les autres maladies, qui tirent leur origine de l'altération du sang ; enfin cet esprit volatil peut être dignement substitué à celui qu'on pourroit tirer de toutes les parties des autres animaux, pour servir d'excellent médicament à tout ce que nous avons dit que les autres étoient propres. Mais son usage est aussi merveilleux au-dehors, car il nettoye comme par miracle tous les ulceres malins, rongeans, chancreux & fistuleux ; si on les en lave, ou qu'on le seringue dedans : il sert aussi pour les playes récentes, soit de feu, de taille ou d'estoc ; car il empêche qu'il n'arrive aucun accident : il est ami de la nature, ce qui fait qu'il aide cette bonne mere à la réunion des parties ; & comme ce n'est pas son intention de faire suppurer, ni de faire une colliquation des chairs & des parties voisines ; c'est aussi ce que cet esprit empêche : mais remarquez qu'il en faut aussi donner en dedans, depuis six gouttes jusqu'à douze dans des potions vulnéraires, ou dans la boisson du malade. Enfin, cet esprit n'est rien autre chose qu'un sel volatil, qui est en liqueur, comme le sel volatil, n'est qu'un esprit ferme & condensé ; ce qui fait qu'on les peut donner l'un pour l'autre, si ce n'est que la dose du sel volatil doit être un peu moindre que celle de l'esprit ; si bien que les vertus que nous attribuerons à l'un, peuvent être attribuées à l'autre.

Nous n'avons point d'autre observation à donner, pour rectifier le sel volatil & l'huile, sinon qu'il faut que l'opération se fasse dans une retorte sur de la rapure de corne de cerf, & avec les mêmes circonstances pour le réglement du feu. Ainsi vous aurez l'huile belle, claire & d'un beau rouge de rubis, qui surnagera le sel volatil qui sera allé dans le récipient, ou qui se sera sublimé dans le col de la cornue ; il faut dissoudre le sel avec son propre esprit rectifié, par une dissolution faite à la chaleur de l'eau tiede pour le séparer de l'huile ; il faudra filtrer cette dissolution par le papier, qu'il faut humecter de l'esprit, avant que de rien verser dedans, & vous

aurez l'huile à part & le sel dans son propre esprit, qui n'en est que meilleur, &
qui se conserve mieux que s'il étoit seul,
si ce n'est qu'on l'arrête & qu'on le fixe,
comme nous l'enseignerons ci-après. Pour
cet effet, il faut mettre la dissolution de
l'esprit & du sel dans une cucurbite au bain
marie, pour redistiller l'esprit & pour sublimer le sel dans le chapiteau, ou si on
veut par la cornue : il est impossible de
conserver ce sel, tant il est pénétrant & subtil, c'est pourquoi il le faut arrêter de cette
sorte.

　Prenez les roüelles qui sont restées de la
distillation, qui sont très-noires, & les calcinez à feu ouvert jusqu'à blancheur ; mettez-en une partie en poudre, que vous mêlerez avec son poids égal de sel volatil,
que vous sublimerez ensemble, & recom-
mencerez ainsi avec de la nouvelle corne
de cerf calcinée en blancheur jusqu'à quatre ou cinq fois, & vous aurez un sel volatil arrêté que vous pourrez garder, trans-
porter & envoyer avec moins de risque
que l'esprit : néanmoins je conseille de se
servir plutôt de l'esprit rempli & comme
saoulé du sel volatil, à tout ce que nous
allons dire.

　On pourroit véritablement appeller ce
remede une panacée, ou une Médecine
universelle, par les merveilleux effets qu'il

eſt capable de produire ; car il eſt très-
excellent contre l'épilepſie, l'apoplexie, la
léthargie, & généralement contre toutes
les maladies qu'on dit tirer leur origine du
cerveau : il ôte toutes les obſtructions du
foye, de la ratte, du méſentere & du pancréas. Il réſiſte à tous les venins, à la peſte
& à toutes les ſortes de fiévres, ſans en
excepter aucune. Il nettoye les reins &
la veſſie, dont il évacue toutes les limoſités
& les glaires, qui ſont les cauſes de la pierre. Il corrige tous les vices du ventricule,
& principalement ſes indigeſtions, qui
cauſent la puanteur à la bouche ; c'eſt un
ſpécifique pour le poulmon, ſi on le digere
avec du lait de ſoufre. Il appaiſe le flux de
ventre immoderé, comme auſſi celui des
femmes, parce qu'il évacue les ſéroſités
ſuperflues qui en ſont la cauſe ; mais ce
qui eſt de plus merveilleux & de moins
concevable, c'eſt qu'il ouvre le ventre
conſtipé, & qu'il provoque les purgations
lunaires, parce qu'il remet toutes les fonctions naturelles en leur état, & qu'il ôte
toutes les matieres terreſtres & groſſieres,
qui en empêchoient l'effet. Je ne doute pas
que je ne me rende ridicule à tous ceux
qui ne conçoivent pas la puiſſance & la
ſphere d'activité des ſels volatils ; mais je
ſçais d'ailleurs, que ceux qui ſçauront avec
moi, que ce ſel eſt la derniere envelope de

l'esprit & de la lumiere, ne trouveront pas étrange que j'aye attribué tant de beaux effets à ce remede admirable.

Mais il faut que je fasse concevoir ce mystere, autant que je le pourrai, par la description de ce qui se fait tous les jours dans la cuisine, pour les personnes saines, aussi-bien que pour les malades. Ne sçait-on pas que les Cuisiniers ne sçauroient faire une bisque, ni un bon ragoût, s'ils ne se servent du boüillon & du jus des meilleures viandes? Or, ce n'est que par le sel volatil des chairs, que cet agrément & ce chatoüillement du palais se communique. Ne fait-on pas aussi des gelées, des pressis, des jus de viandes & des consommés pour les malades, dont on jette les restes qui sont matériels & terrestres, & qui sont épuisés de ce sel qui demeure dans les ge-lées, & qui est l'unique principe de con-gélation? On donne ces choses au malade, afin que son estomac réduise plutôt les puissances de ces alimens en acte, & que cela passe plus subitement dans la substance des parties par la facilité des digestions. C'est ce que l'Artiste fait, quand il prépare les sels volatils, qui sont capables de faire voir leurs vertus, d'autant qu'ils pénétrent toutes les parties de notre corps, & qu'ils charient avec eux cette merveilleuse puis-sance, que nous leur avons attribuée.

Ne

Ne voit-on pas aussi que toute la Médecine, tant l'ancienne que la moderne, a
fait entrer la corne de cerf dans toutes les
compositions cordiales qu'elle a prescrites ;
qu'elle a fait un grand état de l'os du cœur
du cerf, & qu'on fait encore tous les jours
de la gelée de corne de cerf, qui sert plutôt à fortifier le malade qu'à le nourrir ?
Mais laissons tout cela à la vérité de l'expérience, qui, est le véritable fondement
de tout le raisonnement que nous avons
avancé.

§. 18. *Pour faire la teinture du sel volatil de
la corne de cerf.*

Prenez le sel volatil rectifié, mettez-le
dans un vaisseau de rencontre, ou ce qui
seroit encore mieux, mettez-le dans un
pélican ; versez deux fois son poids d'alkohol de vin par-dessus, & les mettez extraire
& digérer ensemble à lente chaleur de la
vapeur du bain durant douze ou quinze
jours ; si néanmoins tout le sel n'étoit pas
dissout, il faudra retirer ce qui est teint par
inclination & reverser de l'alkohol dessus,
pour achever l'extraction & la dissolution.
Ainsi vous aurez une teinture, qui sera
plus exaltée que les remedes précédens, qui
est bonne à tout ce que nous avons dit ;
mais qui de plus, est un remede très-excellent & très-présent dans les apoplexies, par

sa subtilité qui est si grande, qu'à peine le peut-on garder dans les fioles les mieux bouchées.

On peut faire la même chose du sel volatil arrêté & comme fixé ; mais il ne se dissoudra pas tout : la teinture n'en sera pas aussi, ni si efficace, ni si pénétrante ; mais elle sera beaucoup plus agréable, & n'aura pas une odeur si mauvaise. La dose de la premiere, est depuis trois gouttes jusqu'à huit ou neuf. Et celle de la seconde, est depuis six gouttes jusqu'à douze.

§. 19. *La maniere de faire l'élixir des propriétés, avec l'esprit de la corne de cerf.*

Après avoir connu par des expériences redoublées, les admirables vertus de ce grand remede, que Paracelse appelle par excellence *Elixir proprietatis* au singulier ; nous avons néanmoins crû le devoir appeller, Elixir des propriétés au plurier, puisqu'il est très-vrai qu'il les possede sans nombre ; & particuliérement celui que j'ai fait, depuis que je suis en Angleterre, où je me suis servi de l'esprit rectifié de la corne de cerf, chargé & rempli de son sel volatil, autant qu'il en peut dissoudre, en la place de l'esprit, ou de l'huile de soufre ; ce qui se fait ainsi.

Prenez de très-bon saffran, du plus fin aloë sucotrin & de la myrrhe, la plus

récente & la mieux choisie ; de chacune de
ces choses balsamiques trois onces : coupez
le saffran fort délié & menu , & mettez les
deux autres en poudre fine ; mettez - les
dans un matras à long col , qui soit large
de deux pouces de diamettre ; versez dessus
dix onces d'esprit de corne de cerf bien
rectifié chargé de son sel volatil , autant
qu'il en peut dissoudre , & vingt onces
d'esprit de vin alkoholizé sur le sel de tartre ; bouchez exactement votre vaisseau
avec un vaisseau de rencontre , & le luttez
avec du blanc d'œuf & de la farine , & une
vessie moüillée par-dessus ; placez cela à la
vapeur du bain marie un peu plus que
tiéde , & le digerez durant trois jours naturels : le quatriéme jour ôtez la rencontre , & appliquez un alambic ou chapiteau
proportionné au col du matras ; luttez très-
soigneusement les jointures , adaptez un
récipient au bec , & en retirez lentement
environ quinze onces de la liqueur ; & si le
sel volatil s'est sublimé dans le chapiteau ,
dissoudez avec l'esprit distillé , rejettez le
tout dans le matras, & le digerez encore trois
jours ; réiterez la distillation jusqu'à vingt
onces , que vous remettrez encore sur vos
matieres en digestion durant trois jours :
pour la derniere fois , laissez refroidir &
filtrez votre élixir par le coton dans un entonnoir couvert , qui soit posé sur une fiole

à col étroit, pour empêcher qu'il ne s'évapore, & ainſi le gardez au beſoin dans cette même fiole bien bouchée.

C'eſt ſans hyperbole, qu'on peut attribuer à ce noble & grand remede des vertus & des facultés comme rénovatives ; car le ſaffran, l'aloë & la myrrhe extraits & exaltés par le ſel volatil de la corne de cerf, & par l'eſprit de vin alkoholiſé ſur le ſel de tartre, ne peuvent que produire de très-bons effets, tant pour la conſervation que pour la reſtauration. C'eſt pourquoi, ce remede eſt très-bon dans les maladies, qui alterent la maſſe du ſang, comme ſont le ſcorbut, la jauniſſe & les pâles couleurs, dans toutes les obſtructions du corps, contre la paralyſie, la contraction des nerfs & les atrophies ; mais ſurtout, il eſt ſans pareil contre toutes les irrégularités & les météoriſmes de la matrice & de la rate. Il faut le prendre à jeun dans du vin blanc, la doſe eſt depuis cinq gouttes juſqu'à trente : on peut déjeuner deux heures après.

§. 20. *Des préparations qui ſe font des viperes.*

Nous fermerons le Chapitre de la préparation Chymique des animaux, par l'examen des divers remedes, qui ſe tirent des viperes par le travail de la Chymie : car ce reptile poſſede un ſel volatil très-ſubtil &

très-efficace pour la guérison de plusieurs maladies très-opiniâtres. Galien même rapporte plusieurs histoires de la guérison des ladres, pour avoir bû du vin, où des viperes avoient été suffoquées. Cardan prouve aussi cette vérité dans une consultation, qu'il envoya à Jean, Archevêque de S. André, en Ecosse, en ces mots : Je vous dirai un très-grand secret, qui guérit radicalement les tabides, les ladres & les verolés, qui les engraisse & qui les rétablit contre toute espérance : c'est qu'il faut prendre une vipere bien choisie, lui couper la tête & la queue, l'écorcher, jetter les entrailles & garder la graisse à part : coupez-là par tronçons comme une anguille ; faites-là cuire dans une quantité suffisante d'eau, avec du benjoin & du sel, & y ajoûtez sur la fin des feüilles de persil : lorsqu'elle sera bien cuite, il faut couler le boüillon, & faire cuire un poulet dans ce boüillon ; donnez du pain trempé dans ce jus au malade, & lui faites manger le poulet : continuez sept jours consécutifs ; mais il faut que le malade soit dans une étuve, ou dans une chambre bien chaude, & qu'on l'oigne avec la graisse de la vipere le long de l'épine & les autres jointures, comme aussi les arteres des pieds & des mains & la poitrine. Par ce moyen on guérit les ulceres des poulmons ; car ils sont poussés jusqu'à l'exté-

rieur du cuir en tubercules & autres irrup-
tions qui surviennent. Quercetan parle aussi
très-avantageusement des viperes dans sa
Pharmacopée dogmatique. Plusieurs autres
Auteurs ont suivi les précédens ; mais il
faut avoüer qu'ils ont tous choqué contre
un même écueil, puisque tous ont crû
que la vipere étoit de soi, ou venimeuse
toute entiere, ou qu'elle l'étoit pour le
moins en quelques-unes de ses parties. Mais
l'expérience que rapporte Galien, doit
confondre les Anciens & les Modernes,
puisque la vipere étoit & vive & entiere,
quand elle fut suffoquée dans le vin qui
guérit les ladres. Les Dames Angloises font
hônte aux Médecins, puisqu'elles ne font
pas de difficulté de boire du vin, dans lequel on a souffoqué des viperes vives &
entieres, pour se conserver l'embonpoint
& l'enjouement, pour empêcher les rides
& pour se conserver en santé. Mais ce qui
est encore de plus remarquable, c'est que
les plus fameuses Courtisanes Italiennes se
préservent de la maladie vénérienne & de
ses accidens, en prenant au printems & en
automne des boüillons de volaille, avec de
la chair de viperes & de la squine. Il n'y a
eu que le célébre Potier, & le très-docte &
très-subtil Médecin & Philosophe Helmont, qui ayent bien expliqué dans quoi
consiste le poison des viperes, qui ne réside

que dans l'aiguillon de la colere, qui imprime une idée empoifonnée dans l'imagination de l'animal. Fabricius Hildanus, & plufieurs autres Auteurs graves, doctes & célébres, autorifent par leurs obfervations la vérité des effets ; mais il n'y a eu que les deux précédens, qui nous ayent enfeigné le fiége du poifon, qui ne peut être que dans l'efprit de la vie de l'animal, comme l'enfeigne le proverbe Italien, qui dit que, *morta la beftia, morto il veneno*, vû que l'homme même, le chien, le cheval, le loup, le chat, la bellette & plufieurs autres animaux, n'impriment aucun venin par leurs morfures, que lorfqu'ils font en colere, & que leur imagination eft empeftée du défir de la vengeance & de la rage.

Cela foit dit en paffant, pour vérifier de plus en plus, que toute la vertu des chofes eft logée dans les efprits & dans la vie, qui ne font rien autre chofe qu'une portion de l'efprit univerfel & de la lumiere corporifiée. Venons enfuite aux préparations qui fe font fur les viperes & fur leurs parties.

§. 21. *La façon de deffecher les viperes, pour en faire la poudre & les trochifques.*

Le choix des viperes ne confifte qu'à les prendre quelque tems après qu'elles font forties de leurs trous, afin qu'elles foient mieux nourries ; n'importe qu'elles foient mâles ou femelles, pourvû que la femelle ne soit pas pleine; il faut les prendre en un lieu qui soit haut & sec, & rejetter celles des marais & des autres lieux aquatiques.

Prenez autant de ces viperes que vous voudrez, ou que vous pourrez; écorchez-les & les vuidez de leurs entrailles; réservez le cœur & le foye: mettez-les dans une cucurbite de verre qui soit ample, afin de les pouvoir arranger sur des petits bâtons, pour qu'elles ne se touchent pas l'une l'autre: ajustez la cucurbite au bain marie, & dessechez ainsi les viperes après les avoir poudrées d'un peu de nitre bien pur, ou d'un peu de fleurs de sel armoniac; réservez l'eau qui en sortira, pour les usages que nous dirons ci-après. Notez qu'il faut retourner les viperes de douze heures en douze heures, afin de les dessécher également. Ainsi, vous aurez de quoi faire une véritable poudre de viperes, qui ne sera point par filamens, qu'on pourra donner dans sa propre eau, dans du vin, ou dans de l'eau de canelle, ou de sassafras, depuis un scrupule jusqu'à une drachme, dans toutes les fiévres, & particuliérement dans celles qui sont pestilentes & contagieuses; dans la peste, & même contre l'épilesie & contre l'apoplexie: mais les autres préparations qui suivront sont préferables à cette poudre.

Que si vous en voulez faire des trochifques, il faut prendre d'autres viperes, que
vous écorcherez & vuiderez de leurs entrailles ; coupez-les par tronçons, & les
faites cuire avec l'eau, que vous aurez retirée de la distillation, au bain marie boüill-
lant, dans une cucurbite qui soit couverte
de son chapiteau, jusqu'à ce que ce boüillon soit en consistance de gelée ; c'est avec
cette gelée qu'il faut pister la poudre des
viperes dans un mortier de marbre & la
réduire en pâte, que vous formerez en
trochisques avec les mains ointes de baume
du Pérou, d'huile de girofles, & de celle de
noix muscates faite par expression ; ceux
qui voudront faire la thériaque comme il
faut, se serviront de ces trochisques, au
lieu de ceux que demandent les dispensaires anciens, qui ne sont que de la mie de
pain & de la chair de viperes, privée de
toutes ses facultés, qui ne résident que dans
son sel volatil. La poudre de ces trochifques est préférable à la simple poudre,
parce qu'ils sont empreints de la propre
substance & de la vertu des viperes, outre
que les trochisques se corrompent moins
que la poudre. La dose est depuis un demi
jusqu'à deux scrupules, dans les eaux que
nous avons dites ci-dessus.

M v

§. 22. *Comment il faut faire l'esprit, l'huile, le sel volatil, le sel volatil fixé, la sublimation de ce sel fixé, & le sel fixé des viperes.*

La justice me défend de m'attribuer la façon de toutes les opérations susdites, puisqu'elle est trop légitimement dûe à M. Zwelfer, Médecin de l'Empereur Léopold, qui est encore vivant, & qui s'est immortalisé par les belles, les doctes & les admirables remarques qu'il a faites sur la Pharmacopée d'Ausbourg, dans lesquelles il a corrigé les défauts de l'ancienne Pharmacie & de la moderne, avec un jugement si net & avec une expérience si confirmée, que tous ceux qui suivent & qui suivront le travail de la belle Pharmacie, lui en seront éternellement obligés.

Je dirai simplement en passant, que je suis l'inventeur de l'opération, qui révolatilise le sel volatil des viperes, après qu'il aura été comme fixé par un acide ; & comme cet excellent homme a voulu mettre ses expériences au jour pour obliger la postérité, aussi n'ai-je pas voulu cacher le secret de cette opération, puisqu'elle sera très-utile aux pauvres malades, quoique cette invention ne soit pas commune, & qu'elle me soit particuliere.

Prenez des viperes bien nourries, sans

diſtinction du ſexe; vuidez leurs entrailles,
ſéparez-en le cœur & le foye; faites-les
ſécher dans une étuve ou dans un four,
qui ait été médiocrement échauffé; & lorſqu'elles ſeront bien ſéches, il les faut mettre en poudre groſſiere, & en emplir une
retorte de verre, que vous mettrez au réverbere clos ſur le couvercle d'un pot de
terre renverſé, ſur lequel vous aurez mis
deux poignées de cendres ou de ſable, pour
ſervir de lut à la retorte & pour empêcher
la premiere violence du feu; couvrez le
réverbere, adaptez un ample récipient au
col de la cornue, & donnez le feu par dégrés, juſqu'à ce que la retorte rougiſſe, &
que le récipient s'éclairciſſe durant même
la violence du feu, qui eſt un ſigne très-
évident, que toutes les vapeurs ſont ſor-
ties; cela ſe fait en moins de douze heures.
Le tout étant refroidi, vous trouverez trois
différentes ſubſtances dans votre récipient,
qui ſont le phlegme & l'eſprit mêlés enſemble, l'huile noire & puante, & le ſel volatil, qui ſera adhérent aux parois du récipient. Il faut diſſoudre le ſel volatil, qui eſt
à l'entour du vaiſſeau avec la liqueur ſpiritueuſe qui eſt au bas; puis il faut ſéparer
cette liqueur de ſon huile par le filtre:
mettez la liqueur empreinte du ſel volatil
dans une haute cucurbite que vous couvrirez de ſon chapiteau, dont vous lutterez

M vj

exactement les jointures , & vous y ajuste-
rez un petit matras pour récipient ; mettez
votre vaisseau au sable ou aux cendres , &
ménagez bien le feu , de crainte que l'eau
amere & puante , qui a dissout le sel volatil , ne monte avec lui : lorsque la sublimation sera achevée , il faut curieusement séparer le sel & le garder dans une fiole , qui
ait un bouchon de liége ciré , sur lequel il
faut verser du soufre fondu , si vous voulez
conserver ce sel ; autrement , il s'évaporera
dans peu de tems , à cause de la subtilité &
de la pénétrabilité de sa substance volatile
& aërée.

C'est ce sel volatil , qui possede tant de
beaux effets & tant de rares vertus ; car il
empêche toutes corruptions qui se font en
nous : il ouvre toutes les obstructions du
corps humain , il résout & emporte toutes
sortes de fiévres , & principalement la
quarte , si on le donne depuis six grains
jusqu'à dix dans de l'eau de sassafras , ou
dans celle de grains de genevre ou de sureau,
une heure ou deux avant l'accès : on le
donne de plus dans la peste & dans toutes
les autres maladies contagieuses , dans des
émulsions faites avec les semences d'anco-
lie , de raves & de chardon bénit , auxquel-
les on joint les amandes & les pignons , du
sucre , & un peu d'eau de roses ou de canelle. Il fait encore des merveilles contre

l'épilepsie & contre l'apoplexie : car c'est un furet, qui pénetre jusqu'au plus profond des moüelles ; il le faut donner pour ces maladies, dans des émulsions faites avec les eaux de muguet, de fleurs de pœone ou de tillot, les semences de pœone, les amandes des noyaux des cerises, des pêches & des abricots. La dose est toujours depuis six grains jusqu'à douze.

Mais à cause que ce sel est d'une odeur très-ingrate & d'un goût tout-à-fait désagréable, on a depuis long-tems cherché le moyen de le dépoüiller de ces deux qualités ; comme aussi celui de l'urine, celui du succin, celui de la corne de cerf & celui des parties du microscome : mais personne n'a pû parvenir à cette perfection, sans priver ces sels volatils de leur subtilité, & par conséquent de leur vertu pénétrante & diaphorétique. Il n'y a eu que le très-docte & le très-expérimenté M. Zwelfer, qui ait bien réussi dans cette opération utile & curieuse, après avoir inutilement tenté beaucoup d'autres voyes différentes. Mais l'augmentation de la dose de ce sel fait connoître que cette purification le fixe en quelque façon ; & quoiqu'il soit arrêté, & qu'il soit même plus agréable, néanmoins il est moins efficace. Et comme ce grand & charitable Médecin provoque les Artistes à produire ce qu'ils auront découvert, pour le

révolatiliser & lui ôter l'acide qui le fixe :
j'ajoûterai après la préparation qu'il en a
donnée, celle que le travail & l'étude des
choses naturelles m'ont apprise.

§. 23. Comment il faut arrêter, fixer & pu-
rifier les sels volatils.

Prenez tel sel volatil qu'il vous plaira,
mettez-en quatre onces dans une haute cucurbite, que vous couvrirez de son chapiteau, qui ait un trou par le haut de la grof-
feur du tuyau d'une plume d'oye, luttez
exactement les jointures, & inferez dans
le trou du haut du chapiteau, un tuyau de
plume, que vous arrêterez avec de la cire
d'Espagne, ou avec de la lacque ; mettez
un petit récipient au bec de l'alambic, puis
versez goutte à goutte & très-lentement du
bon esprit de sel commun, bien rectifié sur
le sel volatil ; & continuez ainsi, jusqu'à
ce que le bruit & le combat de l'esprit acide
& du sel volatil sulfuré soit passé ; alors
vous verrez qu'il s'est fait une union de ces
deux diverses substances, qui seront con-
verties en liqueur, qu'il faudra filtrer, si
elle paroît impure ; sinon, il faudra seulement boucher le trou du haut du chapiteau
avec un bouchon de verre, qu'on couvrira
d'une veßie trempée dans du blanc d'œuf :
il faut ensuite accommoder le vaißeau au
bain marie, & retirer l'humidité jusqu'aux

deux tiers, si on veut avoir du sel en cristaux ; sinon , on retirera toute l'humidité
jusqu'à sec , & vous trouverez quatre
onces de sel arrêté & aucunement fixé au
fond de la cucurbite ; & si vous avez remarqué le poids de votre esprit de sel ,
vous trouverez autant de liqueur insipide ,
& qui sent l'empyreume dans le récipient.
Le sel est de bonne odeur, d'une saveur ai-
grelette & d'un goût salin, dont la dose est
depuis un demi scrupule jusqu'à un scrupule entier ; il a la vertu de pénétrer jusques dans les parties les plus éloignées des
premieres digestions , sans aucune altération de sa vertu ; il purifie le sang & résout
tous les excrémens , qui semblent avoir déja
été comme appropriés à nos parties , &
principalement aux gouteux : il chasse les
urines, le sable, la gravelle & les viscosités des reins & de la vessie ; il évacue toutes les matieres , qui causent les affections
mélancoliques ; il résiste mieux que tout
autre remede à la pourriture, il ouvre toutes sortes d'obstructions , il guérit toutes
les fiévres ; c'est le vrai préservatif & le
vrai curatif de la peste ; & pour achever en
un mot le reste de ses vertus, il efface toutes les mauvaises impressions & les mauvaises idées, qui ont donné leur caractere à
l'esprit de vie, qui est le véritable siége de
la santé & de la maladie. La dose peut aussi

être augmentée ou diminuée selon l'âge, les forces, & la nature du malade & de la maladie. Mais comme M. Zwelfer a connu le moyen de fixer le sel volatil, par le moyen d'un acide, pour ôter la mauvaise odeur & le mauvais goût ; il faut que nous enseignions le moyen de retirer cet acide, & de resublimer le sel volatil, lui rendre sa premiere subtilité, & augmenter par conséquent sa vertu pénétrante, sans qu'il acquiert derechef aucune mauvaise odeur, ni aucun mauvais goût.

§. 24. *Le moyen de resublimer le sel volatil fixé.*

Prenez quatre onces de sel volatil arrêté, & le mêlez avec une once de sel de tartre, fait par calcination & qui soit bien purifié ; mettez-les dans une petite cucurbite aux cendres, couvrez la cucurbite de son chapiteau, adaptez-y un récipient, si le chapiteau à un bec ; car s'il est aveugle, il ne sera pas nécessaire ; luttez exactement les jointures, & donnez le feu par dégrés, jusqu'à ce que la sublimation soit achevée : ainsi vous aurez le sel volatil le plus subtil qui soit en toute la nature, & qui a une véritable analogie & une sympathie particuliere avec nos esprits, qui font le sujet de notre chaleur naturelle & de notre humide radical. Mais remarquez en passant, que tous les alkali ont cette propriété de

tuer les acides, & de ne point nuire aux
substances volatiles. La dose de ce sel ne
peut être que depuis deux grains jusqu'à
huit, à cause de son extrême subtilité qui
est telle, qu'il est impossible de le conserver
sans être mêlé avec sa propre liqueur, ou
sans être réduit en essence, comme nous
l'enseignerons ci-après. Il est propre à toutes les maladies que nous avons énoncées,
& principalement celui de la corne de cerf
& celui de viperes, qui doivent être con-
siderés comme une des clefs de la Médecine.

§. 25. *Comment il faut faire l'essence des vi-*
peres, avec leur vrai sel volatil.

Prenez environ cinquante ou soixante
cœurs & foyes de viperes, qui auront été
desséchés comme nous l'avons dit ci-dessus;
mettez-les en poudre, & les jettez dans un
vaisseau de rencontre, jettez dessus de l'alkohol de vin, jusqu'à ce qu'il surnage de
six pouces; couvrez le vaisseau & le luttez
exactement, puis vous le mettrez digérer
au bain vaporeux trois ou quatre jours durant à une chaleur de digestion, afin d'en
extraire toute la vertu; cela passé, mettez-
le tout dans une cucurbite au bain marie,
afin de distiller l'esprit à une chaleur lente,
cohobez trois fois, & à la quatriéme, distillez jusqu'à sec; mettez dans chaque livre

de cet esprit, une once & demie du vrai
sel volatil de viperes, une drachme d'ambre gris essensifié, comme nous le dirons
ci-après, une demie drachme d'huile de
canelle, & autant de la vraye essence de la
pellicule extérieure de l'écorce de citron
récente : mettez toutes ces choses dans un
pélican, & les circulez ensemble durant huit
jours ; en suite de quoi mettez cette véritable essence dans des fioles convenables à
ce précieux remede, que vous boucherez
avec toutes les précautions requises. On
peut attribuer très-légitimement à ce noble
médicament toutes les vertus que nous
avons données au sel volatil seul : il a
même cela de meilleur, qu'il est plus agréable, & qu'il peut être mieux conservé que
le sel volatil : il y a seulement à dire de
plus, que c'est un des plus grands & des
plus assurés contrepoisons qui soit au monde, & qu'il est digne du cabinet des plus
grands Princes. La dose est depuis un demi
scrupule jusqu'à deux scrupules, dans du
vin, dans des boüillons, ou dans d'autres
liqueurs appropriées.

§. 26. *La maniere de faire le sel thériacal
simple, qui soit empreint de la vertu alexitaire & confortative des viperes.*

Les Anciens, & Quercetan après eux,
ont parlé de ces sels, & en ont fait une

estime très-particuliere ; mais la préparation ancienne & la correction qu'en a faite ce célebre Médecin, sont plutôt dignes de compassion que d'imitation, quoique le dernier soit digne de loüange, d'avoir excellé en son tems, & d'avoir recherché la vérité autant qu'il a pû ; mais comme nous sommes montés sur ses épaules, & que le travail des Médecins modernes, qui s'appliquent à la recherche des secrets de la nature, & notre propre expérience, nous ont appris à mieux faire, il est juste que nous en fassions part aux autres.

Prenez donc deux livres de sel marin, qui soit blanc & net, ou bien autant de sel gemme ; dissoudez-les dans dix livres d'eau de riviere bien clarifiée, puis ajoûtez-y deux douzaines de viperes écorchées avec leurs cœurs & leurs foyes ; faites-les boüillir ensemble au sable, jusqu'à ce que les viperes se séparent très - facilement de leurs os ; pressez-le tout, clarifiez-le & le filtrez, puis évaporez-le à la vapeur du bain boüillant jusqu'à sec, & le réservez à ses usages dans une bouteille bien bouchée. C'est de ce sel qu'il faut faire manger aux sains & aux malades, aux uns pour préservatif, & aux autres pour restauratif. C'est principalement dans les maladies croniques, où il est besoin de purifier la masse du sang, & de réparer le vice des digestions, que ce sel est très - nécessaire. Ceux qui le voudront rendre encore plus spécifique & plus stomachal, y ajoûteront des huiles distillées de canelle, de girofle & de fleur de muscades, qui est le macis, jointes avec un peu de sucre en poudre, qui leur servira de moyen unissant pour les bien mêler avec le sel ; il faut une drachme de chacune de ces huiles, avec autant de bon ambregris essensifié pour chaque livre de sel : car cela étant ainsi, ce sel aura beaucoup plus d'efficace. Sa dose sera depuis dix grains jusqu'à une demie drachme, dans des boüillons le matin à jeun, pour nettoyer l'estomach de toutes les superfluités précédentes, qui sont ordinairement les causes occasionnelles de nos maladies.

§. 27. *La préparation d'un autre sel thériacal, beaucoup plus spécifique que le précédent.*

Prenez du scordium & de la petite centaurée récente, de chacune de ces herbes une demie livre, des racines d'angélique, de zedoaire, de contrayerva & d'esclepias, de chacune deux onces ; coupez les herbes & mettez les racines en poudre grossiere, faites-les boüillir ensemble au bain marie dans un vaisseau de rencontre, dans dix livres des eaux distillées de chardon bénit, & de celle du suc de bourrache & de bu-

gloſſe : cela étant refroidi , coulez la décoction , puis la remettez dans ſon vaiſſeau ;
ajoûtez-y une douzaine & demie de viperes nouvellement écorchées avec leurs
cœurs & leurs foyes , comme auſſi des ſels
alkali , d'abſynthe , de chardon bénit , de
petite centaurée & de ſcordium , de chacun
huit onces ; fermez le vaiſſeau & le luttez ,
puis le faites boüillir durant un demi jour ;
& après que le tout ſera refroidi , il le faut
clarifier , le filtrer , & l'évaporer à la vapeur
du bain dans une cucurbite couverte de ſon
chapiteau juſqu'à ſec ; ainſi vous aurez un
ſel rare & précieux , & une eau qui ſera
doüée de beaucoup de vertus ; c'eſt un remede capable de déraciner toutes les fiévres , & c'eſt un vrai ſpécifique dans toutes
les maladies épidemiques , contagieuſes &
malignes. La doſe eſt depuis un ſcrupule
& une demie drachme , juſqu'à une drachme entiere. On pourra encore ajoûter à ce
ſel les mêmes huiles diſtillées & l'ambre
gris eſſenſifié, comme nous l'avons dit dans
la préparation du ſel thériacal précédent ;
c'eſt par cette opération que nous finiſſons
le Chapitre de la préparation chymique des
animaux.

§. 28. *De l'éponge & de ſa préparation chy-
mique.*

Nous plaçons l'éponge entre les animaux

& les végetaux, à caufe qu'elle participe de la nature des uns & des autres, puif-qu'elle a comme une efpece de fenfation ; qu'elle fe dilate & qu'elle fe reftraint en foi-même, lorfqu'elle eft dans la mer, où elle joüit d'une vie obfcure, qui tient de l'animal & de la plante, de forte qu'on la peut légitimement appeller, zoophyte ou plantanimal. Nous prouverons ce que nous venons d'avancer, par la diftillation de l'éponge, qui nous fournira un efprit, une huile & un fel volatil, du même goût, de la même odeur, de la même couleur, & de la même figure, que nous les fourniffent les animaux & leurs parties.

§. 29. *Comment il faut diftiller l'éponge.*

Prenez autant d'éponges que vous vou-drez, coupez-les menu avec les cifeaux ; mettez-les dans une cornue de verre, que vous placerez au réverbere clos ; adaptez-y un récipient, que vous lutterez exactement : donnez le feu par dégrés, comme pour la diftillation du tartre, que vous continuerez en l'augmentant peu à peu, jufqu'à ce que les nuages blancs & huileux viennent, & que vous apperceviez que le fel volatil fe fublime, & s'attache aux parois intérieures du récipient, continuez le feu du même dégré tant que cela durera ; & lorfque le récipient deviendra clair de foi-même,

c'est un figue manifeste, qu'il n'y a plus
rien à prétendre, c'est pourquoi il faut cef-
fer le feu ; & lorfque le tout fera refroidi ,
il faut féparer les vaiffeaux & retirer l'efprit & le fel volatil enfemble , & en féparer l'huile par l'entonnoir, ou avec du cotton , & la mettre à part dans une fiole ;
mettez l'efprit & le fel dans une cucurbite
baffe & d'entrée étroite , & les rectifiez au
fable & les gardez l'un avec l'autre ; gardez
auffi dans une boëte l'éponge calcinée, qui
eft demeurée au fond de la retorte , après
la diftillation , à caufe qu'elle a auffi fes
ufages dans la pratique. Il ne faut pas douter que l'efprit , le fel volatil & l'huile des
éponges , ne foient excellens pour ouvrir,
pour atténuer & pour réfoudre , puifqu'ils
font très - fubtils. C'eft pourquoi on les
peut beaucoup plus raifonnablement employer pour la réfolution des bronchoceles
ou des boëtes , que l'éponge fimplement
calcinée , ou féchée & mife en poudre.
Mais afin de faire cadrer tout enfemble , on
fe fervira de tout pour la guérifon de cette
maladie : il faudra donc premiérement
purger le malade avec de la réfine de jalap
& de fcammonée ; puis en fuite , il faut
faire des tablettes de quatre onces de fucre
en poudre , avec deux drachmes d'éponge
calcinée par la diftillation , trois drachmes
d'écorces de mars aftringent , & une

drachme de poivre long ; il faut réduire le tout en masse, & en former des tablettes du poids d'une drachme & demie, qu'on laissera sécher ; il faut en faire mâcher une tous les matins à jeun, & faire boire au malade par-dessus, après l'avoir avalée, un petit verre de vin rouge un peu verd, dans lequel on aura mis depuis dix jusqu'à vingt gouttes de l'esprit d'éponge empreinte de son sel volatil : il faut continuer trois ou quatre semaines, & on verra diminuer très-sensiblement ces tumeurs incommodes & mal-séantes, qu'il faudra frotter soir & matin, avec un liniment fait avec de l'huile de laurier & quelques gouttes de l'huile distillée d'éponge, & les tenir couvertes d'un emplâtre fait avec l'oxycroceum, & surtout empêcher d'avoir froid aux parties gutturales, & avoir soin que le patient ait le ventre libre ; sinon, on lui donnera de deux jours l'un, une demie dragme de pilule de rave en se couchant.

CHAPITRE IX.

Des végétaux & de leur préparation Chymique.

C'Est en ce Chapitre que nous ferons voir, que les persécuteurs de la Chymie ont tort de blâmer ce bel Art, & que

les

les reproches qu'ils font aux Artiftes, font
faux, puifque les préparations que nous
décrirons, font capables de faire rentrer les
envieux en eux-mêmes, & feront avoüer
aux plus opiniâtres, que la Pharmacie ancienne n'a jamais rien produit de pareil.
C'eft fur les diverfes parties de cette noble,
de cette agréable, & de cette ample famille
des végetaux, que le véritable Pharmacien
trouvera toujours de quoi s'occuper, pour
admirer de plus en plus les œuvres du
Créateur. Mais comme le deffein de notre
Abregé ne permet pas que nous faffions
l'examen & la réfolution de tous les végetaux & de leurs parties, nous nous contenterons de donner un ou deux exemples du
travail qui fe peut faire, ou fur le végetable entier, ou fur fes parties, qui font les
racines, les feüilles, les fleurs, les fruits,
les femences, les écorces, les bois, les
graines ou les bayes, les fucs, les huiles,
les larmes, les réfines & les gommes. Nous
donnerons une Section à chacune de ces
parties, afin de mieux faire comprendre le
travail, & d'agir avec moins de confu-
fion.

Mais avant que d'entrer en matiere, j'ai
jugé néceffaire de dire quelque chofe des
abus, que commettent tous les jours les
Apothicaires, qui ne font pas éclairés des
lumieres de la Chymie, & qui ne font

Tome I.   N

conduits que par des aveugles , qui fouffrent & qui admirent tous les défauts de leur mauvaife préparation , pour ne connoître pas la nature des chofes , & n'avoir pas bien compris la phyfique , qui eft la véritable porte de la Médecine. Ce qui fait qu'on ne s'étonne pas , fi des aveugles qui font conduits par d'autres aveugles , tombent enfemble , & font tomber journellement avec eux tant de perfonnes dans la foffe. Et comme l'Allemagne a M. Zwelfer , Médecin de l'Empereur , qui a réformé la Pharmacie dans les belles & doctes remarques qu'il a faites fur la Pharmacopée d'Aufbourg : auffi avons - nous en France M. Vallot, très-digne Premier Médecin de notre invincible Monarque, qui a travaillé & qui travaille encore tous les jours à défricher le champ de la Médecine & celui de la Pharmacie ordinaire , pour en bannir les épines & les chardons , que par l'ignorance de la Chymie on n'a que trop cultivés jufqu'à préfent.

Je veux faire paroître cette vérité par l'exemple des eaux diftillées , & par celui des firops ; parce que je fçai très-certainement que c'eft principalement en ces deux chofes , que les Apothicaires ordinaires péchent le plus fouvent , ou par ignorance , ou par malice , ou par avarice , au deshonneur de la Médecine & des Médecins : au mépris de leur profeſſion, & ce qui eſt encore pis, au grand dommage de la République.

§. 1. *Premier diſcours des eaux diſtillées.*

Si les choſes ne ſont bien connues, il eſt impoſſible de pouvoir jamais bien réuſſir en leur préparation, puiſque c'eſt de cette connoiſſance que dépend abſolument la belle maniere de travailler. Que ſi cela eſt néceſſaire dans tous les travaux de la Chymie, il l'eſt encore beaucoup davantage dans les opérations, qui ſe font ſur les végetaux, & principalement en ce qui concerne la façon de les diſtiller, ſans qu'on les prive de leur vertu; ce qui fait que j'ai crû qu'il falloit donner une idée générale de la nature des plantes, avant que de parler de leur préparation particuliere.

Nous ne parlerons pas ici des plantes ſelon le goût de pluſieurs, parce que nous ne ſuivrons pas à la piſte les Auteurs Botaniſtes, qui ne nous ont preſque tous laiſſé que la peinture extérieure des plantes, & les divers dégrés de leurs qualités, ſans qu'ils ſe ſoient mis en peine de nous apprendre les différences de la nature intérieure de ces mêmes plantes, & encore beaucoup moins la véritable façon de les anatomiſer, pour en ſéparer & pour en

tirer tout ce qui peut aider , & en écarter
ce qui est inutile.

Pour commencer avec méthode , il faut
que nous fassions connoître la nature des
plantes par elles-mêmes , par la division
que nous en faisons , selon les dégrés de
leur accroissement & de leur perpétuation :
car elles sont vivaces ou annuelles ; les vivaces , sont celles dont les racines attirent
à elles aux deux équinoxes l'aliment universel. A l'équinoxe du printems , elles
attirent ce qui leur est nécessaire pour pousser & pour végeter , jusqu'à la perfection
de la plante , qui finit par sa fleur & par sa
semence ; & à celui de l'automne , elles
attirent ce qui leur est nécessaire , pour se
refournir de l'épuisement de toutes leurs
forces , que la chaleur du Soleil & des autres Astres en avoient tirées.

Or , nous n'avons pas fait cette remarque
inutilement, puisqu'elle est absolument nécessaire pour faire connoître à l'Artiste le
tems de prendre la plante avec sa racine ,
ou de la laisser comme inutile ; car s'il a
besoin de la plante , un peu après qu'elle
sera sortie hors de la terre , il faut qu'il
médite en soi-même , & qu'il fasse une réflexion judicieuse , que cette plante n'est
pas encore fournie de cet aliment spirituel
& salin , dont le principe est enclos dans la
racine , & qu'ainsi son travail sera inutile

fur cette plante ; puifque ce qu'il en tirera,
n'aura pas la vertu que le Médecin défire,
& moins encore celle qui eft requife pour
agir fur la maladie. Il aura donc recours à
la racine qui contient le fel volatil, qui eft
l'ame de toute la plante, & qui poffede en
foi la vertu feminale de fon tout. Mais s'il
défire de travailler fur cette même plante,
lorfqu'elle fera montée à peu près au point
de fa perfection, il faut qu'il connoiffe
que la racine a tout donné à cette plante,
& qu'elle ne s'eft réfervé qu'une petite
portion de fa vertu, qui lui fournit encore
une vie languiffante, jufqu'à ce qu'elle fe
foit refournie de vertu, de force & de
nouvelle vie au tems de l'équinoxe de l'automne, afin de fe pouvoir conferver en
hyver, & de renaître encore au renou-
veau.

Ce qui fait voir, que lorfque la plante
eft en fon état, comme on parle ordinairement, il faut que l'Artifte la prenne entre
fleur & femence, s'il défire d'en avoir la
vertu toute entiere ; car lorfqu'elle eft par-
venue à ce point, la tige, la feüille, les
fleurs & la premiere femence, font encore
remplies de vigueur & de vertu, qu'elles
communiquent à la liqueur qu'on en tire
par la diftillation, qui font un fel volatil
mercuriel, & un foufre embrionné, qui
contiennent toute la vertu de la plante ;

car ce qui se tire d'elle, est une eau spiritueuse, qui se conserve long-tems avec le
propre goût & la propre odeur de son sujet,
sur laquelle il surnage une huile étherée &
subtile, qui est ce soufre embrionné, mêlé
de son mercure. Mais si l'Artiste attend
que la plante ait poussé toute sa vie jusques
dans la semence, & que ce soufre, qui
n'étoit qu'embrionné, soit actué & parfaitement mûr ; il doit alors rejetter la racine,
la tige & la feüille, à cause qu'elles n'ont
plus en elles-mêmes cette vertu qu'elles
avoient auparavant.

C'est ici que l'Artiste doit méditer de
nouveau, & qu'il doit consulter la façon
d'agir de la nature ; car la semence étant
une fois parfaite, elle n'a plus cette humidité mercurielle & saline, qui faisoit qu'on
pouvoit extraire sa vertu plus facilement :
au contraire, tout est réuni comme en son
centre, & toutes les belles idées que l'esprit
de la plante avoit expliquées durant les
divers tems de sa végetation, font réunies
& renfermées sous l'écorce du noyau & de
la semence ; & de plus, ces semences font
de trois genres différens : car les *unes* font
mucilagineuses & glaireuses ; dans ces premieres, le sel mercuriel & le soufre font
plus fixes que volatils, & ainsi ces semences ne donnent leur vertu que par le moyen
de la décoction ; car comme elles font

tenaces & gluantes, cette vertu ne monte
point en la diſtillation. Les *autres* ſont *lai-*
tées, d'une ſubſtance blanche & tendre,
dont on peut tirer de l'huile par expreſſion,
ſi elles ſont bien mûres & bien ſéchées ;
mais leur meilleure vertu ne ſe peut tirer,
que lorſqu'on en extrait l'émulſion ou le
lait ; car cette ſeconde ſorte de ſemence,
eſt également mêlée de ſel volatil & de
ſoufre, qui ſe communiquent facilement à
l'eau. L'Artiſte ne doit pas eſpérer de tirer
la vertu de cette ſorte de ſemence par la
diſtillation, non plus que de la premiere.
Mais il y a la troiſiéme ſorte de ſemence,
qui eſt tout-à-fait *oléagineuſe* & ſulfurée,
qui ne communique à l'eau aucun mucilage, ni aucune viſcoſité ni lenteur, non
plus que de blancheur : au contraire, leur
ſubſtance eſt compacte, aride & reſſerrée
par un ſoufre, qui prédomine par-deſſus le
ſel. L'Artiſte diſtillera ce genre de ſemences, ou ſeules ou avec addition ; ſeules, ſi
c'eſt pour l'extérieur ; avec addition, ſi c'eſt
pour donner intérieurement au malade le
remede qu'il en tirera.

Ces trois ſemences différentes, font bien
voir qu'il faut que l'Apothicaire Chymique
ſoit bien verſé dans la ſcience naturelle,
afin de faire les obſervations néceſſaires ſur
les parties fixes ou volatiles, des matieres
ſur leſquelles il opere, afin de ne point

confondre inutilement son travail.

Il faut appliquer lés mêmes théorêmes &
les mêmes remarques aux plantes annuelles,
qui ne se conservent pas par leur racines,
mais qu'il faut renouveller chaque année
par leur semence. Or, ces deux sortes de
plantes, soit les vivaces, soit les annuelles,
sont aussi-bien que les semences de trois
genres différens. Sçavoir, celles qui sont
inodores; & de celles-là, il y en a qui sont
comme insipides, ou qui sont acides ou
ameres, ou mêlées de plusieurs façons de
ces deux saveurs, ou d'autres encore qui
ont un goût séparé, qui est piquant &
subtil; toutes ces sortes de plantes sont
vertes & tendres, & leur vertu paroît dès
le commencement de leur végetation, parce qu'elles abondent en suc, qui contient
en soi un sel essentiel tartareux, qui s'é-
paissit avec le tems & la chaleur en un mucilage, duquel il est bien difficile de les
dégager; c'est pourquoi il faut les prendre,
lorsqu'elles sont encore succulentes & tendre, en sorte que leur tige se rompe & se
casse facilement en les voulant plier.

Le *second genre* des plantes, est tout-à-
fait opposé au premier; car la plante n'a
que peu ou point de vertu au commencement qu'elle sort hors de la terre, & encore
beaucoup de tems après; lors donc qu'elles
sont encore vertes & tendres, elles n'ont

presque point de goût ni d'odeur, elles ne sentent proprement que l'herbe, parce que l'humidité superflue prédomine encore, & que leur vertu ne réside pas en un sel essentiel & tartareux; mais cette sorte de plante charie avec son aliment naturel un sel spiritueux & volatil, mêlé d'un soufre embrionné très-subtil, qui n'est pas réduit de puissance en acte, & qui ne paroît ni au goût, ni à l'odeur, qu'après que cette humidité superflue est cuite & digérée par la chaleur; alors la vertu de ces plantes commence à se faire connoître par leur odeur & par leur goût, mais principalement par leur odeur. On doit travailler sur cette seconde sorte de végétaux, lorsque le bas de leur tige commence à se sécher, qu'ils sont encore couverts de fleurs, & qu'ils commencent de faire voir quelque peu de leur semence.

Le *troisiéme genre* des végétaux, est mêlé des deux premiers, car ils ont du goût dès le premier moment de leur végétation; mais ils n'ont point d'odeur, & même ils n'en acquierent gueres, lorsqu'ils sont en leur perfection, ou s'ils en ont, elle ne paroît que lorsqu'on les presse, qu'on les broye, ou qu'on les frotte, parce que leur soufre est surmonté par une viscosité lente & crasse, qui contient beaucoup de sel, qui se déclare par un goût amer & piquant, ou par une saveur miéleuse & sucrée : la vertu de cette derniere sorte ne peut être bien extraite, que la digestion ou la fermentation n'ait précedé : on doit cueillir ces plantes, lorsqu'elles sont encore en fleur, si elles sont ameres & inodores ; mais si elles portent du fruit, des bayes, ou des grains, il faut attendre leur maturité, parce que ce sont ces parties-là qui contiennent la principale vertu de leur tout, & que c'est dans le centre du mucilage miéleux & sucré, que ces fruits ont en eux-mêmes, que l'Artiste doit chercher la vertu de ces mixtes admirables.

Or, ce ne seroit pas assez d'avoir donné ces notions générales, si nous n'en faisions quelques applications particulieres, qui serviront d'exemple & de conduite, qu'on fera sur chacun de ces genres, des plantes entieres ou de leurs parties. Nous parlerons donc premiérement des plantes succulentes nitreuses, c'est-à-dire, de celles qui participent d'un sel qui est de la nature du salpêtre, ou de ce sel de la terre, qui est le premier principe de la végetation, & qui semble n'avoir encore reçû qu'une très-petite altération dans le corps de ces plantes, sinon qu'il commence de participer de quelque portion du tartre & de sa fœculence. Les plantes qui sont de cette nature, sont la *parietaire*, la *fumeterre*, le *pourpier*, la *bourrache*, la *bugloſſe*, la *mercuriale*, la *morelle*, & enfin généralement toutes les plantes ſucculentes, qui ne ſont ni acides, ni ameres au goût ; mais qui ont ſeulement une ſaveur mêlée d'un peu d'acerbe, d'acide & d'amer tout enſemble, qui eſt un goût qui approche tout-à-fait de celui du ſalpêtre.

§. 2. *La préparation des plantes ſucculentes nitreuſes, pour en tirer le ſuc, la liqueur, l'eau, l'extrait, le ſel eſſentiel nitrotartareux, & le ſel fixe.*

Prenez une grande quantité de l'une de ces plantes, dont nous avons fait mention ci-deſſus, qu'il faut battre par parcelles au mortier de pierre, de bois ou de marbre, juſqu'à ce qu'elle ſoit réduite en une eſpece de boüillie, c'eſt-à-dire, que les parties de la plante ſoient bien déſunies & confondues ; en ſorte que tout ce qu'elle aura d'humeur ou de ſuc, puiſſe être totalement tiré en la preſſant à force dans un ſac de crin, d'étamine, ou d'une toile neuve claire. Lorſque le tout ſera battu & preſſé, il faut couler tout le ſuc à travers d'un couloir de toile un peu plus ſerrée ; puis le laiſſer raſſeoir, juſqu'à ce qu'il ait été en quelque façon dépuré de ſoi-même ; enſuite de quoi, il faut verſer ce ſuc doucement par inclination dans des cucurbites, ou des pots d'alembics de verre, que vous placerez au bain marie, si vous voulez avoir un bon extrait & un eau foible, parce que la chaleur du bain marie n'est pas capable d'élever le sel essentiel nitreux de la plante ; ce qui fait que ce sel demeure au fond du vaisseau mêlé avec le suc épaissi, qu'on appelle improprement extrait, lorsqu'il est réduit en une consistence un peu plus épaisse.

Mais si vous voulez une eau qui dure long-tems, & qui soit animée de son sel spiritualisé, il faudra placer vos cucurbites au sable, parce que ce dégré de chaleur est capable d'élever & de volatiliser la plus pure & la plus subtile portion du sel, & de les faire monter sur la fin de la distillation parmi les dernieres vapeurs aqueuses : néanmoins il faut surtout prendre garde de bien près, que la chaleur ne soit pas trop violente sur la fin, & que la matiere ne se desséche pas tout-à-fait au fond de la cucurbite, & encore beaucoup moins qu'elle vienne à s'attacher & à brûler. Mais avant que de venir à la fin de l'opération, il faut avoir soin de bien prendre garde à l'entiere défecation de votre suc ; car il se fait deux séparations, lorsque la chaleur du bain marie ou celle du sable, a fait la séparation de la substance radicale du suc de la plante d'avec la lie, qui s'affaisse au bas du vais-

feau, & de l'écume qui s'éleve au-deſſus ;
c'eſt pourquoi, il faut couler ce ſuc ainſi
dépuré, à travers le couloir de drap, qu'on
appelle ordinairement blanchet dans les
boutiques.

Enſuite de quoi, lorſque le ſuc eſt ainſi
ſéparé de toutes ſes héterogeneités & du
mélange étranger de la terre, il faut continuer la diſtillation au bain marie ou au
ſable, ſuivant l'intention de celui qui travaillera, juſqu'à ce que ce ſuc ſoit réduit en conſiſtence de ſyrop, qu'il faudra
mettre en une cave fraîche, ou en quelqu'autre lieu pareil, juſqu'à ce que le
ſel eſſentiel nitrotartareux ſoit criſtaliſé &
ſéparé de la viſcoſité du ſuc épaiſſi, qu'il
faut retirer en le verſant ſoucement par
inclination, puis le remettre au bain marie ou au ſable, & l'achever d'évaporer en
extrait, qui contiendra encore beaucoup
de ſel, s'il a été fait au bain marie, & qui
pourra ſervir à mettre dans des opiates,
ſuivant l'indication que voudra prendre le
ſçavant & l'expert Medecin ou l'Artiſte
même, lorſqu'ils s'en voudront ſervir dans
quelque maladie, ſelon la nature & la
vertu de la plante, ſur laquelle on aura
travaillé. Et voilà toutes les remarques néceſſaires pour la purification du ſuc des
plantes ſucculentes, pour la diſtillation de
leur eau, & pour la façon d'en avoir le ſel
eſſentiel & l'extrait.

Venons à présent à la préparation de leur
sel fixe : il faut faire sécher pour cet effet,
le marc ou le résidu de l'expression du suc,
puis ensuite le bien calciner & le bien brûler, jusqu'à ce que le tout soit réduit en
cendres grisâtres & blanchâtres, dont il
faudra faire une lessive avec de l'eau commune de pluye ou de riviere, qu'il faudra
filtrer à travers du papier broüillart, qui ne
soit gueres collé, afin que le corps de la
colle n'empêche pas la liqueur de passer
bien claire en peu de tems. Après que la
premiere lessive qui est empreinte du sel
des cendres de la plante est filtrée, il faut
verser de la nouvelle eau dessus les cendres, pour achever de tirer le reste du sel,
& continuer ainsi de lessiver & d'extraire
le sel, jusqu'à ce que l'eau en sorte insipide comme on l'y aura versée, ce qui est
un signe manifeste & évident qu'il n'y a
plus aucune portion de sel dans les cendres, qui ne font plus qu'une terre inutile,
à ce qu'il semble, ou comme quelques-uns
les nomment, la tête morte de la plante
sur laquelle on aura travaillé.

Mais il faut pourtant que je prouve le
contraire par l'histoire de ce qui m'est arrivé à Sedan, après avoir travaillé sur le fenoüil : car comme je croyois avec les autres, que ces cendres dépoüillées de leur
sel, étoient tout-à-fait inutiles, je les fis

jetter dans une cour où l'on tenoit ordinairement du fumier & d'autres immondices ;
je reconnus par ce qui arriva l'année sui-
vante, que je m'étois trompé, car il crut
une grande abondance de fenoüil dans cette cour, dont je tirai beaucoup d'huile diftillée, après qu'il fut venu à sa perfection ;
ce qui me fit reconnoître, avec cet excellent Philosophe & Médecin Helmont, que
la vie moyenne des choses ne périt pas si
facilement qu'on se l'imagine, & que selon cet axiome de Philosophie, *forma rerum non pereunt*, parce que l'Art & l'Artiste ne font que suivre la bonne mere nature de bien loin, & que cela nous fait
bien connoître que nous ne comprenons
pas le moindre de ses ressorts, & encore
beaucoup moins ceux qu'elle employe se-
cretement pour arriver à ses fins.

Revenons à notre sujet, après une di-
gression que j'ai crû devoir faire, puisque
c'étoit son propre lieu. Après donc qu'on
aura assemblé toutes les lessives bien fil-
trées, il les faut évaporer dans des écuelles
de grais sur le sable, jusqu'à pellicule,
c'est-à-dire jusqu'à ce qu'on apperçoive
que la liqueur commence à faire une petite croûte au-dessus, à cause qu'elle est trop
chargée de sel ; il faut alors commencer
d'agiter & de remuer doucement la liqueur
avec un biftortier, ou avec une spatule,

juqu'à ce que le sel soit tout desséché. Il
faut mettre après cela ce sel dans un creuset pour le réverbérer au four à vent entre
les charbons ardens, jusqu'à ce qu'il devienne rouge de tous les côtés, sans que
néanmoins il vienne à fondre, & c'est à
quoi il faut bien prendre garde. Ce travail
étant achevé, il faut tirer le creuset du feu,
le laisser refroidir, & puis dissoudre le sel
dans l'eau qu'on aura tirée de la plante,
d'où provient le sel, pour le filtrer encore
une fois, afin de le purifier & de lui rendre la portion du sel volatilisé dans la diftillation. Ensuite de quoi il faut mettre cette dissolution dans une cucurbite de verre,
qu'il faut couvrir de son chapiteau, &
retirer l'eau de ce sel au sable, jusqu'à
pellicule, alors il faut cesser le feu & mettre
le vaisseau en lieu froid pour faire cristaliser le sel, & continuer ainsi de retirer l'eau
au sable, & de faire cristaliser le sel, jusqu'à ce que tout le sel ait été retiré, &
vous aurez un sel pur & net, dont on se
pourra servir au besoin; mais il sert principalement pour en mettre une portion
dans l'eau qu'on a tirée de sa plante, afin
de la rendre non-seulement plus active &
plus efficace, mais aussi afin de la rendre
plus durable, & qu'elle se conserve plusieurs années sans aucune perte de sa vertu.
On en peut mettre deux drachmes pour

chaque pinte d'eau diftillée. La faculté générale des fels fixes des plantes, qui ont
été faits par calcination, évaporation, ré-
verberation, dépuration & criftalifation,
eft de lâcher doucement le ventre, d'évoquer les urines, & d'ôter les obftructions
des parties baffes : leurs autres vertus particulieres peuvent être prifes de la plante,
dont ils ont été tirés.

Et comme nous avons donné la maniere
de purifier les fels fixes, auffi faut-il que
nous donnions celle de retirer & de féparer une certaine limofité vifqueufe & colorée, qui fe trouve mêlée parmi les fels ef-
fentiels nitrotartareux dans leur premiere
criftalifation. Cela fe fait de la forte ; il
faut les diffoudre dans l'eau commune, &
les couler trois ou quatre fois fur une portion des cendres de la plante dont on les a
tirés. Ce qui fe fait pour deux fins inten-
tionelles ; car il ne faut pɑ que l'Artifte
travaille fans être capable de .endre raifon
pourquoi il fait une chofe, ou pourquoi il
ne la fait pas. La premiere intention eft,
afin que le fel effentiel, qui n'eft pas encore pur, & qui même fe trouve ordinairement mêlé parmi l'extrait, fans avoir pû
prendre l'idée ni le caractére de fel, à caufe de l'empêchement de la vifcofité des fucs
épaiffis, prennent en paffant au travers des
cendres le fel fixe de fon propre corps, qui

l'imprime de l'idée saline & qui fait qu'il se cristalise facilement après l'évaporation de la liqueur superfluë. La seconde intention est, afin que les cendres retiennent les corps épais & visqueux de l'extrait en elles, & qu'ainsi l'eau qui s'est chargée du sel essentiel & du sel fixe des cendres, passe plus nette & plus pure par la percolation réïtérée.

Lorsque cela est achevé, il faut évaporer lentement votre eau dans une terrine de grais au sable, non pas jusqu'à pellicule, comme nous l'avons dit en parlant des sels fixes, mais en faisant évaporer les deux tiers ou les trois quarts de la liqueur, qu'il faudra verser chaudement dans une autre terrine qui soit bien nette, & cela bien doucement sans troubler le fond; afin que s'il s'étoit fait quelque résidence de quelques corpuscules par l'action de la chaleur, ils ne se mélassent point parmi la liqueur claire, pour empêcher la pureté de la cristalisation du sel. Il faudra retirer l'eau qui surnagera les cristaux, & réïtérer l'évaporation, jusqu'à la consomption de la moitié de la liqueur, & continuer ainsi jusqu'à ce que vous ayez retiré tout votre sel en cristaux.

Que si l'Artiste n'est pas satisfait de cette purification, & que les cristaux n'ayent pas toute la netteté & la transparence desirée,

il les mettra tous dans un creuſet, qui ſoit
fait de la terre la moins poreuſe qu'il ſe
pourra, & qu'il faſſe fondre ſon ſel dans le
four à vent, afin que le feu de la fonte conſume tout ce qui peut empêcher la criſta-
liſation avec toute la netteté & la diapha-
néité requiſe ; après que ce ſel eſt fondu,
il le faut verſer dans un mortier de bronze,
qui ſoit net & qui ait été chauffé auparavant, afin que la trop grande chaleur du
ſel fondu ne le faſſe pas fendre ; lorſqu'il
ſera refroidi, il le faut diſſoudre dans une
quantité ſuffiſante de l'eau qui aura été
diſtillée de l'herbe même dont on a tiré le
ſel ; mais il ne faut pas que la quantité de
l'eau ſurpaſſe celle du ſel, autrement il en
faudra retirer le tiers ou la moitié par
diſtillation ou par évaporation ; après quoi
il faut mettre le vaiſſeau en un lieu frais, &
les criſtaux ſe feront beaux & clairs, qui
auront les éguilles d'une figure approchante
de celle du ſalpêtre, & qui auront à peu
près le même goût ; il faudra continuer
d'évaporer & de criſtaliſer, juſqu'à ce
que l'eau ne produiſe plus de ſel. Il faut
ſécher ce ſel eſſentiel entre deux papiers,
puis le mettre dans une fiole bien bouchée
pour le garder au beſoin. Ce ſel eſt capable de conſerver l'eau diſtillée de la plante,
auſſi bien que le ſel fixe ; & de plus il la
rend diurétique, apéritive & réfrigérante.

beaucoup mieux que le cristal minéral commun, qui est fait avec le salpêtre. On le
peut donner dans des boüillons ou dans de
la boisson ordinaire du malade, ainsi que
le prudent & sçavant Médecin le jugera
nécessaire. La dose est depuis dix grains
jusqu'à un scrupule.

§. 3. *La préparation des plantes succulentes
qui ont en elles un sel essentiel volatil, pour
en tirer l'eau, l'esprit, le suc, la liqueur,
le sel essentiel volatil, l'extrait & le sel fixe.*

Après avoir montré la façon de travailler sur les plantes qui ont un sel nitrotartareux, & avoir fait voir de quelle façon
l'Artiste les doit préparer, il faut continuer
d'enseigner ce qu'il y a de changement
d'opération en celles qui sont aussi succulentes, mais qui ont un goût âcre, piquant
& aromatique, qui possedent en elles une
grande abondance de sel essentiel volatil ;
comme sont tous les genres des *cressons*, le
sium, le *sisymbrium*, les *roquettes*, la *berle*,
le *coch'earia*, la *moutardelle*, toutes les
moutardes, & généralement toutes les autres plantes de cette nature, qu'on appelle
communément anti-scorbutiques.

Mais comme nous nous sommes amplement & suffisamment étendus sur la préparation des plantes succulentes, qui ont en
elles un suc nitrotartareux, & que les opé-

rations que nous avons décrites, doivent
servir de régle & d'exemple pour toutes les
autres plantes succulentes ; nous avons
néanmoins jugé nécessaire d'ajoûter ici
quelques remarques, qui concernent la
nature de ces plantes, le tems de les cueillir pour en avoir la vertu propre, & d'a-
joûter encore la maniere de faire les esprits
de ces plantes par l'aide de la fermentation,
parce que nous n'en avons point parlé ci-
devant.

Il faut donc premierement observer que
ces plantes aquatiques ou cultivées, participent dès leur naissance d'une grande
abondance de sel essentiel, qui est d'une
nature très-subtile, pénétrante & volatile ;
& qu'ainsi l'Artiste doit travailler sur cel-
les-ci avec plus de précaution & de diligence que sur les précédentes. La raison
est, que les autres n'avoient pas en elles cet
esprit salin, subtil & volatil, qui s'évapore & qui s'envole facilement, si on ne
prend son tems pour le conserver ; car si on
demeure trop long-tems à travailler sur ces
plantes après qu'elles ont été cueillies, cet
esprit s'échauffe facilement, & lorsque la
chaleur l'a volatilisé, il s'envole, & le corps
de la plante demeure pourri ou inutile. Il
faut donc prendre cette sorte de végétable,
lorsqu'il est monté nouvellement, & qu'il
commence à former les ombelles de ses

fleurs, car c'est en ce vrai tems que le sel
essentiel de la plante est suffisamment exalté, & qu'il a acquis toute la vertu qu'on
en espere ; car si on attendoit davantage,
toute cette efficace se concentreroit en peu
d'espace dans la semence, à cause de la chaleur de la plante & de celle de la saison,
comme cela se remarque évidemment dans
la culture du cresson alenois. Cela suffit
pour servir d'avertissement à l'Artiste, de
prendre garde à soi, lorsqu'il travaillera sur
des plantes de cette nature ; pour le reste,
il n'aura qu'à se conduire, ainsi que nous
l'avons enseigné ci - devant ; sinon qu'il
doit avoir égard aux circonstances précédentes , & surtout de ne point mettre le
sel essentiel volatil de ces plantes au creuset, autrement tout ce sel s'évanoüiroit, à
cause de son principe , qui est très - subtil
& très - volatil , & qui tient plus du lumi-
neux & du céleste , que de l'eau ni de la
terre , de qui tient celui qui est nitrotartareux.

§. 4. *Comment il faut faire l'esprit des plantes
succulentes, qui ont un sel essentiel volatil.*

Après avoir donné toutes les observations
nécessaires pour bien travailler sur les plantes de cette nature , il faut que nous achevions le discours que nous avons commencé, par la façon de bien faire leur esprit

volatil par le moyen de la fermentation ;
ce qui se doit exécuter ainsi.

Prenez autant qu'il vous plaira de l'une
de ces plantes, & la mondez de tout ce
qu'il y aura de terrestre & d'étranger ; bat-
tez-la dans un mortier de marbre, de pierre
ou de bois, & la mettez aussi-tôt dans un
grand récipient de verre, qu'on appelle ordinairement un grand balon, & versez
dessus de l'eau qui soit entre tiede & boüillante, que les Cuisiniers appellent de l'eau
à plumer, jusqu'à l'éminence d'un demi-
pied, & puis bouchez le col du balon avec
un vaisseau de rencontre : on laissera repo-
ser cela environ deux heures, après quoi
il y faut ajoûter de la nouvelle eau, qui ne
soit qu'amortie, afin de tempérer la chaleur
de la premiere, jusqu'à ce que l'Artiste
n'apperçoive pas, que le doigt puisse sentir
la chaleur de la liqueur ; & c'est ce que les
plus expérimentés en la théorie & dans la
pratique de la Chymie, appelle chaleur
humaine, & le vrai point de la fermentation.

C'est ici proprement où l'Opérateur Chymique a besoin de son jugement, & qu'il
doit bien prendre le tems de cette douce &
amiable chaleur, parce que si ce dégré de
chaleur excede, il volatilise trop subitement l'esprit & les parties subtiles de la
plante sur laquelle on travaille, qui s'en-

vole & qui s'évanoüit facilement, quelque précaution qu'on y apporte, car le tout se convertit ensuite en un acide ingrat, qui n'a plus aucun esprit volatil en soi. Que si aussi cette chaleur est moindre qu'elle ne doit être, elle n'aide pas suffisamment au levain ou au ferment, pour dissoudre & pour diviser les parties les plus solides de la plante, qui contiennent encore en elles un sel centrique, qui contribue beaucoup à la perfection de l'esprit qu'on prétend tirer de cette plante, & que de plus, elle n'aide pas aussi à la désunion de la viscosité du suc de la plante, qui contient en soi la principale portion du sel essentiel volatil, qui est celui qui fournit l'esprit : néanmoins il vaut mieux manquer au moins, que de pécher au plus. Lorsque les choses sont en cette température, il faut avoir de la levûre de biere, de son ferment ou de son ject, si on est en lieu pour cela ; sinon il faut faire lever de la farine dissoute & mêlée dans de l'eau un peu moins que tiede, avec environ une demie livre de levain ou de ferment, dont on se sert par toute la terre, pour faire lever la pâte dont on fait le pain, & lorsque ce levain a bien enflé la liqueur, & qu'il a fait monter la farine au haut, il faut prendre garde, lorsque cela vient à se fendre par le haut ; car c'est le vrai signe que l'esprit fermentatif est suffisamment

excité

excité pour être réduit de puissance en acte,
& pour être introduit dans la matiere, qui
sera prête pour être fermentée.

Mais notez qu'il ne faut pas que votre
vaisseau soit plus qu'à demi, autrement
tout sortiroit & fuiroit à cause de l'action
du ferment, qui éleve les matieres, & qui
les agite par un mouvement intérieur, en
quoi consiste la puissance de la nature &
celle de l'Art. Lorsque cette violence est
passée, il faut laisser agir doucement le levain, jusqu'à ce que l'Artiste apperçoive,
que ce que le mouvement de l'esprit fermentatif avoit élevé en haut, comme une
croûte de tout ce qu'il y avoit de corporel
& de matériel, afin de lui servir comme
d'un rempart & d'une défense contre l'éva-
sion & l'évaporation des esprits, qui sont
en action, que cette matiere, dis - je,
commence à s'affaisser & à tomber en bas
de soi-même, à cause qu'elle n'est plus
soutenue par l'activité des esprits. Cela
se fait ordinairement à la fin de deux ou de
trois jours en été, & de quatre ou de cinq
en hyver.

C'est encore ici qu'il faut que l'Artiste
prenne le tems à propos ; car il faut qu'il
distille sa matiere fermentée, aussi-tôt que
ce signe-lui est apparu, à moins qu'il ne
veüille perdre par sa propre négligence, ce
que la nature & l'art lui avoient préparé ;

Tome I. O

car cet esprit fermenté s'évanoüit très-facilement en ce tems-là , & ce qui reste n'est
plus qu'une liqueur acide , inutile & mauvaise. Mais lorsque l'Artiste prendra bien
son tems , & qu'il mettra sa matiere fermentée dans la vessie qu'il couvrira de la
tête de more , qu'il en luttera bien exactement les jointures, tant celle de la tête que
celle du canal, qu'il aura soin que l'eau du
tonneau qui sert de refrigere , pour condenser les vapeurs qui s'élevent , soit entre-
tenue bien fraîche , & qu'il donnera le feu
par dégrés , jusqu'à ce que les gouttes commencent à tomber & à se suivre de près ,
& que lorsque cela ira de la sorte , il aura
le jugement de fermer les registres du fourneau, & de boucher exactement la porte du
feu ; alors il aura par ce moyen un esprit
volatil , très-subtil & très-efficace : il ne
cessera le feu, que lorsqu'il goûtera que ce
qui distille, n'a plus de goût ; ce qui sera le
vrai signe qui lui fera finir son opération.
S'il veut rectifier cet esprit , il le distillera
derechef au bain marie : mais s'il a procedé
avec la méthode que nous avons décrite,
il n'aura pas besoin de rectification, parce
qu'il pourra séparer le premier esprit à part,
& ainsi le second & le troisiéme , qui seront différens en vertu & en subtilité , à
cause qu'ils seront plus ou moins mêlés de
phlegme.

Les vertus de cet esprit sont merveilleuses dans toutes les maladies, qui ont leur
siége dans des matieres fixes, crues & tartarées, parce qu'il dissout ces matieres,
qu'il les résout & les volatilise avec une
grande efficace ; mais par-dessus tout, l'esprit de cochlearia, comme aussi son sel
volatil qui se tire de son suc, de la même
façon que celui des plantes nitr ?tartarées :
car ce sont les deux plus puissa is remedes
que les Sçavans ayent trouvé contre les
maladies scorbutiques, qui regnent dans
les régions maritimes, & dont il y a peu de
personnes qui se puissent garantir durant
les longs voyages sur la mer. Et quoique
ces maladies soient presques inconnues en
France ; cependant la plûpart des mauvais
rhumatismes, qui proviennent de l'altération de la masse du sang, dont toute la
substance est vitiée & dégenerée en sérosité
crasse & maligne, dont le venin imprimé
dans les parties membraneuses & nerveuses, cause les lassitudes, les douleurs vagues, les enflures & les taches au cuir, qui
sont toutes les marques du scorbut. Or,
comme ces maladies ne se guérissent que
par les diaphorétiques & par les diuréti-
ques, il faut avoir recours aux esprits &
aux sels volatils des plantes anti-scorbutiques, dont nous venons de parler. La dose
de l'esprit est depuis six gouttes, jusqu'à

vingt dans du boüillon, ou dans la boiſſon ordinaire du malade : celle du ſel volatil eſt auſſi depuis cinq, juſqu'à quinze ou vingt grains dans les mêmes liqueurs, ou ce qui vaut encore mieux, dans de l'eau de la même plante.

§. 5. *Maniere particuliere de faire l'eau anti-ſcorbutique Royale.*

Cette eau a produit tant de beaux effets, pour le rétabliſſement de pluſieurs perſonnes de tout âge des deux ſexes, que j'ai crû néceſſaire de la communiquer à mes compatriotes, qui reſſentent tous les jours des douleurs ſcorbutiques, ſans en connoître ni la ſource, ni les remedes, qui ſont capables de les déraciner & de les guérir.

Prenez donc une demie livre de racine de moutardelle, qui s'appelle *raphanus ruſticanus* ; après qu'elle ſera bien nette, il la faut couper en petites tranches fort minces, & les mettre dans une grande cucurbite de verre, & y ajoûter trois livres de cochlearia marine & de celle des jardins, une livre & demie de creſſon alenois & de creſſon d'eau, & une livre de cette eſpece de ſcabieuſe, qu'on appelle mors-diable ou ſuccisâ, que les plantes ſoient hachées fort menu ; verſez deſſus douze livres de lait tout nouveau, & quatre livres de vin du

Rhin, ou de quelqu'autre vin blanc clair
& subtil, distillez le tout au bain marie,
jusqu'à ce qu'il ne distille plus rien. Gardez
cette eau bien bouchée dans des fioles à col
étroit, afin que l'esprit volatil qui la rend
efficace, ne s'évapore point ; c'est pourquoi
il faut avoir le soin de couvrir les bouteilles avec la vessie moüillée. Cette eau Royale
est admirable pour rectifier la masse du
sang, & pour tempérer les chaleurs du bas
ventre & des hypocondres ; elle chasse par
les urines & par la transpiration sensible &
par l'insensible ; elle rétablit les fonctions
du ventricule & donne de l'appétit, ce qui
montre qu'elle est spécifique contre le scorbut & contre les obstructions. On en prend
depuis deux onces jusqu'à six, le matin à
jeun, & autant l'après-midi, environ les
quatre ou cinq heures : on peut boire &
manger deux heures après l'avoir bûe. Mais
comme nous avons joint à l'usage de cette
eau, celui des tablettes & des pilules spécifiques contre le scorbut, il est aussi nécessaire que nous en donnions la description.

§. 6. *Tablettes anti-scorbutiques.*

Prenez une demie once d'antimoine diaphorétique, six drachmes d'écorce superfi-
cielle de citron récent, & une drachme &
demie de macis ou fleur de muscade, deux

O iij

onces d'amandes pelées, & une once de piſtaches mondées ; coupez ces quatre choſes en très-petits carreaux, & broyez bien le diaphorétique : puis cuiſez une livre de ſucre fin en ſucre roſat, avec de l'eau de roſes & de canelle ; après cela, rompez un peu votre ſucre, & y ajoûtez les eſpeces, mêlez le tout également ; & lorſque vous ſerez prêt de jetter vos tablettes, verſez dedans le poëlon une demie drachme de teinture d'ambre gris ; coupez les tablettes du poids de deux ou trois drachmes : il en faut manger une le matin & une autre le ſoir, après avoir avalé l'eau ci-deſſus.

§. 7. *Pilules anti-ſcorbutiques.*

Prenez deux drachmes de rhubarbe très-bien choiſie, trois drachmes d'aloë ſocotrin très-fin, deux drachmes & demie de myrrhe récente & pure, deux drachmes de gomme ammoniaque en larmes, une drachme de ſaffran pur & odorant, quatre ſcrupules de ſel de tartre de ſenné : mettez chaque choſe en poudre à part, puis les mêlez, & les rédriſez en maſſe, en ajoûtant goutte à goutte, & l'un après l'autre, autant qu'il faudra d'élixir de propriété avec l'eſprit de corne de cerf, & de la liqueur de la pierre hémathite, dont la préparation eſt au Traité des pierres. La doſe de ces pilules, eſt depuis un demi ſcrupule

jusqu'à une drachme ; vous en formerez
quarante pilules à la dràchme, afin qu'elles
se dissoudent plus facilement : il les faut
prendre avant le repas du soir, ou en se
couchant, elles ne troublent pas la digestion, & ne donnent aucunes tranchées ; mais
elles purgent bénignement : on en peut
prendre de deux jours l'un, ou de trois en
trois jours.

§. 8. *Comment il faut faire l'esprit & l'extrait de cochlearia.*

Comme il y a des personnes délicates,
qui ne peuvent pas prendre de l'eau anti-
scorbutique en quantité ; j'ai trouvé à propos de donner le procedé, pour bien faire
l'esprit & l'extrait de cochlearia, qui sont
deux excellens remedes contre le scorbut,
& qui sont aisés à prendre, à cause que l'un
se donne dans le vin blanc, & l'autre se
donne en forme de bol dans du pain à chanter : ils se font ainsi.

Prenez quatre livres de racines de moutardelle coupées en tranches bien minces,
six livres de semence de cochlearia de jardin, huit livres de cochlearia marine, &
dix livres de celle de jardin ; il faut écraser
la semence dans un mortier de bronze, &
hacher les herbes bien menu, & mettre le
tout dans la vessie de cuivre étamé ; puis
verser dessus du bon vin du Rhin, ou

d'autre vin blanc subtil , jusqu'à ce que les especes nagent dedans aisément ; couvrez la vessie de sa tête de more , lutez les jointures exactement ; adaptez un récipient commode , & donnez le feu comme pour distiller l'esprit de vin ; ayez égard que l'eau du réfrigere soit toujours fraîche , & la changez, si elle s'échauffe. Séparez ce qui distille de tems en tems, & le goûtez ; & lorsque l'esprit commencera à ne plus être bon & fort, tant au nez qu'à la langue, alors ne le mêlez plus ; mais continuez le feu, jusqu'à ce que les gouttes soient tout-à-fait insipides ; puis cessez le feu, & gardez cette eau spiritueuse à part, qui servira comme elle est, & se donnera en plus grande quantité que l'esprit, sinon elle servira pour une autre distillation.

On prendra donc le premier esprit, qui est très-fort dans du vin blanc, depuis dix gouttes jusqu'à trente & quarante gouttes ; il purifie la masse du sang, par la sueur & par la transpiration insensible & par les urines ; mais comme cet esprit pénétre jusques dans les dernieres digestions, & qu'il va fureter par sa subtilité jusques dans les derniers capillamens des veines, des artéres & des vaisseaux lymphatiques, pour en tirer & pour corriger ces sérosités subtiles, âcres & malignes, qui causent les douleurs & les éruptions scorbutiques ; il est aussi

néceſſaire de nettoyer le bas ventre , &
ſurtout la rate & le pancreas des matieres
terreſtres & groſſieres , par les ſelles , ce
qui ſe fera facilement avec l'extrait qui
ſuit.

§. 9. *Extrait de cochlearia.*

Après que vous avez fini la diſtillation
de l'eſprit & de l'eau ſpiritueuſe , il faut
ouvrir la veſſie , & tirer tout ce qui ſera dedans ; puis vous paſſerez la liqueur dans
un tamis , & vous preſſerez la matiere autant que faire ſe pourra , ſéchez l'expreſſion que vous brûlerez , & en tirerez le ſel
ſelon l'art. Clarifiez enſuite la liqueur
preſſée avec des blancs d'œufs , & l'évaporez au ſable lentement , juſqu'en conſiſtance d'un ſirop fort épais ; & lorſque vous
voudrez purger les ſcorbutiques ſpécifique-
ment , prenez depuis une demie drachme
juſqu'à trois , & juſqu'à une demie once de
cet extrait , auquel vous aurez joint le ſel
que vous aurez tiré des matieres calcinées ,
& y ajoûtez de la poudre de bonne rhubarbe & de celle de ſenné , depuis dix
grains juſqu'à une drachme , que vous mêlerez bien ; puis le ferez prendre en bol
avec du pain à chanter , & vous ferez boire
un petit trait de vin blanc par-deſſus , &
deux heures après un boüillon , ou un bon
trait de ce qu'on appelle Poſſet en Angle-

terre, qui eft du lait boüilli avec des pommes de renette coupées en roüelles, & dont on a féparé le fromage, en y verfant un verre de vin blanc. Cela purge rrès-doucement, & détache les vifcofités des parois du ventricule, ôte les obftructions de la rate, du méfentere & du pancreas, par le moyen du fel effentiel, qui eft dans cet extrait, comme fon goût le manifefte très-fenfiblement.

Il ne fera pas néceffaire de faire un grand difcours à part, pour faire comprendre comment on diftillera la *petite centaurée*, l'*abfynthe*, la *rue*, la *meliffe*, la *menthe*, l'*herbe à chat*, la *fleur du tillot*, & les autres plantes de cette nature, qui n'ont en elles aucune humidité; lorfqu'elles font en état d'être cueillies avec leur propre vertu. Il faut feulement les piler groffiérement au mortier, après les avoir coupées, & ajoûter dix livres d'eau pour chaque livre de la plante, qu'on voudra fermenter & diftiller pour en tirer l'efprit, & procéder au refte, comme nous avons dit ci-deffus, avec toutes les régles & toutes les remarques, qui font effentiellement néceffaires à bien faire réuffir la fermentation. Mais fi on ne veut fimplement tirer par la diftillation, que l'huile éthérée & l'eau fpiritueufe de la plante, il faut feulement diftiller cette plante hachée & coupée bien menu avec dix livres d'eau, pour une livre de la plante, fans aucune préalable infufion, macération, & encore moins fans fermentation.

Il y a pourtant encore un autre moyen de conferver les plantes de cette nature & les fleurs mêmes, & de les faire fermenter fans aucune addition, & c'eft encore ici où l'Artifte a befoin de beaucoup de circonfpection : car il ne faut pas obmettre aucune des circonftances que nous allons décrire, à moins que de vouloir perdre fon tems & fa peine ; ceci fe fait donc de la maniere qui fuit.

Il faut cueillir la plante ou la fleur, lorfqu'elles font en leur perfection, il faut pour cela que la plante foit entre fleur & femence ; & fi c'eft fimplement une fleur, il faut qu'elle foit dans la vigueur de fon odeur, & que les feüilles tiennent fermement à leurs queues : mais il y a outre cela la principale remarque, qui eft de cueillir ces chofes un peu après le lever du foleil, afin qu'elles ne foient pas chargées de la rofée, ce qui les feroit corrompre ; il ne faut pas auffi les prendre, lorfqu'il a plû le jour précédent, à caufe qu'elles auroient de l'humidité fuperflue, qui cauferoit le même accident. Lorfqu'on aura ces plantes ou ces fleurs, ainfi conditionnées, il faut en emplir de grandes cruches de grais, qui

foient bien nettes & bien féches, & les
preffer très-fort, jufqu'à ce que la cruche
en foit toute remplie, & qu'il ne refte du
vuide que pour y placer un bouchon de
liége qui foit fort jufte, & qu'on aura
trempé dans de la cire fondue, pour en
boucher la porofité ; cela étant fait, il faut
verfer de la poix noire fondue fur le bouchon de liége, & en enduire tout l'entour de
l'embouchure de la cruche, la mettre à la cave fur un ais, afin que la terre ne communique pas trop de fraîcheur, & que cela n'altere
pas la plante ou la fleur ; ainfi vous confer-
verez des années entieres des plantes & des
fleurs, qui feront fermentées par elles-mêmes, & qui feront prêtes pour être diftillées à tous les momens qu'on en aura befoin, en y ajoûtant dix livres d'eau pour
chaque livre de fleurs, ou de plantes entieres fermentées d'elles - mêmes ; & vous en
tirerez un efprit & un eau, qui feront
vrayement remplis & doüés de l'odeur &
de toutes les vertus de la plante, comme
nous en avons donné les exemples fur des
plantes ainfi digérées & fermentées en elles-
mêmes & par elles-mêmes, par les ordres
de M. Vallot, Premier Médecin du Roi,
qui a toujours commandé de faire ces dé-
monftrations en public, afin de mieux faire
connoître la vertu des chofes & la plus excellente façon de les diftiller, & qu'on

puisse légitimement confesser, que c'est de lui qu'on tiendra dorénavant cette belle & sçavante maniere de travailler.

Nous n'avons à présent rien autre chose à dire touchant les régles générales, & les observations communes que l'Artiste doit faire sur le végetable en général & sur ses parties en particulier, sinon qu'il faut que nous donnions les moyens de faire les liqueurs des plantes entieres ou de leurs parties, & même de purifier ces liqueurs, & de les exalter de plus en plus, jusqu'à ce qu'on les ait remises en la nature de leur premier être, qui ne laissera pas de posséder très-éminemment les vertus centrales de leur mixte, parce que la nature & l'art ont conservé dans ce travail toutes les puissances seminales qu'il possedoit : ainsi que le prouve & l'enseigne très-doctement notre très-grand & très-illustre Paracelse, dans le Traité qu'il intitule, *de renovatione & restauratione.*

§. 10. *La maniere de faire les liqueurs des plantes, & leurs premiers êtres.*

Toutes les plantes ne sont pas propres à cette opération, à cause qu'elles n'ont pas également en elles une proportion suffisante de sel, de soufre & de mercure, pour communiquer à leurs liqueurs & à leurs premiers êtres, la vertu de renouveller

& de restaurer ; & Paracelse même ne nous
en recommande que deux entre toutes,
qui doivent servir de régle & d'enseigne-
ment pour toutes les autres sortes de plantes, qui sont à peu près de la nature de ces
deux, qui sont la *melisse* & la *grande cheli-
doine* ; entre celles qui approchent de ces
deux, nous y pouvons légitimement comprendre la *grande scrophulaire*, la *petite centaurée* & les plantes vulnéraires, comme le
pyroha, la *consolida saracenica*, la *verge
dorée*, le *mille pertuis*, l'*absinthe*, & généralement toutes les plantes alexiteres, comme le *scordium*, l'*asclepias*, la *gentiane* & les
gentianelles, la *rue*, le *persil*, l'*ache* & beaucoup d'autres que nous laisserons au choix
& au jugement de l'Artiste, qui les préparera toutes de la sorte que nous le dirons
ci-après, & lorsqu'il en aura tiré la liqueur
ou le premier être, il s'en servira dans les
occasions, selon la vertu de la plante.

Il faut cueillir celle de ces plantes, qu'on
voudra préparer, lorsqu'elle est en son
état, c'est-à-dire, lorsqu'elle est tout-à-fait
fleurie ; mais qu'elle n'est pas encore en
semence, au tems que Paracelse nomme
balsamiticum tempus ; le tems balsamique,
qui est un peu devant le lever du Soleil,
parce qu'on a besoin dans cette opération
de cette douce & agréable humeur, que les
plantes attirent de la rosée durant la nuit,

par la vertu magnétique & naturelle qu'elles ont de se fournir de l'humidité dont elles ont besoin, tant pour leur subsistance & pour leur vie, que pour résister aussi à la chaleur du Soleil, qui les suce, & qui les desséche durant le jour.

Lorsque vous aurez une quantité suffisante de la plante que vous voulez préparer, il la faut battre au mortier de marbre, & la réduire en une boüillie impalpable, autant que faire se pourra ; puis il faut mettre cette boüillie dans un matras à long col, qu'il faut sceller du sceau de Hermès, & le mettre digérer au fumier de cheval durant un mois philosophique, qui est l'espace de quarante jours naturels, ou bien mettre le vaisseau au bain vaporeux, & qu'il soit enfermé dans de la sieure de bois ou dans de la paille coupée, durant le même tems, & à une chaleur analogue à celle du fumier de cheval. Ce tems étant expiré, il faut ouvrir votre vaisseau pour tirer la matiere qui sera réduite en liqueur, qu'il faut presser & séparer le pur de l'impur par la digestion au bain marie à une lente chaleur, afin qu'il se fasse une résidence des parties les plus grossieres, que vous séparerez par inclination, ou ce qui sera mieux, en filtrant cette liqueur à travers du coton par l'entonnoir de verre : il faut mettre cette liqueur ainsi dépurée dans une fiole, afin

d'y joindre le sel fixe qu'on tirera de l'expression de la plante, ou de la même plante
desséchée : ce qui servira pour augmenter
sa vertu, & pour la rendre de plus longue
durée, & même comme incorruptible.

Mais lorsque l'Artiste veut pousser plus
loin son travail, qu'il veut purifier cette
liqueur au suprême dégré & la réduire en
premier être, il y procédera de la sorte. Il
faut prendre parties égales de cette liqueur
& de l'eau de sel, ou de sel résout, dont
nous enseignerons la pratique au Traité des
sels, & les mettre dans un matras, qu'il
faudra sceller hermétiquement, & l'exposer au Soleil six semaines durant, & ainsi,
sans aucun autre travail, cette liqueur saline
séparera toutes les hétérogenéités & les li-
mosités, qui empêchoient la pureté & l'exaltation de ce noble médicament ; mais à la
fin de ce tems, on verra trois séparations
différentes, qui sont les feces de la liqueur
de l'herbe, le premier être de la plante,
qui est vert & transparent comme l'émé-
raude, ou clair & rouge comme le grenat
oriental, selon la qualité & la quantité du
sel, du soufre ou du mercure, qui auront
prédominé dans la plante qu'on aura ainsi
préparée.

Je sçai qu'il y en aura plusieurs qui diront que la pratique de cette opération est
facile, & que la plûpart ne croiront jamais

que la liqueur des plantes , ni leur premier
être , puissent posseder les vertus que nous
leur attribuerons après Paracelse. Je sou-
haiterois néanmoins que chacun en fût persuadé par des expériences légitimes & très-
assûrées , comme je le suis , afin que les
Artistes se missent à travailler à ces rares
préparations , avec une confiance de n'être
point frustrés du bien qui leur en peut revenir en particulier , & de celui qu'ils pro-
cureront à la société civile , par la santé
qu'ils conserveront , ou qu'ils répareront
dans les sujets particuliers qui la composent.

§. II. *De la vertu & de l'usage de la liqueur*
des plantes.

Ce mot de liqueur ne se prend pas ici
simplement pour le suc , ou pour l'humidité
de la plante ; mais on le donne ici à cette
espéce de remede par excellence , parce
qu'il contient en soi tout ce que la plante
dont il provient , peut avoir d'efficace & de
vertu. Ce qui fait qu'il n'est pas difficile de
faire concevoir à quoi ces liqueurs bien
préparées peuvent & doivent être em-
ployées. Car si la liqueur est faite d'une
plante vulnéraire , on la peut donner plus
sûrement que la décoction de pas une des
plantes de cette nature , dans les potions
vulnéraires ; on la peut mêler dans les in-

jections, on la peut faire entrer dans les
emplâtres, dans les onguens & dans les
digeſtifs, qui ſerviront pour les appareils
des playes ou des ulcéres ; mais avec cette
condition, que le corps de ces remedes
ſoit compoſé de miel, de jaune d'œuf, de
thérébentine, de myrrhe ou de quelque
autre corps balſamique, qui prévienne plutôt les accidens des parties qui ſont bleſſées,
que d'en faire une colliquation & une ſup-
puration inutile & douloureuſe ; ce qui
n'eſt jamais ſelon la bonne intention de la
nature, & encore beaucoup moins ſelon les
vrais préceptes de la belle & de la docte
Chirurgie.

C'eſt dans cette excellente partie de la
Médecine, que notre Paracelſe a principalement excellé, comme cela ſe prouve
ſans contredit, par les deux excellens Traités, qu'il intitule, *la grande & la petite
Chirurgie*. De plus, ſi la liqueur eſt tirée
d'une plante thorachique, on la pourra
mêler dans les juleps & dans les potions
qu'on fera prendre aux malades, qui ſeront travaillés de quelque affection de la
poitrine. Si elle eſt faite d'une plante diurétique ou anti-ſcorbutique, on l'employera
pour ôter les obſtructions de la rate, du
méſentere, du pancréas, du foye & des
autres parties voiſines ; ou bien, on la fera
ſervir contre le calcul, contre la ſuppreſ-

sion de l'urine & contre les autres maladies des reins & de la vessie. Enfin si cette liqueur tire sa vertu de quelque plante alexitaire, cordiale, céphalique, hystérique, stomachique ou hépatique, on s'en servira avec un très-heureux succès contre les venins & contre toutes les fièvres, qui tirent leur origine de ce venin, si la plante est alexitaire. On la donnera aussi contre toutes sortes de foiblesses en général, si la plante est cordiale. Que si aussi elle est céphalique, cela montre que la liqueur est utile contre l'épilepsie, contre les menaces de l'apoplexie, contre la paralysie & contre toutes les autres affections du cerveau. Si elle est hystérique, elle fera des merveilles contre les suffocations de la matrice, contre ses soulevemens, contre ses convulsions, & encore contre toutes les autres irritations de ce dangéreux animal, qui est contenu dans un autre. Si elle est stomachique, ce sera le vrai moyen pour empêcher toutes les corruptions qui s'engendrent dans le fond du ventricule, soit qu'elles proviennent du défaut de la digestion, à cause de la superfluité, ou à cause du vice & de la mauvaise qualité des alimens; soit aussi qu'elle soit occasionnée par une mauvaise fermentation. Enfin, si la liqueur a la vertu d'une plante hépatique, s'il est vrai que ce soit le foye, qui soit le magazin &

la source du sang ; on donnera ce remede dans toutes les maladies qu'on attribue au vice & au défaut de ce viscere ; mais principalement dans les hydropisies naissantes, & même dans celles qu'on croira confirmées.

La dose de ces liqueurs, ou de ces teintures vrayement balsamiques & amies de notre nature, est depuis un demi scrupule jusqu'à une drachme, & jusqu'à deux drachmes, selon l'âge & les forces de ceux à qui le Médecin les croira propres & utiles. Ajoûtons pourtant encore un petit avis, afin que ceux qui prépareront ces liqueurs, les puissent aussi conserver long-tems, sans aucune altération & sans aucune diminution de leur force, de leur vertu, ni de leur efficace : c'est qu'il faudra qu'ils y mêlent seulement quatre onces de sucre en poudre pour une livre de liqueur, si c'est pour s'en servir intérieurement ; ou quatre onces de miel cuit avec le vin blanc & écumé, si c'est pour s'en servir extérieurement en la Chirurgie.

§. 12. *De la vertu & de l'usage du premier être des plantes.*

On pourra se servir du premier être des plantes dans tous les cas où nous avons dit que leurs liqueurs étoient utiles. Mais il doit y avoir cette notable différence, que comme ces beaux remedes font beaucoup plus purs & plus exaltés, que les liqueurs qui font plus corporelles ; ce qui fait qu'on doit néceffairement diminuer leur dofe de beaucoup, de maniere que ce qui fe donnoit par drachmes avant ce haut dégré de préparation, ne fe donne plus que par gouttes. La dofe en eft donc depuis trois gouttes jufqu'à vingt, en augmentant par dégrés : on peut prendre ce remede dans du vin blanc, dans un boüillon, ou dans quelque décoction ou quelque eau, qui pourront fervir de véhicule au médicament, pour le faire agir & le faire pénétrer par la fubtilité de fes parties jufques dans nos dernieres digeftions, pour en chaffer le mauvais & l'inutile, y rétablir les forces, & finalement remettre la nature dans fon véritable état, pour la direction de la fanté du fujet dans lequel elle agit.

Mais il faut que nous montrions que ce n'eft pas fans raifon, que Paracelfe parle de la préparation des premiers êtres dans le Traité, que nous en avons cité ci-deffus, qui eft celui *de renovatione & reftauratione*, c'eft-à-dire, du renouvellement & de la reftauration ; car ce grand homme, conclut ce Traité, par la façon de faire les premiers êtres de quatre matieres différentes ; fçavoir, le premier être des animaux, celui des pierres précieufes, celui des plantes & celui des liqueurs, qui est celui des soufres ou des bitumes; il ne s'est pas voulu contenter de faire le discours théorique de la possibilité du renouvellement & de la restauration de nos manquemens intérieurs & extérieurs; mais il a voulu de plus donner la pratique de travailler sur diverses matieres pour en tirer les premiers êtres, & conclut enfin par la maniere de s'en servir pour se pouvoir renouveller.

Il dit donc qu'il faut simplement mettre autant de cette précieuse liqueur dans du vin blanc, qu'il en faudra pour le colorer de la couleur approchante de celle du remede, & qu'il en faut boire ou faire boire un verre tous les matins à jeun à celui, ou à celle qui aura quelque défaut d'âge ou de maladie. De plus, il donne les signes du commencement & du progrès de ce renouvellement, & le tems auquel il faut cesser l'usage de ce médicament admirable; car il n'a pas crû devoir dire les signes, ni les observations qu'on doit faire, lorsqu'on le prend pour quelque maladie sensible, puisqu'il s'ensuit nécessairement qu'on en doit continuer l'usage, jusqu'à ce qu'on en ressente du soulagement, ou jusqu'à ce que le mal diminue, & c'est alors qu'il faudra cesser l'usage du remede.

Mais pour les signes du renouvellement, il les met d'une suite judicieuse, comme

s'il vouloit prévenir l'incrédulité de ceux
qui ne connoissent pas la puissance, ni la
sphére d'activité de la vertu & de l'efficace
que Dieu a mise dans les êtres naturels,
lorsqu'il font réduits par le moyen de l'Art
à leur principe universel, sans perte de
leur bonté séminale ; ou bien encore pour
prévenir l'étonnement de ceux qui s'en
serviront, puisque ce qui arrive, ne cause
pas une petite surprise, lorsque la personne
qui se sert de ces remedes voit premiérement tomber ses oncles des pieds & des
mains ; qu'ensuite de tout cela, tout le
poil du corps lui tombe & les dents ensuite ; & pour le dernier de tous, que la peau
se ride, & se desséche peu à peu & tombe
aussi de même que le reste, qui font tous
les signes & les observations qu'il donne
du renouvellement intérieur par ce qui se
fait en l'extérieur.

C'est comme s'il vouloit nous insinuer
& nous faire comprendre qu'il faut de toute nécessité, que le médicament ait pénetré
par tout le corps, & qu'il l'ait rempli d'une
nouvelle vigueur, puisque les parties extérieures qui font insensibles, & comme
les excrémens de nos digestions, tombent
d'elles-mêmes sans aucune douleur ; mais
remarquez qu'il fait cesser l'usage du remede, lorsque le dernier signe apparoît, qui
est la sécheresse de la peau, ses rides & sa

chûte ; parce que c'est un signe universel, que l'action du renouvellement s'est étendue suffisamment par toute l'habitude du corps, que la peau couvre généralement, & qu'ainsi il a fallu que cette vieille écorce tombât, & qu'il en revînt une autre, parce que la premiere n'étoit plus assez poreuse ni assez perméable, pour faire que la chaleur naturelle qui est renouvellée, pût chasser au-dehors toutes les superfluités des digestions, qui sont les causes occasionnelles internes & externes de la plûpart des maladies du corps humain.

Je sçai que ce remede & les vertus renovatives & restauratives qu'on lui attribue, passeront pour ridicules parmi le vulgaire des Sçavans, & même parmi ceux qui se prétendent Physiciens. Tant à cause que la Philosophie du cabinet, n'est pas capable de comprendre ce mystere de nature ; que parce qu'ils ne sont pas aussi convaincus, ni les uns ni les autres par aucune preuve, ni par aucune expérience. Mais il faut que j'entreprenne de les convaincre par deux exemple, l'un tiré de ce qui se fait naturellement tous les ans, par le renouvellement de quelques animaux en une certaine saison seulement ; & l'autre de l'histoire trèsvéritable que je rapporterai, de ce qui arriva à un de mes meilleurs amis, qui prit du premier être de melisse ; à une femme

plus

plus que fexagénaire, qui en prit auffi; &
enfin de ce qui arriva à une poule qui
mangea du grain, qu'on avoit abbreuvé de
quelques gouttes de ce premier être.

Pour ce qui eft du premier exemple, il
n'y a perfonne qui ne fçache le renouvellement de la tête ou du bois du cerf, comme
auffi la dépoüille de la peau des ferpens &
des viperes, fans parler de celui des alcions,
puifque Paracelfe en fait l'hiftoire dans le
Traité que nous avons cité ci-devant; mais
de tous ceux qui fçavent que cela fe fait, il
y en a peu qui fçachent, ou qui fe mettent
en peine de fçavoir & de connoître comment, par quel moyen & pour quelles raifons cela fe fait. Car premiérement, pour
ce qui eft des ferpens en général, il faut
confidérer qu'ils demeurent cachés fous
terre, ou dans les creux des arbres & des
rochers, ou logés parmi des pierrailles,
depuis la fin de l'automne jufques bien
avant dans le printems; & qu'ainfi durant
ce tems, ils font comme affoupis & comme morts, que leur peau devient épaiffe &
dure, que même elle perd fa porofité pour
la confervation de l'animal qu'elle couvre;
car s'il fe faifoit une expiration continuelle, il fe feroit auffi une déperdition de la
fubftance de cet animal : or après que les
ferpens font fortis de leurs trous au printems, & qu'ils ont commencé à paître & à

Tome I.　　　　　　　　　　P

prendre pour leur nourriture la pointe des
herbes, qui ont la vertu de renouveller :
aussi-tôt cet animal étant excité par une démangeaison qu'il sent vers le contour de sa
tête, à cause de la chaleur des esprits, qui
sont échauffés par ce remede naturel, il se
frotte & se glisse jusqu'à ce qu'il se soit dé-
poüillé la tête de sa vieille peau. Ce qu'il
continue le reste du même jour, jusqu'à
ce qu'il ait jetté cette dépoüille, qui lui
étoit non-seulement inutile ; mais qui même l'eût fait suffoquer, faute d'être poreuse &
transpirable, & alors il paroît tout glorieux
de son renouvellement ; ce qui se remarque
par la différence du mouvement lent & pa-
resseux de ceux qui ne sont pas renouvel-
lés, d'avec l'action vive de ceux qui sont
dépoüillés, dont le mouvement est si
prompt & si léger, que même ils se déro-
bent facilement à notre vûe ; & de plus,
la peau des uns est vilaine & de couleur de
terre, & l'autre au contraire est unie, belle, luisante & bien colorée.

Pour ce qui est de l'exemple du cerf,
cela se fait d'un autre maniere & pour une
autre raison, que ce qui arrive aux serpens ;
car cet animal ne se cache point en terre,
ni ne renouvelle pas toutes ses parties extérieures, puis qu'il n'y a que ses cornes,
sa tête ou son bois, qu'il met bas au printems ; mais la raison est, que ce pauvre

animal est privé durant l'hyver d'une nourriture, qui soit suffisante pour nourrir &
entretenir cette production merveilleuse
qu'il a sur la tête, puisque même il n'en a
pas assez pour sa propre subsistance & pour
sa vie ; alors les Veneurs disent que les bêtes sont tombées en pauvreté ; ce qui se reconnoît, non-seulement par leur maigreur
& par leur foiblesse, mais aussi principalement par leur bois, qui devient aride,
spongieux & sec, parce que cet animal n'a
pas une vigueur assez abondante pour pousser un aliment spiritueux & salin jusques
dans ce bois, à cause du défaut de l'aliment,
comme nous le disions à ce moment.

Or, c'est de cet aliment que vient la force,
la vigueur & la subsistance au bois du cerf ;
ce qui fait qu'il est contraint de mettre bas,
lorsqu'un aliment bon & succulent lui re-
vient au printems, qui l'anime, qui l'é-
chauffe, & qui fait végeter de nouveau,
s'il faut dire ainsi, la tête de l'animal. Nous
ne dirons rien davantage de ce renouvellement, ni de la vertu qui est contenue dans
le nouveau bois du cerf, comme dans celui
qui est une fois durci & comme parfait,
parce que nous en avons amplement fait
mention au Chapitre de la préparation
Chymique des animaux & de leurs parties.

Mais venons à présent à la preuve du
renouvellement, qui a été commencé de

l'usage d'un premier être , par le récit de l'histoire que nous avons promise, & qui se passa de la sorte. Après qu'un de mes meilleurs amis eut préparé le premier être de la mélisse, & que tous les changemens & toutes les altérations, que Paracelse requiert, eurent succédé selon son espérance & selon la vérité , il crut ne pouvoir être pleinement satisfait en son esprit, s'il ne faisoit l'épreuve de ce grand arcane , afin d'être mieux persuadé de la pure vérité de la chose , & de l'énonciation de l'Auteur qu'il avoit suivi ; & comme il connoissoit que l'expérience est ordinairement trompeuse en autrui , il la fit sur soi-même , sur une vieille servante, qui avoit près de soixante & dix ans, qui servoit en la même maison , & sur une poule qu'on nourrissoit au même lieu. Il prit donc près de quinze jours durant, tous les matins à jeun , un verre de vin blanc coloré de ce remede ; & dès les premiers jours , les ongles des pieds & des mains commencerent à se séparer de la peau sans aucune douleur , & continuerent ainsi , jusqu'à ce qu'ils tomberent d'eux-mêmes. Je vous avoue qu'il n'eut pas assez de constance pour achever de faire cette expérience toute entiere , & qu'il crut d'être plus que suffisamment convaincu par ce qui lui étoit arrivé , sans qu'il fût obligé de passer plus avant sur sa propre personne.

C'eſt pourquoi, il fit boire de ce même vin
tous les matins à cette vieille ſervante, qui
n'en prit que dix ou douze jours ; & avant
que ce tems fût expiré, ſes purgations lunaires lui revinrent avec une couleur loüable & en aſſez grande quantité, pour lui
donner de la terreur, & pour lui faire croire
que cela la feroit mourir, puiſqu'elle ne
ſçavoit pas qu'elle eût pris quelque remede
capable de la rajeunir ; cela fut cauſe auſſi
que mon ami noſa paſſer plus loin, tant
pour la peur qui avoit ſaiſi cette pauvre
femme, qu'à cauſe de ce qui lui étoit arrivé. Après avoir ainſi fait l'épreuve très-
certaine des effets de ſon médicament ſur
l'homme & ſur la femme ; il voulut ſçavoir
s'il agiroit auſſi ſur les autres animaux, ce
qui fit qu'il trempa des grains dans le vin,
qui étoit empreint de la vertu de ce premier
être, qu'il fit manger à une vieille poule à
part, ce qu'il continua quelque huit jours,
& vers le ſixiéme la poule fut déplumée
peu à peu, juſqu'à ce qu'elle parut toute
nue ; mais avant la quinzaine les plumes
lui repouſſerent ; & lorſqu'elle en fut couverte, elles parurent plus belles & mieux
colorées qu'auparavant, ſa crête ſe redreſſa
& pondit des œufs plus qu'à l'ordinaire.
Voilà ce que j'avois à dire là-deſſus, & d'où
je tire les conſéquences qui ſuivent.

Je croi qu'il n'y a perſonne, dont le ſens

soit assez dépravé pour ne pas concevoir facilement, que puisque la nature nous enseigne par toutes les opérations, qu'il faut
entretenir la porosité dans les corps vivans
pour les faire vivre, avec toutes les fonctions nécessaires aux parties qui les composent : qu'aussi faut-il de toute nécessité, que
l'art qui n'est que l'imitateur de la nature,
fasse la même chose, pour entretenir &
pour restaurer la santé des individus, qui
sont commis à son soin & à sa tutelle.

Ce qui fait que je dis conséquemment,
qu'il faut que le Médecin & l'Artiste Chymique travaillent incessamment à découvrir, par l'anatomie qu'ils feront des mixtes naturels, cette partie subtile, volatile,
pénétrante & agissante, qui ne soit point
corrosive ; mais au contraire, qui soit amie
de notre nature, & qui aide simplement à
la faire enfanter sans la contraindre. Et
comme je sçai qu'il n'y a que les sels volatils sulfurés, qui puissent avoir la puissance
d'agir de la maniere que nous avons dite,
aussi faut-il qu'ils étudient de toute leur
puissance, à détacher cet agent amiable, &
qui est néanmoins très-efficace, du commerce du corps grossier & matériel, s'ils
veulent être les vrais imitateurs de la nature, qui se sert toujours de ce même agent,
pour conduire tous les corps animés à la
perfection de leur prédestination naturelle,

fi elle n'en eſt empêchée par quelque cauſe
occaſionnelle externe ou interne, qui in-
terrompent ordinairement l'ordre, l'œco-
nomie & la conduite des reſſorts, qui
maintiennent une agréable harmonie dans
tous les compoſés animés. Or, c'eſt ce que
Paracelſe a fait, en nous apprenant la façon
de préparer les liqueurs & les premiers
êtres, parce que cette opération ſépare le
ſubtil du groſſier, qu'il conſerve & qu'il
exalte les puiſſances ſeminales du compoſé,
juſqu'à ce qu'elle l'ait rendu capable de réparer les défauts des fonctions naturelles ;
afin qu'à l'exemple de ce grand Naturaliſte,
& que ſuivant les idées que nous avons
données dans ce diſcours que nous avons
tracé, avant que de venir au détail des parties des végetaux & de toutes les opérations, auſquelles ils ſont ſoumis par le travail de la Chymie, que tous ceux qui s'a-
donnent particuliérement à ces belles préparations, ſoient prévenus d'une connoiſſance générale de leurs parties ſubtiles ou
groſſieres, ils puiſſent auſſi conduire & régler leur jugement & leurs actions, ſelon
les théorêmes & les notions que nous avons
données, qu'ils approprieront par la direction de leurs intentions à chaque végetable
en particulier ; & qu'ainſi l'Artiſte puiſſe
ſatisfaire à ſoi-même, à l'illuſtration & à
l'ennobliſſement de ſa profeſſion, & encore

ce qui doit être son principal but, à l'entretien & au recouvrement de la santé de son prochain.

SECOND DISCOURS.

Des sirops.

NOus avons, ce me semble, assez insinué la diversité de la nature des plantes, & la différence de leurs parties dans le discours précédent, pour préparer l'esprit de l'Artiste à reconnoître la vérité de ce que nous avons à dire dans celui que nous commençons, pour réprimer & pour ôter, s'il est possible, l'abus & la mauvaise préparation que la plûpart des Apothicaires pratiquent, lorsqu'ils travaillent à leurs sirops, qui sont simples ou composés, & qui ne font rien autre chose que du sucre, ou du miel cuits en une certaine consistance liquide, ou avec des eaux distillées, ou avec des sucs, ou encore avec les décoctions des plantes entieres, ou avec celle de leurs parties, comme font les feüilles, les fleurs, les fruits, les semences & les racines. Or, comme nous avons enseigné cidevant la diversité de la nature de ces choses, pour y avoir égard, lorsque l'Artiste les veut distiller ; c'est aussi à cette instruction, que nous renvoyons l'Apothicaire, qui veut devenir Chymiste, pour acquerir

la même connoiſſance, lorſqu'il voudra
bien faire les ſirops ſimples & les compoſés.
Néanmoins comme je ſçai que tous les diſ-
penſaires commettent les mêmes fautes en
ce qui concerne les ſirops, & qu'il n'y a eu
qu'un Médecin Chymique, qui ait oſé entreprendre de les corriger ; je me ſens
obligé de ſuivre l'exemple de M. Zwelfer,
Médecin de l'Empeur Léopold, qui a fait
des remarques très-doctes ſur tous les défauts de la Pharmacie ancienne ; mais comme il écrit en latin, & que de plus il rai-
ſonne en Chymiſte, j'ai crû que j'étois
obligé de mettre au bon chemin ceux qui
n'y entrent pas, faute d'être Chymiſtes, &
de ne ſçavoir pas aſſez de latin, pour entendre & pour ſuivre un Auteur ſi admirable ; & de plus, d'exhorter ceux qui ſça-
vent le latin, & qui croyent être Chymiſtes,
de ne point enfoüir leur talent ; mais au
contraire, de le faire valoir pour le bien
des malades, pour l'honneur du Médecin &
de la Pharmacie, à l'acquit de leur conſ-
cience, & à leur profit particulier.

Il faut pourtant que nous mettions ici
quelques exemples des fautes qu'on a com-
miſes par le paſſé, & que nous prouvions
qu'on a failli, faute de n'avoir pas connu
les choſes comme il faut, & que nous en-
ſeignions enfin le moyen de mieux faire,
& que nous donnions les raiſons poſitives,

P v

& qui ayent leur fondement dans la chose même & dans la maniere de travailler, pourquoi on aura mieux fait, & pourquoi on aura réussi.

Avant que de venir à la preuve, à laquelle nous nous sommes engagés, il est nécessaire que nous fassions voir à nud le but qu'ont eu les Anciens & les Modernes dans la composition des sirops simples & des composés, dont ils nous ont laissé les descriptions dans leurs antidotaires & dans leurs dispensaires. Tous les vrais amateurs de la Médecine ont crû de tout tems, qu'il falloit que les remedes eussent trois conditions ; à sçavoir, qu'ils fussent capables d'agir promptement, sûrement & agréablement : *citò, tutò & jucundè*. De plus, ils ont aussi travaillé pour faire que ce qu'ils préparoient, se pût conserver quelque tems avec sa propre vertu, afin qu'on y eût recours au besoin. Voilà pourquoi ils ont composé tous leurs sirops & les autres remedes, qui sont approchans de cette nature, avec du miel & avec du sucre, ou avec tous les deux ensemble. Ils se sont donc servis de ces deux substances, comme de deux sels balsamiques, propres à recevoir & à conserver la vertu des eaux distillées ; comme celle de l'eau de roses dans leur sirop ou julep Alexandrin ; celle des sucs des plantes ou des fruits ; comme celles du vin, du vinaigre, du suc de coings, de citrons, d'oranges, de grenades & de beaucoup d'autres choses, dans les sirops qu'ils ont voulu que les Apothicaires tinssent dans leurs boutiques. Celle des infusions des bois, des racines, des semences & des fleurs, dont ils ont ordonné de faire les sirops ; & enfin, celle des décoctions d'un bon nombre de toutes ces choses mêlées ensemble, comme les aromats, les fleurs, les fruits mucilagineux, les semences laitées, les racines glaireuses & celles qui sont doüées de sels volatils, dont ils nous ont donné la méthode, pour en faire les sirops composés.

Mais, comme la plus grande partie de ceux qui jusqu'ici ont prétendu vouloir, & pouvoir enseigner la Pharmacie & le *modus faciendi* aux Apothicaires, n'ont pas eux-mêmes connu la différence des matieres, ni même n'ont pas sçû les divers moyens d'extraire leur vertu sans aucune perte, parce qu'ils ignoroient la Chymie ; aussi ne faut-il pas s'étonner, si les Apothicaires qui les ont suivis, & qui les suivent encore tous les jours, ont péché & ont failli beaucoup plus lourdement qu'eux ; puisque pour l'ordinaire ils ne font pas même exactement ce qu'ils trouvent dans leurs Livres.

Il faut donc avoir recours à la Physique

Chymique, qui nous prescrira les régles, qui empêcheront dorénavant les Médecins & les Apothicaires de commettre des fautes pareilles, s'ils prennent la peine de les suivre ; & s'ils profitent des exemples & des enseignemens que nous allons faire suivre, pour apprendre à bien méthodiquement faire les sirops simples & les composés, sans que l'Apothicaire perde aucune portion de la vertu qui réside dans le sel volatil sulfuré, & dans le fixe des mixtes qui entrent en leur dispensation.

Nous commencerons par les sirops simples, & cela par dégrés, & premiérement par ceux qui sont composés des sucs, qui sont déja dépurés d'eux-mêmes, ou qui se peuvent séparer, sans crainte que la fermentation leur nuise, comme sont les sucs acides. Après cela, nous parlerons des sirops, qui se font avec les sucs qui se tirent des plantes, qui sont de deux natures ; les uns sont inodores, & participent d'un goût vitriolique tartareux ; & les autres, ont de l'odeur & participent d'un sel volatil sulfuré : ces deux sortes de sucs ont besoin de l'œil & de l'industrie de l'Artiste pour en séparer les impuretés, sans aucune perte de leurs facultés, avant que d'en faire les sirops ; & c'est ce que l'Apothicaire ne fera jamais, qu'en suivant les préceptes de la Chymie. Ensuite de cela, nous finirons

par la démonstration des fautes qu'on a
faites jusqu'ici, lorsqu'on a travaillé aux
sirops composés, dont nous donnerons
quelques exemples, afin que le tout soit
rendu plus sensible à celui qui se voudra
rendre plus éclairé & plus exact en son
travail.

§. 1. *La maniere de faire le sirop aceteux*
simple ou le sirop de vinaigre, à la façon
ordinaire & ancienne.

Prenez cinq livres de sucre clarifié, quatre livres d'eau de fontaine, & trois livres
de bon vinaigre de vin blanc. Cuisez le
tout selon l'art en consistance de sirop.

Il semble à voir cette nue & simple description, qu'elle est toute ingénue, toute
nette, & toute selon la nature & selon
l'art ; mais il faut que notre examen Chymique fasse voir qu'il y a plus de fautes
qu'il n'y a de mots, & qu'elle est entiérement remplie d'absurdités, qui sont indi-
gnes d'un apprentif Apothicaire Chymiste,
& par conséquent encore beaucoup plus in-
dignes de ce célébre & renommé Médecin
Arabe, Mesué, auquel on attribue l'invention de ce sirop.

Mais avant que de commencer à faire
les remarques de cette mauvaise façon de
faire, il faut que nous fassions connoître
quelles vertus Mesué & ses Sectateurs, ont

attribué à ce firop & à l'oxymel fimple, &
pour quelles maladies ils les ont employés,
parce que cela ne fervira pas peu à faire
reconnoître les mauvaifes indications qu'ils
ont prifes, faute d'avoir bien connu la
nature des chofes & le travail de la Chymie.

Ils attribuent à ce firop, & non fans raifon, la vertu & la faculté d'incifer, d'atténuer, d'ouvrir & de mondifier : auffi-bien
que celle de rafraîchir & de tempérer les
chaleurs qui proviennent de la bile, celle
de réfifter à la pourriture & aux corruptions, & finalement celle de chaffer par les
urines, & de provoquer la fueur. J'avoue
que tout cela eft poffible, lorfque ce firop
eft bien fait ; mais qu'il n'aura jamais toutes
ces belles vertus, s'il n'eft préparé comme
nous le dirons ci-après.

J'ai pris la defcription de ce firop de la
Pharmacopée d'Aufbourg, comme de la
plus correcte qui fe voye aujourd'hui ; car
fi je l'avois pris de celle de Bauderon, où
de quelqu'autre encore plus ancien, j'y fe-
rois remarquer des abfurdités beaucoup
moins tolérables que celles que nous allons
faire voir. Qu'y a-t-il, je vous prie, de
plus mal digeré, que de commander de
cuire cinq livres de fucre avec quatre livres
d'eau à un feu de charbons allumés, en-
flammés, & d'écumer inceffamment, jufqu'à

la confomption de la moitié, fans l'avoir
clarifié auparavant ; & puis d'y ajoûter trois
ou quatre livres de vinaigre, pour achever
de cuire le tout en firop, vû que le vinaigre
poffede auffi fes impuretés & fon écume,
& qu'ainfi c'eft à recommencer. Voilà néanmoins ce que commande Bauderon.

Les autres n'ont pas mieux réuffi avec
leur fucre clarifié, & ne méritent pas moins
d'être repris. Car l'expérience même répu-
gne à ce qu'ils prétendent : cet axione qui
dit, que *fruftra fit per plura, illud, quod
aquè bené, vel melius fieri poteft per pauciora,*
montre évidemment que c'eft très-mal fait
de mettre quatre livres d'eau avec le fucre
& le vinaigre, pour les réduire en firop :
puifque outre que l'eau eft ici tout-à-fait
inutile, je dis même qu'elle y eft abfolument nuifible pour deux raifons : la premiere, parce que l'ébulition de cette eau caufe
la perte de beaucoup de tems, qui doit être
précieux à l'Artifte ; & la feconde, qui eft
encore beaucoup plus confidérable, elle l'eft
à caufe que l'eau enleve avec foi en boüillant long-tems, les parties les plus fubtiles,
les volatiles & les falines du vinaigre, qui
font celles qui conftituent la vertu incifive
& apéritive, qui eft le propre & fpécifique
de ce firop. Car je fouhaiterois de grand
cœur, qu'on me pût dire à quoi quatre livres
d'eau peuvent fervir à ce firop, quelle

vertu elles lui peuvent communiquer : car
si on me dit que c'est pour servir à la dépuration du sucre , & que c'étoit la pensée de
Bauderon ; je demanderai la raison pourquoi la Pharmacopée d'Ausbourg y demande
aussi quatre livres d'eau, puisqu'elle prescrit
de prendre du sucre clarifié , tellement que
je trouve que les uns ni les autres n'ont aucune raison. C'est pourquoi , il faut que
ceux qui voudront faire ce sirop comme il
faut, avec toutes les vertus & les puissances
qui sont nécessaires , pour suivre l'intention des Médecins, le fassent de la maniere
qui suit.

Prenez une terrine de fayence , de terre
vernissée ou de grais, que vous placerez sur
un chaudron plein d'eau boüillante , que
nous appellerons le bain marie boüillant :
mettez dans cette terrine deux livres de sucre fin en poudre très-subtile , surquoi vous
verserez dix-huit onces de vinaigre distillé
dans une cucurbite de verre au sable , &
rectifié au bain marie , pour en tirer toute
l'aquosité ou le phlegme, comme nous l'enseignerons , lorsque nous traiterons du vinaigre ; agitez le sucre & le vinaigre distillé
ensemble , avec une spatule ou avec une
cuilliere de verre , jusqu'à ce que le tout
soit dissout & réduit en sirop, qui sera
d'une juste consistance , qui sera de longue
durée , & qui aura toutes les vertus qu'on

défire dans le firop acéteux fimple. Je laiffe
à préfent le jugement libre & le choix auffi
de faire ce firop à l'antique ou à la moderne, & je fçai que ceux qui connoîtront les
chofes, fuivront toujours la raifon & l'expérience qui conduifent à faire *citiùs, tutiùs,*
& jucundiùs, c'eft-à-dire, plus promptement, plus fûrement & plus agréablement ;
afin de faire voir que la Chymie eft & fera
toujours l'unique école de la vraye Pharmacie. Pour la fin de cet examen, notez
en paffant, que neuf onces de liqueur claire
de foi-même ou clarifiée, felon les préceptes de l'art, font fuffifantes pour reduire
une livre de fucre en confiftance de firop,
par une fimple diffolution à la chaleur du
bain vaporeux ; afin que cela ferve de remarque générale, lorfque nous parlerons
des autres firops fimples ou compofés.

§. 2. *La façon générale de faire comme il faut*
les firops des fucs acides des fruits, comme
ceux du fuc de citrons, d'oranges, de cerifes,
de grenades, d'épine-vinette, de coings, de
grofeilles, de framboifes, de pommes, &c.

Nous n'avons pas beaucoup de remarques à faire fur ces firops, parce que ce
font ceux où la Pharmacie ordinaire péche
le moins ; cependant comme il y a quelque
petite obfervation que nous jugeons néceffaire à l'inftruction de notre Apothicaire

Chymique, nous ne l'avons pas voulu négliger.

Prenez donc celui qu'il vous plaira de
ces fruits, dont vous tirerez le suc artistement, selon la nature de chacun d'eux en
particulier, avec cette précaution de ne se
servir d'aucun vaisseau métallique pour les
recevoir ; & qu'on ait aussi grand soin de
séparer les grains & les semences de ces
fruits, tant parce qu'il y en a qui sont amers,
que parce qu'il s'en trouve qui ont la semence mucilagineuse & glaireuse, &
qu'ainsi cela feroit acquérir un goût étranger aux sucs, ou une viscosité qui nuiroit à
la perfection du sirop. Et pour les fruits qui
doivent être rapés pour en tirer le suc, il
faut avoir des rapes d'argent, ou de celles
qui sont faites d'un fer blanc, qui soit bien
net & bien étamé ; car le fer communique
très-facilement son goût & sa couleur à la
substance du fruit acide, ce que font aussi
le cuivre, l'airain ou le laiton. Tout cela
ayant été observé avec exactitude, il faut
laisser dépurer les sucs, qui sont liquides
d'eux-mêmes, jusqu'à ce qu'ils ayent dépo-
sé une certaine limosité, & des corpuscules
ou des atomes, qu'on séparera par la filtration. Mais pour ce qui est des sucs des
fruits, qui sont d'une substance molle,
lente & visqueuse ; il faut laisser affaisser &
comme fermenter leurs sucs en quelque

lieu frais, & séparer après le suc, qui devient le plus clair de soi-même, & qui
surnage dessus le reste, parce que si on fait
autrement, on fera plutôt une gelée qu'un
sirop.

Après que toutes ces sortes de sucs seront
bien & dûement préparées, comme nous
venons de le dire, il faut les mettre dans
une cucurbite de verre au bain marie, &
les évaporer jusqu'à la consomption du
tiers, ou même de la moitié. Or, on ne
doit pas craindre que cette façon d'agir
fasse perdre quelque portion de l'acidité du
suc ; puisqu'au contraire cela l'augmentera,
en ce que l'acide demeure toujours le dernier, & qu'il ne s'évapore que le phlegme
ou l'aquosité inutile ; & de plus, cette
opération servira pour séparer ce qu'il
pourroit y rester de féculence dans le suc ;
car on doit remarquer que deux heures de
digestion au bain marie dépureront plutôt
un suc, que trois jours d'insolation du
même suc ; mais ce qui est encore de plus
notable, c'est que les sucs qui sont dépurés
de cette façon, ne se moisissent que très-
rarement, & qu'on les peut conserver beaucoup plus long-tems que les autres, sans
aucune altération.

Pour ce qui est de la préparation du sirop, il faut suivre le *modus faciendi*, que
nous avons donné ci-devant au sirop acé-

teux ; ſçavoir, de prendre neuf onces de ſuc
bien préparé , pour une livre de ſucre en
poudre , ou pour le même poids de ſucre ,
qui ſoit cuit en électuaire ſolide ou en ſucre roſat , & les faire diſſoudre à la chaleur
du bain vaporeux , dans des vaiſſeaux de
terre verniſſée ôu dans du verre , ſans jamais ſe ſervir d'aucun vaiſſeau de métal ,
lorſqu'on maniera des acides.

§. 3. *Comment il faut faire les ſirops des ſucs
qui ſe tirent des plantes , tant de celles qui
ſont inodores , que de celles qui ſont odorantes , avec les remarques néceſſaires à
leurs dépurations.*

Nous avons ici trois ſortes de plantes à
conſidérer, & par conſéquent trois ſortes
d'exemples à donner pour en bien faire les
ſirops , avec la conſervation de leur vertu
propre & eſſentielle , ce que nous partage-
rons en trois claſſes.

La *premiere* , ſera des plantes inodores
ſucculentes , telles que ſont les eſpéces
d'*ozeille* , la *chicorée* , la *fumeterre* , la *mercuriale* , le *pourpier* , la *bourrache* , la *bugloſſe* , le *chardon bénit* & les autres de pareille
nature.

La *ſeconde* , ſera de celles qui ſont auſſi
inodores , & quelquefois ont auſſi de l'o-
deur ; mais dont le ſuc eſt rempli d'un
eſprit & d'un ſel volatil très-ſubtil , telles

que font les plantes anti-fcorbutiques,
comme le *cochlearia*, les *creffons*, les efpéces de *fium*, de *moutarde* & de *moutardelle*,
la *berle* & le *pourpier aquatique*, qu'on appelle *beccabunga*.

Et la *troifiéme*, fera des plantes qui font
odorantes & fucculentes, telles que font la
betoine, l'*hyffope*, le *fcordium*, l'*ache*, le
perfil, l'*eupatoire*, & les autres de même
catégorie.

§. 4. *Comment on fera les fucs & les firops des
plantes de la premiere claffe.*

Il faut prendre la plante dont vous voudrez tirer le fuc, que vous couperez menu,
puis la battrez au mortier de marbre ou de
pierre, vous la prefferez avec tout le foin
& les obfervations, que nous avons mar-
quées dans le difcours que nous avons fait
ci-devant fur les eaux diftillées de ces mêmes plantes ; & lorfque le fuc fera bien dépuré au bain marie, & qu'on en aura tiré
une fuffifante quantité de phlegme ou
d'eau, qui eft de trois parties en tirer deux
par la diftillation ; alors il faut mêler une
livre & demie de fucre, avec une livre de
ce fuc ainfi dépuré & diftillé, & les cuire
enfemble, jufqu'en confiftance de fucre
rofat, qu'il faudra décuire & réduire en
firop, avec fix ou fept onces de l'eau que
vous aurez retirée du fuc par la diftillation

au bain marie ; ainſi vous aurez un ſirop,
qui ſera doüé de toutes les vertus de la
plante ; & lorſque vous voudrez faire des
apozémes ou des juleps, vous mêlerez une
once ou deux de l'un de ces ſirops avec trois
ou quatre onces de ſon eau, que vous appliquerez aux maladies, ſelon les vertus &
les qualités qu'on attribue à cette plante :
notez qu'on peut garder ces ſucs, ainſi dépurés par la diſtillation une ou deux années, ſans aucune corruption, à cauſe qu'ils
ſont ſuffiſamment chargés du ſel eſſentiel
nitrotartareux de ces plantes ; mais qu'il
faut néanmoins les couvrir avec de l'huile,
pour empêcher la pénétration de l'air, qui
eſt le grand altérateur de toutes choſes, &
qu'il faut auſſi les tenir en un lieu qui ne
ſoit ni trop humide, ni trop ſec.

§. 5. *Comment on fera les ſucs & les ſirops des plantes de la ſeconde claſſe.*

Il faut tirer le ſuc de ces plantes avec les
mêmes précautions que nous avons enſei-
gnées, lorſque nous avons parlé des eſprits
des plantes, de leurs eaux diſtillées & de
leurs extraits, où nous renvoyons l'Artiſte,
pour éviter la repétition inutile & ennuyeu-
ſe. Mais comme nous avons déja dit pluſieurs fois, que les plantes anti-ſcorbutiques
étoient compoſées de parties ſubtiles, &
qu'elles avoient en elles un eſprit ſalin, qui

est volatil, mercuriel & sulfuré, qui s'évanoüit & qui s'envole facilement; aussi faut-
il que l'Apothicaire Chymique travaille
soigneusement & diligemment à leur préparation, lorsqu'il aura une fois commencé, afin qu'il ne perde point par sa négligence, ce qu'il doit conserver avec étude,
& qui ne se peut plus recouvrer, lorsqu'il
est une fois échapé. Voici donc la seule
différence qu'il y a de la préparation de ces
sucs & de ces sirops avec les précédens. C'est
que lorsque l'on les distille au bain marie,
il faut avoir un égard très-judicieux, de
recevoir à part cinq onces de la premiere
eau, qui montera de chaque livre de suc;
parce que ces cinq onces auront enlevé
avec elles la portion de l'esprit & du sel
volatil d'une livre de suc : vous continuerez ensuite la distillation, jusqu'à ce que
vous ayez retiré la moitié de l'humidité de
votre suc; alors vous cesserez & mettrez
une livre de ce suc, avec une livre & demie
de sucre, que vous cuirez en sucre rosat,
& que vous réduirez en sirop, par une simple dissolution à froid, avec six ou sept
onces de l'eau spiritueuse & subtile, qui
est montée la premiere, & que vous aurez
reservée à cet effet; ainsi vous aurez un sirop rempli de toutes les vertus de son mixte, comme cela se prouvera manifestement
par l'odeur & par le goût; mais principa-

lement par les effets merveilleux qu'il produit dans toutes les maladies scorbutiques,
soit que vous le donniez seul, soit que
vous le mêliez avec la seconde eau que
vous aurez réservée. Vous pourrez aussi
garder de ces sucs, pour en être fourni dans
la nécessité, pour le tems que les plantes ne
sont pas en vigueur, en y apportant néanmoins les précautions requises à cet effet.

§. 6. *Comment on fera les sucs & les sirops des plantes de la premiere classe.*

Nous ne ferons pas ici de répétitions inutiles, puisqu'il suffit que nous disions qu il
faut que l'Artiste prépare son suc, comme
il le doit, pour en faire ce qui va suivre.
Lorsque vous aurez le suc de quelqu'une de
ces plantes odorantes, il faut le mettre au
bain marie, pour le dépurer par une simple
& lente digestion, afin d'en séparer les
feces & l'écume qui surnage. Après avoir
coulé ce suc à froid par le blanchet, il faut
en prendre quatre livres, & les mettre dans
une cucurbite qui ait un chapiteau aveugle, ou un vaisseau de rencontre qui joigne
bien exactement; il faut mettre dans ce suc
une livre & demie des sommités & des
fleurs de la même plante, qui ne soient
point battues au mortier, mais qui soient
simplement coupées fort menu avec des
ciseaux; puis il faut fermer les vaisseaux &
les

les lutter avec de la veſſie trempée dans du
blanc d'œuf battu, & les placer au bain
marie, à une chaleur lente vingt-quatre
heures durant ; après quoi, il faut ôter le
deſſus du vaiſſeau, & y appliquer un chapiteau qui ait un bec, afin de tirer de ce
ſuc empreint de la nouvelle vertu de ſa
plante, vingt onces d'une eau ſpiritueuſe
très-odorante : cela étant fini, il faut ceſſer
le feu, & pouſſer ce qui reſte au fond de la
cucurbite, & le garder juſqu'à ce que vous
ayez fait ce qui ſuit.

Mettez les vingt onces d'eau odorante
dans un vaiſſeau de rencontre ; à ces vingt
onces, vous ajoûterez encore dix onces de
nouvelles ſommités de la plante ſur laquelle
vous travaillez, que vous lutterez & ferez
digérer à la lente chaleur du bain, pendant
un jour naturel. Vous laiſſerez refroidir &
preſſerez doucement le tout, afin qu'il ne
ſoit pas trouble, & le garderez juſqu'à ce que
vous ayez fait boüillir ce qui vous étoit reſté
avec le marc de l'expreſſion, & que vous
l'ayez clarifié avec des blancs d'œufs, & cuit
avec trois livres de ſucre, en conſiſtance
de tablettes : enſuite il le faudra décuire à
froid, ou ſeulement ſur l'eau tiéde, avec
les vingt onces de votre eau odoriférante,
qui contient la vertu mumiale & balſamique de la plante, & vous aurez un ſirop
auquel il ne manquera rien de ce qu'il doit

avoir, pour suivre nettement l'intention de la nature & celle de l'art.

Mais il me semble que j'entens la plûpart des Apothicaires, qui diront que c'est allonger la méthode de faire les sirops, & que personne ne voudra récompenser la peine qu'ils se donneront à bien faire : que de plus, ils seront obligés de faire les frais d'un bain marie & des vaisseaux de verre, qui sont nécessaires à la digestion & à la distillation : que ces vaisseaux sont fragiles, & qu'ainsi tout cela joint ensemble, augmentera le prix du remede : que même, il y en aura d'autres qui ne seront pas si circonspects, qui donneront leurs sirops au prix commun : que le peuple court au meilleur marché, sans connoître la bonté de la chose, & que par ce moyen la boutique se déchalandera.

Il faut répondre à toutes ces objections, qui ne sont pas sans quelque fondement : premiérement, pour ce qui est du bain marie, il n'étonnera que par son nom, ceux qui ne sçavent ce que c'est ; car ce n'est qu'un chaudron, qui leur pourra servir à toutes les nécessités de la boutique. Secondement pour les vaisseaux, ne sont-ils pas obligés d'en avoir pour d'autres distillations, s'ils se veulent acquitter dignement de leur vocation, ou au moins en faire le semblant? Que s'ils en appréhendent la rupture, ils

pourront avoir des cucurbites de grais & de
fayence pour les acides, & de celles de
cuivre étamé pour les autres matieres ; il y
aura néanmoins encore un inconvénient,
qui est, qu'ils ne pourront pas juger de la
dépuration des matieres, ni de la quantité
qui demeure, non plus que de la consistance, à cause de l'opacité des vaisseaux.
Mais la derniere considération doit l'emporter par-dessus toutes les autres : car chacun est obligé par le serment qu'il a prêté
lors de la Maîtrise, de faire sa profession
avec toute l'exactitude requise, & à l'acquit de sa conscience. Il faut donc que ce
dernier but l'emporte sur tout le reste, &
qu'il serve d'aiguillon & d'attrait à bien faire : car ceux qui le feront de la sorte, trouveront le support de Messieurs les Médecins, qui recommanderont leurs boutiques ; & lorsque les honnêtes gens seront
informés de leur candeur & de leur assi-
duité au travail, ils contribueront de grand
cœur à récompenser la vertu de ceux qui
travailleront aux médicamens, qui font
capables de conserver leur santé présente,
& de faire renouveller celle qui sera perdue
ou altérée.

Continuons donc à faire voir le défaut de
l'ancienne Pharmacie, & ne nous conten-
tons pas de prouver qu'on a mal fait; mais
enseignons comme il faut mieux faire.

Pour cet effet, il faut que nous donnions encore trois exemples des firops fimples, qui feront ceux des fleurs odorantes, des écorces de même nature, & ceux des aromats ; afin que quand les Apothicaires cuiront des firops de cette forte, on ne fente point leurs boutiques de trois ou quatre cens pas, ce qui témoigne la perte de la vertu effentielle des parties volatiles & fulfurées des fubftances des fleurs, & des écorces odorantes & celle des aromats : fi ce n'eft que ces Apothicaires veüillent faire fentir leurs boutiques de bien loin, par une vaine politique, qui néanmoins eft très-dangéreufe & très-dommageable à la fociété civile. Et comme les contraires paroiffent beaucoup mieux, lorfqu'ils font oppofés : nous dirons premiérement, comment on a mal fait ; fecondement, pourquoi on a mal fait : pour enfeigner & faire comprendre enfuite les moyens de mieux travailler.

₰. 7. *La façon ancienne de faire le firop de fleurs d'oranges.*

Prenez une demie livre de fleurs d'oranges récentes : faites-les infufer dans deux livres d'eau claire & nette, qui foit chaude, durant l'efpace de vingt-quatre heures : après quoi, faites-en l'expreffion ; & réitérez encore la même infufion deux fois, avec une demie livre de nouvelles fleurs à

chaque fois. L'expreſſion & la colature
faites, cuiſez vingt onces de cette infuſion
en ſirop avec une livre de ſucre très-blanc.
Notez ici une fois pour toutes, que je
n'entens pas ici le poids médécinal ; mais
que j'entens le poids ordinaire des Mar-
chands, qui eſt de ſeize onces à la livre.

Avant que de faire voir le défaut de ce
récipé, il faut que nous diſions les vertus
qu'on attribue au ſirop qui en provient,
afin que nous faſſions mieux connoître qui
a tort ou qui a droit. On dit donc que ce
ſirop réjoüit merveilleuſement le cœur & le
cerveau, que c'eſt un reſtaurant des eſprits,
qu'il provoque les ſueurs ; qu'il eſt par conſéquent très-ſalutaire contre les maladies
malignes & peſtilentes, parce qu'il chaſſe
& qu'il pouſſe ce qui eſt infecté de ce venin, du centre à la circonférence, & en
fait paroître les taches & les marques.
Tout cela peut être vrai, ſi ce ſirop eſt bien
fait : mais on eſt fruſtré de ces nobles effets,
par la mauvaiſe façon que nous venons de
décrire. Parce qu'il ne reſte à ce ſirop qu'u-
ne amertume ingrate, qui lui vient de ſon
ſel matériel & groſſier : au lieu de cette
pointe agréable au goût, & de ce fumet
ſubtil & délicat, qui ſe diſcerne par l'odorat, qui eſt proprement la marque que ce
ſirop n'eſt pas privé de ſon ſel volatil ſulfuré, dans lequel réſident toutes les vertus

qu'on en espere. Mais la coction de ce sirop, qui ne se peut faire sans boüillir, emporte toute cette vertu subtile, ce qui est cause qu'il ne répond pas aux indications du sçavant & de l'expert Médecin, & encore moins à l'espérance du malade.

§. 8. *La façon de faire chymiquement & comme il faut, le sirop de fleurs d'oranges.*

Prenez une livre & demie de fleurs d'oranges, qui auront été cueillies un peu de tems après le lever du Soleil; mettez-les dans une cucurbite de verre, & les arrosez de douze onces de bon vin blanc, & d'autant d'excellente eau de roses; couvrez le vaisseau de son chapiteau, dont vous lutterez très-exactement les jointures; placez-les au bain marie, & en retirez par la distillation faite avec un feu, que vous augmenterez par dégrés, huit onces d'esprit ou d'eau spiritueuse, qui sera très-odorante & très-subtile, que vous garderez à part : continuez le feu & tirez une seconde eau, presque jusqu'à la sécheresse de vos fleurs; après cela cessez le feu, & faites boüillir les fleurs qui vous sont restées dans deux livres d'eau commune, jusqu'à la consomption d'une livre; pressez cette décoction, qui est remplie de l'extrait & du sel fixe des fleurs; clarifiez-là avec les blancs d'œufs, & la cuisez en consistance de sucre rosat avec

une livre de sucre, que vous décuirez après
avec les huit onces d'eau spiritueuse, &
cela à froid ; & vous aurez le vrai sirop de
fleurs d'oranges, pleinement rempli de toutes leurs vertus.

La seconde eau que vous aurez tirée servira d'eau cordiale & alexitaire pour y mêler le sirop, lorsque le Médecin l'ordon-
nera. Cette préparation servira de modéle
pour faire les sirops des autres fleurs, qui
sont ou qui approchent de la nature des
fleurs d'oranges. Suivons à présent par
l'exemple du sirop des écorces odorantes,
& prenons celle du citron.

§. 9. L'ancienne façon de faire le sirop de l'écorce du citron.

Prenez une livre de l'écorce extérieure
des citrons récens, deux drachmes de graine d'écarlate ou de Kermès, & cinq livres
d'eau commune ; faites cuire & boüillir le
tout ensemble, jusqu'à la consomption de
deux parties ; coulez ce qui reste, & y
ajoûtez une livre de sucre, que vous réduirez à la juste consistance de sirop, que vous
aromatizerez avec quatre grains de musc.
Voilà leur maniere d'ordonner & de faire,
qui est tout-à-fait indigne d'un bon &
d'un vrai Physicien, comme nous le ferons
voir par les vertus qu'ils attribuent à ce sirop, & par la confession ingénue qu'ils

font, que la bonne odeur lui eſt tout-à-fait néceſſaire, pour l'élever & le faire parvenir juſqu'au haut point des vertus qu'ils lui attribuent. Qui ſont telles, de fortifier l'eſtomach & le cœur, de paſſer au-dehors & de corriger les humeurs pourries, corrompues & puantes du ventricule, d'ôter la mauvaiſe haleine, de réſiſter aux maladies vénimeuſes & peſtilentes, de remédier à la palpitation ou aux battemens du cœur, & de diſſiper la triſteſſe. Toutes ces vertus ſont propres & eſſentielles au ſel volatil ſulfuré de l'écorce du citron, comme le témoigne très-bien ſon odeur & ſon goût ſi agréable.

Mais voyons, je vous prie, comment ces prétendus Maîtres s'imaginent de pouvoir introduire & conſerver ce goût & cette odeur dans le ſirop, dont il eſt queſtion, ou dans un julep de ſucre & d'eau, cuits enſemble en conſiſtance de ſirop. Ils ordonnent de mettre dans l'un ou dans l'autre une quantité judicieuſe de l'écorce extérieure du citron, ſans dire ſi ce ſera à chaud ou à froid, vû que quand même ils auroient eu cette précaution, encore ne ſerviroit-elle de rien : car ſi c'eſt à chaud qu'on y met l'écorce, ſon fumet & ſon eſprit volatil s'évanoüiront auſſi-tôt, & ne laiſſera qu'une odeur & qu'un goût de thérébentine ; & ſi c'eſt à froid, la viſcoſité & la len-

teur du firop, qui eft chargé de l'amertume
& de l'extrait de l'écorce précédente, ne
pourra pas recevoir, ni ne fera capable
d'extraire cette puiſſance qu'on y veut introduire, quoiqu'elle foit très-fubtile de
foi-même. Ils auroient néanmoins beaucoup mieux fait, s'ils avoient prefcrit à
l'Apothicaire de preffer entre fes doigts des
zeftes d'écorce de citron, & de faire entrer
cette humidité fpiritueufe & oléagineufe
dans du fucre très-fin réduit en poudre très-
fubtile, jufqu'à ce qu'il commençât à fe
fondre, & alors achever la diffolution de
ce fucre avec un peu de fuc de citrons bien
filtré, & ainfi aromatizer leur firop tout
cuit avec cette agréable liqueur. Mais cette
maniere d'agir n'eft pourtant pas encore
digne d'un Artifte ou d'un Apothicaire
Chymifte, il y procédera donc de la maniere
qui fuit.

§. 10. *La maniere de faire artiftement le firop*
d'écorces du citron.

Prenez une demie livre de l'écorce extérieure & mince des citrons nouveaux, ha-
chez-la fort menu avec des cifeaux ou avec
un coûteau ; mettez-la dans une cucurbite
de verre, & l'arrofez avec une livre & demie de bon vin blanc, ou ce qui fera encore mieux, avec autant de bonne malvoi-
fie ou de bon vin d'Efpagne ; tenez cela

Q v

quelque peu de tems en digeſtion , retirez par la diſtillation que vous ferez avec les précautions que nous avons dites , dix ou douze onces d'eau ſpiritueuſe , ou d'eſprit très-ſubtil & très-odorant , ſans autre addition ; ſi c'eſt pour les femmes , à cauſe de la matrice , qui ne peut ſouffrir l'odeur du muſc , ni le goût de l'ambre. Mais ſi c'eſt pour des hommes , ou pour des femmes qui ne ſoient pas ſujettes aux paſſions hyſtériques , mettez dans le bec du chapiteau , qui ſervira à cette diſtillation , un noüet de toile de ſoye crue , qui contiendra une demie once de graine de kermès , qui ne ſoit, ni ſurannée , ni vermoulue ; huit grains d'ambre-gris & quatre grains de muſc ; & ainſi les premieres vapeurs qui ſont très-ſubtiles , très-pénétrantes & très-diſſolvantes , étant condenſées en liqueur qui diſtillera par ce bec , emporteront avec elles , la teinture , la vertu , l'eſſence & l'odeur de ces trois corps , dont tout le reſte ſera empreint & parfumé. Mettez enſuite en digeſtion à froid encore trois onces d'écorce de citron , qui ne ſoit que ſuperficielle , mince & ſubtile , & qui ſoit coupée bien menu , dans l'eau ſpiritueuſe que vous avez tirée de la premiere : coulez cette macération à travers un linge net & fin ſans expreſſion , & le gardez dans une fiole qui ſoit bien bouchée , juſqu'à ce que vous ayez fait boüillir dans deux livres d'eau commune l'écorce, qui vous eſt reſtée de la diſtillation, & même celle de l'expreſſion, tant que la liqueur ſoit réduite à la moitié, que vous preſſerez, clarifierez & cuirez en ſucre roſat, avec une livre de ſucre très-blanc, qu'il faut après cela décuire en conſiſtance de ſirop, avec la quantité requiſe de l'eau ſpiritueuſe eſſenſifiée. Il faut garder ce ſirop avec ſoin, parce qu'il eſt autant ou plus utile durant la ſanté, que pendant la maladie ; car une cuillerée de ce ſirop mêlée avec du vin blanc, ou avec du ſucre & de l'eau, compoſent enſemble une limonade très-agréable & très-odoriferante ; ceux qui voudroient rendre cette boiſſon d'une agréable acidité, pourront y joindre du jus de citron, ou bien quelques gouttes d'aigre de ſoufre ou d'eſprit de vitriol, ſi c'eſt dans la maladie, pourvû que ce ſoit de l'ordre d'un bon Médecin. Ce ſirop donnera auſſi l'exemple de faire comme il faut celui de l'écorce d'orange, qui n'eſt pas moins utile que le précédent, & principalement pour les femmes, & pour ceux qui ſont ſujets aux indigeſtions & aux coliques. Continuons notre troiſiéme exemple des ſirops des aromats.

₵. 11. *Comment on a fait communément le sirop de canelle.*

Prenez deux onces & demie de canelle fine & subtile, c'est-à-dire, qui ait un goût pénétrant & piquant ; mettez-la en poudre grossiere, & la digerez en un lieu chaud dans une cucurbite de verre, avec deux livres de très-bonne eau de canelle l'espace de vingt-quatre heures, que le vaisseau soit si bien bouché, que rien ne puisse expirer. Ce tems passé, faites-en la colature & l'expression ; puis remettez deux autres onces & demie de nouvelle canelle en infusion, autant de tems que la précédente que vous garderez ; & continuez ainsi jusqu'à quatre fois ; gardez cette infusion empreinte des vertus de la canelle à part ; puis prenez la canelle qui reste des expressions, & versez dessus une livre de malvoisie, ou de quelque autre vin généreux & fort ; faites-en aussi l'infusion, puis en tirez toute la liqueur par une forte expression, que vous joindrez à l'infusion précédente, avec deux onces de très-odorante eau de roses & une livre de sucre, & les cuirez ensemble en sirop dans un pot de terre bien couvert.

Je sçai qu'il n'y a personne qui connoisse tant soit peu la canelle, & les parties qui fournissent & qui contiennent ses vertus, comme aussi celles des autres aromats, &

principalement celles du girofle ; qui ne
s'étonne & qui ne hausse les épaules de
pitié, lorsqu'on lira cette sorte & cette ab-
surde description d'un des plus nobles sirops & des plus excellens qu'un Apothicaire
puisse faire, ou puisse tenir dans sa boutique, & que ses Auteurs destinent à la ré-
création & au rétablissement des esprits
vitaux, à réveiller & à ramener la chaleur
& la vie au cœur & à l'estomach, lorsqu'elle en a été chassée par quelque froidure
mortelle, qui corrige aussi la puanteur de la
bouche & celle du ventricule, qui aide à la
digestion, & qui enfin est capable de réparer & conserver universellement toutes
les forces du corps. Je sçai, dis-je, que
pour peu qu'une personne soit versée dans
la distillation, & dans l'extraction de la
substance étherée des aromats & particuliérement de la canelle ; il est impossible qu'elle n'ait une secrette horreur de voir des
manquemens si grossiers, dans un dispensaire, où tant de graves Docteurs ont mis
la main. Toutes les vertus qu'on attribue
au sirop de canelle, font vrayes & réelles,
pourvû qu'elles y soient conservées ; mais
examinons un peu, je vous prie, & voyons
de quelle belle & judicieuse précaution les
Auteurs se servent pour cet effet. Ils ordonnent à l'Apothicaire de cuire ce sirop dans
un pot de terre qui soit exactement bou-

ché : mais confiderez, qu'en même tems
qu'ils preferivent la clôture du vaiffeau,
qu'ils veulent qu'on faffe cuire ce qu'il contient en confiftance de firop, ce qui ne fe
peut faire que par l'évaporation lente de la
liqueur fuperflue, ou par fon ébullition.
Que fi le couvercle du pot dans lequel on
le cuira, a un rebord qui entre en dedans
& qui foit jufte, qu'il ferme exactement
ce pot, & que les jointures en foient bien
luttées, afin qu'il ne fe puiffe faire aucune
expiration; l'Artifte ou l'Apothicaire ne par-
viendront jamais à leur but, qui eft de faire
un firop, comme on le leur a ordonné,
puis qu'il fe fera une circulation perpétuelle des vapeurs du bas au haut ; car ce qui
s'elevera du bas fe condenfera au haut du
couvercle & retombera, fans efpérance d'acquérir par ce moyen la confiftance d'un firop. Il faut donc néceffairement qu'il fe
faffe de l'expiration, voire même de l'ébullition, pour confumer deux livres & demie
de liqueur furabondante pour la confiftance
du firop. Or, ne feroit-ce pas un grand
dommage & une perte très-confidérable,
de laiffer aller en l'air inutilement deux livres & demie & davantage d'une eau fpiritueufe, d'une odeur très-agréable, d'un goût
très-délicieux & d'une très-grande efficace ?
Il n'y a pourtant que la Chymie, qui foit
capable de réparer ces défauts, puis qu'elle

nous fait connoître que la canelle possede
en soi, aussi-bien que les autres aromats, un
sel volatil sulfuré si subtil, que la moindre
chaleur est capable de l'extraire & de le
chasser, si l'Artiste n'observe avec exactitude de boucher comme il faut, non-seulement les jointures de l'alambic, mais aussi
celles du bec, à l'endroit qu'il se joint à l'embouchure du récipient ; autrement il perdra
le plus subtil & le plus efficace de l'esprit
salin de la canelle, qui est accompagné de
celui de la malvoisie, ou de celui de quelqu'autre vin qu'on y auroit substitué.

Poursuivons à faire voir, jusqu'où va
l'imperitie des Artistes, qui ont fait cette
description, par l'addition de deux onces
de très-bonne eau de roses sur dix onces de
canelle, sur deux livres de très-bonne eau
de cet aromat, & sur une livre de malvoisie ; & ce qui est encore plus ridicule, c'est
qu'il faut que l'odeur de cette eau se perde
avec la partie subtile & volatile des autres.
Mais on pourra m'objecter que le sucre qui
est un sel végetable, de la nature moyenne
entre le fixe & le volatile, sera capable de
retenir à soi l'esprit & le sel volatil de la
canelle, & qu'ainsi c'est à tort que je déclame contre ce sirop, puisque ce moyen
unissant, est capable de conserver la vertu
de ce qui entre dans sa composition.

Cet argument semble avoir de la force,

& en a même beaucoup. Nous ferons pourtant voir la vérité sans la détruire , & cela
par la distinction qui suit. Nous distin-
guons donc entre le sucre chaud & entre le
sucre froid. Car nous confessons bien que
le sucre réduit en poudre subtile , est capable de recevoir en soi les huiles éthérées
des aromats , & encore toutes les autres
huiles distillées , qu'il est même capable de
les unir & de les mêler indivisiblement ,
avec les esprits & avec les eaux , ce qui n'est
pas un des moindres secrets de la Chymie ;
mais nous nions absolument que cette
union & ce mélange se puissent faire à
chaud , non pas à la moindre chaleur ; &
par conséquent encore beaucoup moins à
celle qui est nécessaire à la cuite d'un sirop ,
où il faut évaporer plus de deux livres de
liqueur superflue. Nous avons été obligés
d'entrer dans la discussion de tout ce que
dessus , pour faire voir la vérité de plus en
plus , & pour faire connoître très-évidem-
ment la belle & l'absolue nécessité de la
Chymie , puisqu'il n'y a que cette seule
Maîtresse , qui puisse enseigner à bien faire
toutes les préparations de la pharmacie.

§. 1 2. *Comment il faut faire le sirop de canelle*
selon les préceptes de la Chymie.

Ce sirop servira de régle pour bien faire
tous les autres sirops des aromats , dont

il n'eſt pas beſoin de donner les récettes,
puiſque la préſente ſervira pour tous.

Prenez dix onces de très - bonne canelle
que vous couperez menu, & la mettrez
dans une cucurbite de verre, ſur laquelle
vous verſerez trois livres de bon vin d'Eſpagne ou de malvoiſie, ou même de quelqu'autre vin qui ſoit fort & généreux, &
une livre de très-bonne eau de roſes ; couvrez la cucurbite de ſon chapiteau, dont il
faut lutter exactement les jointures ; mettez-là au bain marie, & lui adaptez un récipient, que vous lutterez auſſi avec le bec
de l'alambic ; donnez un petit feu de digeſtion durant douze heures ; puis donnez le
feu de diſtillation, enſorte que les gouttes
ſe ſuivent l'une l'autre, ſans néanmoins que
le chapiteau s'échauffe trop : mais qu'on y
puiſſe ſouffrir la main ſans peine ; continuez ainſi tant que la canelle paroiſſe ſéche ;
ceſſez alors, & mettez cette canelle à part.
Réitérez ce que vous aurez fait avec autant
de canelle, verſant deſſus l'eau que vous
aurez retirée, & diſtillez comme auparavant, faites cela la troiſiéme fois ; & quand
vous aurez achevé, mettez votre eau dans
une bouteille, que vous boucherez avec du
liége ciré, & la couvrirez avec de la veſſie
moüillée, afin qu'elle n'exhale pas le meilleur & le plus ſubtil de ſa vertu.

Prenez enſuite toute la canelle qui vous

eſt reſtée ; mettez-la dans la cucurbite , & verſez deſſus quatre livres d'eau commune ; couvrez-la de ſon chapiteau , luttez & diſ-tillez au ſable , & en retirez une livre & demie , afin que s'il étoit reſté quelque ſub-ſtance volatile & virtuelle dans la canelle , vous la retiriez ſans la perdre : cette der-niere eau ſervira dans le laboratoire pour la derniere lotion des magiſteres & des pré-cipités , auſſi-bien qu'à l'extraction de quel-ques teintures. Faites boüillir enſuite la canelle au ſable ſans chapiteau , parce qu'il n'y a plus rien à eſpérer. Coulez & preſſez toute la liqueur , qui eſt empreinte de l'ex-trait & du ſel fixé de la canelle ; clarifiez-la & la cuiſez en tablettes avec deux livres de ſucre fin , qu'il faudra décuire à froid avec une livre de l'eau ſpiritueuſe que vous au-rez réſervée : il faut mettre auſſi-tôt ce ſirop dans une bouteille qui ſoit bien bouchée , afin qu'il ne perde pas ce qu'on aura con-ſervé avec tant de travail.

C'eſt un tréſor dans toutes ſortes de foi-bleſſes ; mais principalement dans les ac-couchemens longs & difficiles , où les fem-mes ſont épuiſées de leurs forces ; & où par conſéquent , elles ſont privées de la meil-leure partie de leurs eſprits & de leur cha-leur naturelle , ſi bien qu'il eſt néceſſaire de refournir ces pauvres languiſſantes de nou-veaux eſprits & de chaleur ; & comme il

n'y a point de végetable qui en possede
davantage que la canelle, & principalement lorsqu'elle est animée de l'esprit du
vin, tout cela se trouve concentré dans ce
sirop avec un agrément admirable, si bien
qu'il est capable de produire tous les effets
que nous lui avons attribués.

La dose est depuis une demie jusqu'à une
& deux cueillerées. Ceux qui désireront
rendre ce sirop encore plus excellent, met-
tront dans le bec du chapiteau un scrupule
d'ambre gris mêlé avec une drachme de
vrai bois d'aloé réduit en poudre, & re-
passeront une demie livre de leur excellente
eau de canelle par la distillation, dont ils
feront le syrop, qui sera beaucoup plus
efficace.

Il faut que nous achevions ce discours
des sirops, par les remarques & les observations que nous ferons sur les sirops composés ; parce que comme ils sont distinés à
différens usages, aussi sont-ils composés de
différentes matieres, qui demandent aussi
une maniere différente de les préparer.

Mais avant que d'entrer en matiere, il
faut que nous disions quelque chose qui
puisse fraper l'esprit du lecteur, afin qu'il
nous puisse mieux entendre, & que cela
soit aussi plus capable d'instruire ceux, qui
se consacrent à l'étude de la belle pharmacie. Et pour commencer, je dirai que les

Philofophes naturaliftes, qui font ceux qui
jugent le plus fainement des chofes, affû-
rent que tout ce qui reçoit, le fait à fa façon de recevoir, & non pas à la façon de
celui qui eft reçû, & qui doit introduire
quelque qualité nouvelle dans celui qui
reçoit. Si cet axiome philofophique eft
vrai en foi, comme perfonne d'un jugement
fain n'en doutera ; c'eft ici particuliérement
que nous en ferons voir la vérité : parce
que l'Apothicaire ne peut faire aucun firop
compofé, qu'il ne faffe l'extraction de la
vertu & des teintures de diverfes chofes,
qui doivent être reçues dans quelque liqueur, qui eft ce que les Chymiftes appellent ordinairement *Menftrue.* Or, de quelque nature que foit ce menftrue ou cette
liqueur, elle ne fe peut charger ni s'em-
preindre de la teinture, ou de l'effence de
quelque végetable, de quelque animal, ou
de quelque minéral que ce foit, que felon
fa maniere de recevoir, qui ne peut être
autre que felon le poids de nature, qui
n'eft autre chofe que la portée & la quantité fuffifante de la matiere la plus fubtile du
corps qu'on extrait, dont le menftrue eft
chargé ; & lorfqu'il en eft ainfi faoulé &
rempli, foit à froid ou à chaud, il eft im-
poffible à l'art de lui en faire prendre davantage ; parce que, comme nous avons
dit, il eft chargé felon le poids de nature,

qu'on ne peut outre-paſſer, ſi on ne veut
tout gâter, ou qu'on ne perde inutilement
les choſes; car

Eſt modus in rebus, ſunt certi denique fines,
Quos ultra, citraque nequit conſiſtere rectum.

Pour exemple, prenez quatre onces de
ſel ordinaire, faites-les diſſoudre dans huit
onces d'eau commune à chaud, & vous
verrez que l'eau ne ſe chargera que des
trois onces de ce ſel, & qu'elle laiſſera la
quatriéme; & quoique vous faſſiez boüillir
l'eau, & que vous l'agitiez avec le ſel; cependant elle n'en recevra pas davantage,
parce que s'il paroît diſſout à la chaleur, il
ſe décharge au fond & ſe coagule, lorſque
l'eau eſt refroidie. Mais pour une preuve
plus manifeſte, que l'eau eſt chargée ſuffiſamment & naturellement; il faut avoir
une aſſez grande quantité de cette eau chargée de ſel, pour y mettre un œuf dedans,
qui fera connoître viſiblement, ſi l'eau eſt
chargée ſelon le poids de la nature; car ſi
elle en a autant qu'elle en peut recevoir,
l'œuf ſurnagera ſans qu'il aille au fond; &
ſi elle n'en eſt pas aſſez chargée, l'œuf ne
manquera pas d'aller au fond, parce que
l'eau n'eſt pas ſuffiſamment remplie du
corps diſſout pour l'en empêcher.

Cela ſe prouve encore dans la cuite de
l'hydromel; car lorſque l'eau n'eſt pas en-

core aſſez chargée du corps du miel, l'œuf ne ſurnagera jamais ; mais au contraire, il va tout auſſi-tôt au fond : mais lorſque par diverſes tentatives, on eſt venu à ce point que l'œuf puiſſe ſurnager ; alors c'eſt le vrai ſigne de la cuite parfaite de l'hydromel, & que l'eau eſt chargée de la ſubſtance du miel autant qu'elle le doit être, pour faire un breuvage agréable & vineux après ſa fermentation ; au lieu que s'il eſt chargé davantage, ce breuvage eſt gluant & attachant aux lévres, à cauſe du trop de miel ; & s'il ne l'eſt pas aſſez, il n'a pas aſſez du corps du miel en ſoi, pour lui donner le goût & la force qu'il doit avoir, parce que les eſprits du miel, qui cauſent ſa bonté, n'y ſont pas aſſez abondamment introduits pour faire une légitime fermentation.

Nous diſons auſſi la même choſe de l'eſprit de vin, de l'eau de vie, du vinaigre ſimple & du diſtillé, des eſprits corroſifs du ſel, du nitre, du vitriol, des eaux fortes & généralement de toutes les liqueurs, ou de tous les menſtrues qui ſont capables d'extraire ou de diſſoudre quelque corps, ſoit animal, ſoit végétable, ſoit minéral. Par exemple, mettez du corail en poudre groſſiere dans un matras & verſez deſſus du vinaigre diſtillé, juſqu'à l'éminence de trois ou de quatre doigts peu à peu ; auſſi-tôt vous verrez ſon action, & vous entendrez

un certain bruit dans son ébullition, qui
fait la dissolution du corps du corail ; mais
lorsque cette ébullition & ce bruit est cessé,
filtrez la liqueur qui surnage, & la mettez
sur du nouveau corail en poudre, & vous
verrez qu'il ne se fera plus aucune action,
ni aucun bruit ; ce qui prouve évidemment
que cette liqueur est suffisamment remplie
de ce corps, & qu'elle n'en peut recevoir
davantage. Prenez aussi de l'eau, de l'eau-
de-vie, ou de l'esprit de vin, & en mettez
sur du saffran, jusqu'à ce qu'elle soit exaltée en très-haute couleur ; prenez ensuite
du nouveau saffran & versez cette teinture
dessus, & vous verrez que cette liqueur
n'extraira plus, & que votre saffran demeurera de la même couleur que vous l'aurez
mis dans le vaisseau.

Il en est de même de tous les corps végetables, qui entrent dans la préparation
des sirops composés, comme les herbes, les
fleurs, les fruits, les semences & les racines. Tous ces corps ont en eux un sel, qui,
quoiqu'il soit de différente nature, ne laisse
pas de charger de sa substance plus ou
moins visqueuse, le menstrue dont l'Apothicaire se sert, selon le dispensaire qu'il
suit, du poids de nature ; & lorsque ce
menstrue est une fois empreint de la vertu
& de l'essence de quelqu'une de ces choses,
jusqu'à la concurrence du poids de nature,

il est impossible qu'il puisse attirer à soi la teinture & la vertu des autres corps qu'on y ajoûte ensuite, sans qu'il se fasse quelque perte ; car la vertu de ces corps sera ou fixe ou volatile ; si elle est fixe, le menstrue est déja chargé de quelque chose de même nature, & ainsi ce corps ne communiquera point sa vertu à la décoction du sirop, qui est suffisamment chargée ; mais si la vertu de ce corps est volatile, elle s'évaporera inutilement pendant l'ébullition de la liqueur superflue dans la cuite du sirop.

Tout ce que nous avons dit ci-devant, fait voir que nous avons besoin de donner les remarques que nous avons promises sur les sirops composés, & les exemples de la division des matieres qui entrent dans ces sirops, afin d'en tirer l'essence & la vertu, selon la diverse nature qu'elles ont en elles, soit qu'elle réside dans la partie fixe, soit qu'elle se trouve dans celle qui est volatile.

Nous nous servirons donc de l'exemple de six sirops, qui sont de six différens usages, & par conséquent qui sont composés de différentes matieres, & qui sont extraits avec des menstrues différens, afin de faire mieux voir la vérité de toutes les manieres possibles. Ces sirops sont, premierement un sirop stomachal, qui est le *sirop d'absin-the composé*. Secondement, un sirop apéritif,

qui

qui eſt le ſirop *acéteux*, ou le ſirop de vinaigre compoſé. Le troiſiéme, un ſirop hyſté-
rique ou pour la matrice, qui eſt le ſirop
d'*armoiſe* compoſé. Le quatriéme, un ſirop
cholagogue & hépatique, qui eſt le ſirop
de *chicorée*, compoſé avec la rhubarbe. Le
cinquiéme, eſt un ſirop thorachique ou
pectoral, qui eſt deſtiné aux maladies de la
poitrine, qui eſt celui d'*hyſſope*. Le ſixiéme,
un ſirop purgatif & phlegmagogue, qui eſt
le ſirop de *carthame*, ou de ſaffran bâtard.
Nous donnerons premiérement leur diſpenſation ancienne, & des remarques ſur
leurs manquemens; après quoi nous montrerons comment il les faut faire à la moderne, c'eſt-à-dire, chymiquement & ſans
défauts.

§. 13. L'ancienne façon de faire le ſirop d'ab-
ſinthe compoſé.

Prenez une demie livre d'abſinthe ponti-
que, ou de l'abſinthe romain, deux onces
de roſes rouges, trois drachmes de nard
indic : mettez macerer cela réduit en poudre groſſiere dans un vaiſſeau de terre ver-
niſſé durant vingt-quatre heures, avec du
bon vin vieil qui ſoit clairet, & du ſuc de
coings bien dépuré, de chacun trois livres
& quatre onces; après cela faites boüillir le
tout & le coulez, & en faites un ſirop, ſelon
les régles de l'art, avec deux livres de ſucre.

Tome I. R

Ce firop n'eſt pas un des moindres de la boutique d'un Apothicaire , pourvû qu'il ſoit bien & dûement préparé : car il eſt compoſé de choſes qui peuvent produire les effets que les Auteurs lui attribuent , pourvû qu'on ne perde point par une ignorance groſſiere , & qui n'eſt nullement pardonnable , les choſes qui conſtituent ſa vertu ; qui ſont l'eſprit du vin clairet & l'eſſence volatile , odorante & ſubtile de l'abſinthe , des roſes & du nard indic. Mais nous avons déja ſuffiſamment dit ci-devant les raiſons pour leſquelles on avoit mal fait , lorſque nous avons parlé des ſirops ſimples ; c'eſt pourquoi nous nous contenterons de dire ſimplement ici , que perſonne ne peut cuire l'infuſion de ce ſirop en conſiſtance avec deux livres de ſucre, qu'on ne faſſe premiérement évaporer par la coction & par l'ébullition cinq livres & plus , de la liqueur ſuperflue ; ce qui ne ſe peut faire qu'on ne perde l'eſprit du vin & le ſel volatil ſulfuré des ingrédiens , & ainſi il ne reſtera que l'acide du ſuc de coings, & l'extrait groſſier & matériel du reſte. Il faut donc que nous donnions une autre diſpenſation de ce remede , & la maniere de le bien faire ſans aucune perte de ſes bonnes qualités.

§. 14. *Comment il faut bien faire le sirop d'absinthe composé.*

Prenez six onces d'absinthe récente, trois onces de menthe, une once de galanga, deux onces de calamus aromatique, une once & demie de roses rouges, & une demie once de nard indic, que vous couperez bien menu, & mettrez dans une cucurbite de verre, avec quatre livres de bon vin clairet; vous mettrez le tout au bain marie avec les précautions requises au travail & à la distillation, & en retirerez, après qu'ils auront été vingt-quatre heures en infusion, dix-huit onces d'eau spiritueuse & odorante, que vous mettrez dans un vaisseau de rencontre, & jetterez dedans encore deux onces & demie de sommités d'absinthe, deux drachmes de giroffles, une demie once de noix muscate, & deux drachmes de mastic choisi, le tout réduit en poudre subtile; & après que cela aura été deux jours en infusion au bain vaporeux, vous le presserez à froid, & filtrerez la liqueur que vous garderez dans une fiole, jusqu'à ce que vous ayez fait boüillir ce qui vous est resté de votre distillation, & de l'expression dans un pot de terre vernissé, jusqu'à la réduction de la moitié, que vous clarifierez & cuirez en consistance de tablettes, pour le décuire après en sirop, avec l'eau

essensifiée de la vertu stomachale de l'absinthe & des aromats ; si vous le voulez
encore rendre plus agissant & plus prêt à
suivre vos indications ; vous y pourrez
ajoûter de l'esprit de vitriol, ou de celui
de sel, jusqu'à ce qu'il ait acquis une agréable acidité, qui vaudra beaucoup mieux
que l'acide, qui vous seroit demeuré du suc
de coings, après une si longue & si inutile
ébullition.

§. 15. *Comment les Anciens ont fait le sirop*
acéteux, ou le sirop de vinaigre composé.

Prenez des racines de fenoüil, de celles
d'ache & de celle d'endive, ou de chicorée, de chacune trois onces : des semences
d'anis, de fenoüil & d'ache, de chacune
une once, de celle d'endive une demie
once. Faites boüillir le tout haché, & réduit
en poudre grossiere dans dix livres d'eau de
fontaine, à un feu lent, jusqu'à la diminution de la moitié, que vous cuirez en sirop
selon l'art, dans un vaisseau de terre vernissée, avec trois livres de sucre & deux
livres de vinaigre très-fort.

Nous avons encore à nous plaindre ici
des mêmes erreurs, dont nous avons si souvent parlé ci-devant : car, je vous prie, qui
ne voit une absurdité manifeste, de faire
boüillir des semences & des racines, qui
font composées de parties subtiles & vola-

les, à un feu lent avec dix livres d'eau ; &
de plus, de joindre deux livres de vinaigre
à cinq livres de liqueur, afin de lui faire
perdre ce qu'il a de plus pénétrant & de
plus actif, & d'où dépend toute la vertu
incisive & apéritive de ce sirop ? Ne nous
rendons pas pourtant ennuieux à répeter si
souvent une même leçon ; disons seulement
le moyen de mieux faire, puisque nous
nous sommes suffisamment expliqués là-
dessus dans nos remarques précédentes sur
le sirop acéteux simple.

⅋. 15. Pour faire chymiquement le sirop acé-
teux composé.

Prenez des racines d'ache, de chicorée
ou d'endive, & de fenoüil, de chacune
trois onces ; des semences d'anis, de fenoüil & d'ache, de chacune une once ; de
celle d'endive une demie once : il faut battre les semences grossiérement, & hacher
les racines bien menu, puis les mettre dans
une cucurbite de verre, & verser dessus
deux livres de vinaigre distillé, qui soit
bien dephlegmé ; distillez le tout au bain
marie, jusqu'à ce que vous ayez retiré tout
le vinaigre, & que les espéces soient séches dans le vaisseau. Gardez dans une
phiole le vinaigre distillé, qui est empreint
du sel volatil des racines & de celui des semences, qui lui communiquent sa princi-

pale vertu d'ouvrir les obstructions. Tirez le reste de la cucurbite, & le faites boüillir dans trois livres d'eau commune, jusqu'à ce qu'il ne reste que le tiers que vous clarifierez & ferez cuire en consistance de tablettes avec trois livres de sucre fin, & que vous décuirez à la chaleur tiède du bain en consistance de sirop, avec le vinaigre que vous aurez retiré par distillation. Ce sirop est excellent pour nettoyer le ventricule de ceux qu'on appelle pituiteux, qui est ordinairement farci de glaires & de mucilages, qui enduisent ses tuniques intérieures, qui empêchent la digestion & l'appétit, & qui sont les causes occasionelles des fiévres bâtardes ; il est aussi très-bon pour ouvrir les obstructions des reins, du foye & de la rate, à cause de la subtilité du tartre qui a été volatilisé dans le vinaigre distillé, qui est aidé de la vertu subtile & pénétrante du sel volatil & pénétrant des racines & des semences.

§. 16. *Comment les Anciens ont fait le sirop d'Armoise.*

On donne ordinairement ce sirop en chef-d'œuvre aux jeunes Apothicaires, qui sont aspirans à la Maîtrise. Je crois pourtant que c'est plutôt pour sonder s'ils connoissent les plantes, que pour éprouver s'ils seront capables de bien faire ce sirop, avec

la confervation de la vertu de fes ingrédiens, qui font véritablement capables de
produire de merveilleux effets, puifqu'il eft
compofé d'herbes, de racines, de femences
& d'aromats, qui concourent tous à une
même fin, & qui font tous fpécifiques dé-
diés à la matrice, tant pour ôter la fuppref-
fion des mois, que pour nettoyer, & comme balayer la matrice de toutes les ordures
dont elle pourroit être infeſtée, & la délivrer des douleurs que les vents caufent en
cette partie, qui l'irritent le plus fouvent
jufqu'aux convulfions, & jufqu'à la fuffocation & aux fincopes.

Mais tout cela ne fe fera pas, fi on ne
retient par le moyen de la Chymie, toute
la vertu fubtile & pénétrante de ce qui entre dans ce firop.

§. 17. *La defcription du firop d'Armoife.*

Prenez deux poignées d'armoife, lorfqu'elle eft montée & qu'elle eft encore en
fleur, du poüillot royal, du calament, de
l'origan, de la melifſe, du diſtamne de
Crete, de la perficaire, de la fabine, de la
marjolaine, du chamœdrys, du milleper-
tuis, du chamœpythis, de la matricaire
avec fa fleur, de la petite centaurée, de la
la rue, de la bétoine & de la buglofſe, de
chacun une poignée; des racines de fenoüil, d'ache, de perfil, d'afperges, de

bruſcus, de pimpernelle, de campane, de cyperus aromatique, de garance, d'iris & de pœone, de chacun une once ; des bayes de genevre, des ſemences de levêche, de perſil, d'ache, d'anis, de nielle romaine ; des racines de cabaret, de pyrethre, de valeriane, du coſtus amer, du carpobalſa- mum, ou des cubebes, du cardamome, du caſſia lignea aromatique, & du calamus de même nature, de chacun une demie once. Il faut couper les herbes & les racines récentes, & mettre en poudre groſſiere tout ce qui eſt ſec ; puis les mettre ma- cérer & infuſer durant vingt-quatre heures dans dix-livres d'eau pure ; après cela, il les faut cuire & faire évaporer juſqu'à la conſomption de la juſte moitié, puis ôter la baſſine du feu ; & lorſque la décoction ſera tiéde, il faut frotter & manier les eſpé- ces avec les mains, puis en faire une exacte colature, qu'il faudra cuire en ſirop avec quatre livres de ſucre. Notez qu'ils recom- mandent encore itérativement d'avoir grand égard à ce que la décoction ſoit cou- lée, & recoulée bien nettement avant que de la cuire avec le ſucre, ou qu'autrement le ſirop ſe rancira, & ſe troublera facile- ment, parce qu'ils prétendent de ne le point clarifier, de peur que les blancs d'œufs n'attirent à eux la vertu de la décoc- tion ; & que de plus, ils ordonnent de ne

mettre les aromats que fur la fin de l'ébullition, afin que la vertu de ces fubftances
volatiles ne fe perde par une trop longue
coction. Voilà qui fait bien voir que ces
gens-là ne péchent que pour n'avoir pas été
initiés aux myfteres de la Chymie, qui leur
auroit appris à raifonner plus judicieufe-
ment, & à travailler avec plus de circonfpection.

Mais venons à l'examen, & aux marques qui font néceffaires pour l'inftruction de l'Apothicaire Chymique, & nous
n'en ferons que trois, qui feront affez connoître l'imperfection de leur façon de faire. Et premiérement, à quoi eft néceffaire,
je vous prie, cette frixion & ce maniment
des efpeces, puifqu'il les faut preffer, pour
retirer par cette violence toute la liqueur,
dont les efpeces font imbibées ? Et à quoi
encore cette double & triple colature, puifqu'elle ne purifiera jamais la décoction, &
qu'il eft abfolument néceffaire de la clarifier
avec les blancs d'œufs, pour en faire un
firop qui foit agréable à la vûe & à la bouche ? La feconde, c'eft qu'ils veulent & ordonnent de ne mettre les aromats que
fur la fin de la décoction ; de peur, difent-
ils, que leur vertu qui confifte en une grande fubtilité ne s'évapore ; & ils ne confi-
derent pas, que quoique la décoction puiffe
avoir reçû quelque vertu des aromats, à

caufe que l'ébullition ne s'en feroit pas enfuivie ; cependant qu'il faudroit que cette vertu s'évanoüît, lorſqu'on cuira cette même décoction avec le ſucre, & qu'ainſi leur précaution eſt peu judicieuſe, pour ne pas dire ignorante.

Mais pour la troiſiéme, qui eſt qu'il ne faut avoir égard qu'aux aromats dans la façon de faire ce ſirop ; puiſque toutes les plantes, toutes les racines, tous les fruits & toutes les ſemences qui entrent en ſa compoſition, ſont toutes odorantes, & par conféquent remplies d'un ſel, d'un eſprit, & d'un ſoufre très-ſubtils, qu'il faut auſſi-bien conſerver que la vertu des aromats ; puiſque ce ſont ces ſeules choſes, qui donnent l'efficace & la puiſſance à ce ſirop d'appaiſer, comme on le prétend, toutes les irritations & les exorbitations de la matrice.

Il n'eſt pas néceſſaire que nous donnions une méthode particuliere de faire ce ſirop ſelon les régles de la Chymie, puiſque nous avons aſſez de fois enſeigné & repeté la maniere de le pouvoir faire dans les autres que nous avons décrits ci-devant, & principalement en parlant du ſirop acéteux compoſé : ceux qui feront ce ſirop avec les précautions, & avec la méthode chymique que nous avons inſinuée ci-devant, pourront alors ſe vanter qu'ils auront fait un

chef-d'œuvre de Pharmacie ; puifqu'il ne
fuffit pas de connoître les matieres, & d'en
faire une démonftration pompeufe, pour
négliger enfuite la confervation de la vertu
des chofes qui entrent dans la difpenfation,
dont on fait ordinairement parade devant
les Maîtres Apothicaires.

§. 18. Comme on fait ordinairement le firop
de chicorée avec la rhubarbe.

Meffieurs les Médecins fe fervent de ce
firop avec une raifon très-valable, puifqu'elle a fon fondement dans la nature de
la chofe, & dans l'expérience de fes vertus : car il n'entre rien dans ce firop, qui
ne foit capable de feconder leurs bonnes
intentions, & de produire les bons effets
qu'ils en efperent, pourvû qu'on le faffe
avec les fucs dépurés des plantes chicora-
cées qui le compofent, qui témoignent par
leur goût amer l'abondance de leur fel effentiel nitrotartareux, qui eft apéritif &
diurétique : de plus, les racines apéritives
poffedent en elles un fel qui eft analogue à
celui des plantes ; mais ce qui conftitue fa
principale vertu, eft la rhubarbe, qui eft
la racine d'un efpéce de lapathum ou de
patience, qui cache en foi un fel volatil,
fubtil & très-efficace, un foufre balfami-
que & confervatif des facultés de l'efto-
mach ; ce qui fe prouve par fon goût, par

son odeur & par sa couleur tingente, qui se communique non-seulement aux excrémens & aux urines, lorsqu'elle est bien conditionnée ; mais qui fait même voir la pénétration de sa teinture, jusqu'aux yeux & aux ongles. Ce seroit donc un grand dommage de perdre les belles vertus de cette admirable racine, ou de ne point enseigner à les bien extraire & à les bien conserver.

On fait servir ce sirop contre les obstructions, contre la jaunisse, contre les maux de la rate, contre la cachexie & l'impureté des viscères, contre la foiblesse du ventricule, contre l'épilepsie, ou le mal caduc en général, mais principalement contre celles des enfans ; & finalement on l'employe pour chasser par les selles & par les urines, tout ce qui peut être vicié en nous ; & tout cela est vrai, parce que ce sirop doit être rempli de sel essentiel des plantes & du sel volatil des racines, qui est accompagné du soufre balsamique de la rhubarbe, qui corrige tous les défauts de la rate & de l'estomach, qui sont les deux parties qui causent tous les désordres que ce sirop peut appaiser & remettre comme il faut.

. 19. Comment on fait d'ordinaire le sirop de chicorée, composé avec la rhubarbe.

Prenez de l'endive domestique & de la

sauvage, de chacune deux poignées & demie ; de la chicorée & du piffenlit, de chacun deux poignées ; du laitteron, de l'hépatique, de la laitue, de la fumeterre & du houblon, de chacun une poignée ; de l'orge entier deux onces ; des capillaires, de chacun deux onces & deux drachmes ; du fruit d'alkekange, de la reguelisse, du ceterach & de la cuscute, de chacun six drachmes ; des racines de fenoüil, d'ache & d'asperges, de chacune deux onces. Il faut hacher les herbes & les racines, & les faire boüillir dans trente livres d'eau, jusqu'à la réduction de la moitié ; puis vous cuirez cette décoction avec dix livres de sucre clarifié en sirop, auquel vous ajoûterez en boüillant un noüet de linge clair, dans lequel il y aura sept onces & demie de rhubarbe excellente, coupée fort délié, & deux scrupules de nard indic : il faudra presser le noüet de tems en tems ; & lorsque le sirop sera cuit en consistance, & qu'on l'aura mis dans son pot, il y faut suspendre le noüet avec la rhubarbe & le spicnard, pour mieux entretenir sa vertu.

Ce que nous avons dit ci-dessus, est l'ordre commun de faire ce sirop ; mais ils ont jugé nécessaire d'y joindre quelques observations pour le faire mieux, qui néanmoins ne valent pas mieux que le reste ; car quoiqu'ils croyent avoir mieux rencontré qu'auparavant, ils ne font pourtant qu'héfiter & tâtoner, fans qu'il puiffent trouver le vrai chemin, parce que le flambeau de la Chymie ne les éclaire pas. Ils difent donc qu'il faut macérer durant vingt-quatre heures l'orge, les racines & les chofes féches de cette compofition dans la quantité d'eau qu'ils demandent, & puis qu'on faffe boüillir tout le refte enfemble, jufqu'à la diminution de la moitié. Qu'il faut enfuite couler la décoction & en prendre une portion, dans laquelle on fera infufer durant l'efpace de douze heures pour le moins, les fept onces & demie de rhubarbe & le fpicnard, pour en extraire la teinture & la vertu ; après quoi, il faut les faire un peu boüillir, puis les exprimer doucement ; & qu'il ne faut joindre cette teinture au refte, que lorfque l'autre partie de la décoction fera cuite en parfaite confiftance de firop, & y mettre auffi la rhubarbe & le nard indic dans un noüet de toile, afin qu'ils communiquent leur vertu au refte du firop, parce qu'autrement on ne reconnoîtroit pas que la fufpenfion de ce même noüet dans le firop, pourroit contribuer à fa vertu ; & lorfque le tout fera joint, il faut épaiffir lentement ce firop jufqu'à la confiftance requife.

Il femble par-là que ces Meffieurs ayent eu grand foin de réformer la préparation

de ce firop ; mais c'eft très-groffiérement :
car ne jugent-ils pas que cette décoction
eft chargée du corps des racines & de celui
des herbes, & qu'ainfi elle ne fe peut charger davantage, ni ne peut extraire comme
il faut la rhubarbe, qui eft la bafe & le fondement de la vertu de ce remede ? Encore
s'ils avoient ordonné de clarifier cette décoction auparavant, afin de la dépoüiller
du corps groffier que la colature ne lui peut
ôter ; ils auroient fait voir quelque étin-
celle de jugement, qui pourtant feroit encore fort imparfait, puifque cela pourroit
mieux extraire ; mais il ne conferveroit pas
le volatil de la rhubarbe, ni l'odeur du
fpicnard, parce qu'il faut néceffairement
confumer & faire évaporer plus de dix ou
onze livres d'humidité fuperflue pour en
faire un vrai firop, qui ne fe peut faire que
par le moyen que nous allons donner.

§. 20. *Comment on fera bien le firop de chico-*
rée compofé avec la rhubarbe.

Prenez fuffifamment de toutes les plantes
fucculentes qui entrent dans ce firop, pour
en avoir huit livres de fuc ; hachez-les &
les battez au mortier de pierre ; tirez-en le
fuc, que vous mettrez au bain marie dans
une cucurbite de verre couverte de fon chapiteau, pour en faire la dépuration convenable ; réfervez l'eau qui en fera fortie,

coulez votre suc par le blanchet, & le mettez au bain marie, & y ajoutez les racines
mondées & les capillaires, vous en retirerez quatre livres d'eau que vous joindrez à
la premiere. Mettez la quantité de rhubarbe
& le nard indic que vous deſtinez à votre
ſirop : je préſuppoſe une demie drachme
pour once de ſirop, qui fait une once pour
livre dans un matras, & verſez deſſus de
l'eau que vous avez retirée de vos ſucs,
juſqu'à ce qu'elle ſurnage de trois doigts,
digerez au bain vaporeux durant douze
heures pour en faire l'extraction ; coulez
& preſſez doucement cette premiere impreſſion, remettez la rhubarbe au matras
avec de la nouvelle eau, & continuez ainſi
juſqu'à trois fois, & vous aurez toute la
teinture de la rhubarbe, que vous purifierez
par réſidence au bain marie à cauſe de l'expreſſion, qui fait toujours paſſer quelque
corps groſſier & matériel : cela fait, cuiſez
le reſte de votre ſuc, après l'avoir coulé &
clarifié avec le ſucre, & le réduiſez en conſiſtance de tablettes, que vous cuirez avec
votre teinture de rhubarbe en un vrai ſirop,
qui aura toutes les vertus qu'on en eſpére,
& qui ſe conſervera long-tems ſans perte
de ſes facultés, à cauſe de l'abondance des
ſels des plantes & du vrai ſoufre balſamique de la rhubarbe. Notez qu'une demie
once de ce ſirop, fait mieux qu'une once

entiere de celui qui est fait à l'ordinaire.

§. 21. *La maniere de faire le sirop d'hyssope composé, selon la méthode des Anciens.*

Prenez de l'hyssope médiocrement séche, des racines d'ache, de fenoüil, de persil & de reguelisse, de chacun dix drachmes ; de l'orge mondé une demie once, de la gomme tragacanth, des semences de mauve & de coings, de chacune trois drachmes ; des capillaires, six drachmes ; des jujubes & des sebestes, de chacune au nombre de trente ; des raisins secs, dont on aura ôté les pepins, une once & demie ; des figues & des dattes qui soient grasses, de chacune dix en nombre : il faut faire cuire le tout dans huit livres d'eau, jusqu'à ce qu'il n'en reste que quatre, qu'il faut réduire en consistance de sirop, après l'avoir pressé avec deux livres de sucre pénide.

Si nous avons remarqué quelque chose d'impropre & de mal digeré dans les récettes des sirops précédens ; celle-ci néanmoins fait encore beaucoup plus paroître l'ignorance de la vraye Pharmacie en ceux qui l'ont faite. Car si nous prenons la peine d'examiner à fond les ingrédiens qui la composent, nous n'y trouvons qu'un abîme d'abus & d'erreurs ; ce que j'y trouve même de pis, c'est que la Chymie est ici poussée à bout, sans qu'elle puisse sauver ni rhabiller les manquemens de cette pratique : car les racines & les herbes donnent déja d'elles seules une décoction assez crasse : les fruits la rendent lente & visqueuse ; mais la gomme & les semences la rendront tout-à-fait mucilagineuse, si bien qu'il sera impossible d'en pouvoir jamais faire un sirop. Que si quelqu'un se vante de le pouvoir faire :

Talem vix repperit unum,
Millibus è multis hominum consultus Apollo.

Car s'il prétend faire sa décoction superficiellement, sans que les racines, les fruits, les semences & la gomme soient bien cuits, il frustrera l'intention de l'Auteur, & privera le sirop de la prétendue vertu qu'on lui attribue ; que si encore il les fait cuire comme il faut, il perdra le volatil des racines, & principalement celui de l'hyssope & des capillaires ; & s'il clarifie sa décoction par les blancs d'œufs, ils retiendront la gomme & les mucilages.

Je sçai encore que les Apothicaires, qui font ce sirop, prétendent s'être acquittés de leur devoir, lorsqu'ils ont fait boüillir les substances mucilagineuses parmi la décoction dans un noüet, qu'ils retirent après sans le presser, & ainsi leur décoction est

dépoüillée de ce qu’on y demande. De plus,
qu’y a-t’il de plus ridicule , que de subſtituer le ſucre pénide au ſucre commun ? car
je ne peux m’imaginer aucune autre raiſon
de cette preſcription , ſinon que c’eſt ſeulement pour rehauſſer le prix du ſirop , &
pour abuſer le commun & les ignorans.
Comme donc ce ſirop eſt impoſſible , nous
le laiſſerons comme inutile , puiſqu’il ne
peut avoir les vertus qu’on lui attribue ,
d’être bon aux maladies froides de la poitrine , où il eſt beſoin de déterger & d’atténuer la matiere craſſe & lente qui l’obſede,
d’ôter les obſtructions , d’alléger les douleurs des hypocondres , & d’être ſalutaire
à ceux qui ſont travaillés de la gravelle.
Or, il n’y a perſonne qui connoiſſe tant
ſoit peu les matieres qui entrent dans ce
ſirop, qui ne voye que c’eſt une abſurdité
manifeſte d’eſpérer oüvrir les obſtructions avec des glaires & avec des colles,
qui les produiroient plutôt, que d’être en
aucune façon capables de les avoir ôter.
C’eſt pourquoi, quiconque voudra avoir
un bon ſirop pectoral, qu’il le faſſe de la
maniere qui ſuit.

§. 22. *Sirop pectoral d’hyſſope très-excellent.*

Prenez de l’hyſſope récente quatre onces,
des racines d’ache, de fenoüil, de perſil &
de regueliſſe, de chacune deux onces. Il les

faut hacher & battre grossiérement , puis
les mettre dans une cucurbite de verre , &
verser dessus une livre de suc d'hyssope ,
douze onces de suc de fenoüil , & une demie livre de suc de lierre terrestre ; distillez le tout au bain marie , jusqu'à ce que
les espéces paroissent presque séches : mettez de nouveau en infusion durant un jour
naturel dans votre eau une once & demie
d'hyssope récente , & autant de squille non
préparée : une once de racine de fenoüil ,
& autant de sommités de lierre terrestre ;
coulez , pressez & filtrez cette infusion , &
la gardez à part. Faites ensuite boüillir ce
qui vous est resté de la distillation & de
l'expression, dans quatre livres d'eau , qu'il
n'en reste que la moitié que vous presserez,
coulerez & clarifierez ; puis les cuirez en
consistance de tablettes avec deux livres &
demie de sucre, qu'il faudra cuire en sirop
avec l'eau essensifiée de la teinture & du sel
des plantes pectorales. Ainsi vous aurez un
sirop qui vous servira avec utilité.

§. 23. *Comment on a fait communément le sirop de carthame.*

Il semble que les Médecins anciens , &
même les modernes , ayent prétendu faire
croire qu'ils étoient très - sçavans dans la
théorie , & très-expérimentés dans la pratique , lorsqu'ils ont fait des assemblages

inutiles d'une vaine quantité de matieres,
pour la composition des eaux, des électuai-
res & des opiates ; mais principalement
dans les descriptions qu'ils nous ont données de leurs sirops magistraux. Celui de
carthame, ou de saffran bâtard, dont nous
entreprenons l'examen, nous en fournit un
exemple suffisant ; car je ne sçai quel coup
de Maître ces Messieurs prétendent avoir
fait, de mêler quelquefois des drogues les
unes avec les autres, qui sont tout-à-fait
différentes, & qui contredisent le plus souvent leurs intentions : or, cela ne se fait
qu'à cause qu'ils ne connoissent pas la différence des sels, ni celle des esprits, & encore beaucoup moins l'action & la réaction
des uns sur les autres, comme elle se voit
tous les jours, dans le laboratoire de ceux
qui s'adonnent à l'anatomie des corps naturels, pour apprendre par ce moyen les opérations de la nature, afin de la suivre de
près dans les choses que l'art nous prescrit ;
car ceux qui ont fait, ou qui sont encore
de ces récettes compliquées, n'ont assûré-
ment, ni bien conçû, ni bien connu par
aucune expérience, que comme la nature
est une & simple, aussi agit-elle très-sim-
plement ; & qu'ainsi, il faut nécessairement
que les Médecins, qui n'en sont que les
ministres & les singes, étudient à connoître la vertu simple & spécifique des pro-

duits naturels, afin de s'en servir avec la même simplicité, & d'être les vrais imitateurs de la nature.

Or, ils ne se sont pas contentés de faire une rapsodie inutile; mais ils ont de plus ordonné le *modus faciendi*, d'une maniere si confuse, & si peu capable d'extraire la vertu de toutes ces choses différentes mêlées ensemble, que cela donne de l'horreur & fait pitié. Et comme ces sirops sont encore en pratique en plusieurs endroits, quoiqu'ils soient dorénavant retranchés de la pratique des Médecins, qui sont les plus éclairés : nous avons crû nécessaire de conduire à la vraye méthode de bien faire ces sirops, les Apothicaires qui n'ont pas connoissance des lumieres de la Chymie; mais disons auparavant la façon commune de le faire.

Prenez donc pour ce sirop purgatif composé, du vrai capillaire, de l'hyssope, du thim, de l'origan, du chamedrys, du chamepythis, de la scolopendre & de la buglosse, de chacune une demie poignée; de la cuscute, du fruit d'alkekange, des racines d'angélique, de regueliffe, de fenoüil, d'asperges, de chacune une once; du polypode de chêne, une once & demie; de l'écorce de tamarisc, une demie once; des semences d'anis, de fenoüil, d'ammi, de daucus, de chacune une once; de celle de

carthame légérement pilée , quatre onces ;
des raifins fols , dont on aura ôté les pepins , deux onces : faites boüillir tout cela
haché & battu groffiérement, dans fix livres
d'eau claire , que vous réduirez au tiers ;
il faut couler cette décoction , & y mettre
chaudement en infufion une once & demie
de fenné mondé , une demie once d'agaric
en trochifque , fix drachmes de rhubarbe
choifie , & une drachme de gingembre : il
les faut laiffer en macération une nuit entiere , & le lendemain en faire une forte
expreffion , & la colature , qu'il faudra
cuire en firop avec une livre de fucre fin ,
& y ajoûter des firops violat folutif, rofat
folutif, & de l'acéteux fimple de chacun
deux onces. Ils deftinent l'ufage de ce firop
à la guérifon des fiévres invéterées , des
quotidiennes & des quartes , pour ouvrir
les obftructions , qui proviennent de la
lenteur & groffiéreté de ce qu'on appelle
pituite , & pour chaffer par les voyes du
ventre les férofités dommageables.

Je demande à préfent , s'il eft poffible
qu'une décoction qui eft chargée de la fubftance des premieres matieres de ce firop ,
& qui de plus eft réduite au tiers : je demande , dis-je , fi elle eft capable de recevoir , ni encore de pouvoir extraire la vertu
des purgatifs ; & de plus , à quoi bon , je
vous prie , l'addition de deux onces de

chacun des sirops qu'on demande, puisqu'on y peut mettre du sucre en la place, & ajoûter en leur lieu de l'infusion de violettes, de celle de roses, & un peu de vinaigre simple & ordinaire, ou de celui qui sera distillé, comme nous le dirons ci-après ? Mais ce n'est pas encore tout ; car il faut outre cela considerer la perte très-importante des sels volatils & sulfurés des herbes, des racines & des semences, qui s'envolent & qui s'évaporent par la coction. Disons donc comme on le fera mieux ; & que le sirop qui suivra, serve de régle pour tous les autres sirops purgatifs qui sont composés.

§. 24. *La vraye façon de faire le sirop de carthame.*

Prenez le vrai capilaire, l'hyssope, le thim, l'origan, le chamedris, le chamepithis, la scolopendre, la racine d'angélique, les semences d'anis, de fenoüil & d'ammi ; coupez les plantes & les racines, & mettez les semences en poudre grossiere ; ajustez le tout dans une cucurbite au bain marie, avec deux livres d'eau & quatre onces de suc ou d'infusion de roses, autant de celle de violettes, & une once de vinaigre distillé ; couvrez la cucurbite de son chapiteau, & en retirez une demie livre d'eau spiritueuse & odoriférante que vous réserverez.

réserverez. Ajoûtez à cette premiere décoction la buglosse, la cuscute, les grains d'al-
kécange, les racines de régueliffe, de fenoüil, d'asperges & de polipode de chêne,
l'écorce de tamarisc, la semence de carthame & les raisins mondés, & y ajoûtez encore trois livres d'eau ; faites boüillir le
tout jusqu'à la consomption du tiers ou de
la moitié ; coulez & pressez le reste des
ingrédiens ; clarifiez cette décoction avec
des blancs d'œufs, & faites infuser à chaleur lente en cette clarification, le senné,
l'agaric en trochisques, la rhubarbe & le
gingembre, durant l'espace de vingt-quatre heures ; au bout desquelles, vous les ferez un peu boüillir ensemble, puis vous les
coulerez. Gardez la colature à part, & faites boüillir encore une fois les espéces purgatives dans une livre de nouvelle eau
commune, afin d'achever d'en extraire
toute la vertu : coulez & pressez cette derniere décoction, que vous joindrez à la
premiere extraction des purgatifs, que vous
clarifierez & cuirez en consistance d'électuaire avec deux livres de castonade ; ensuite de quoi, vous réduirez votre sirop en
vraye consistance avec l'eau spiritueuse &
aromatique, que vous aurez tirée par la
distillation. Vous aurez en cette maniere un
sirop purgatif composé, qui sera fort agréable, qui aura toutes les vertus des choses

qui entrent en sa composition, & qui se
gardera plusieurs années, sans aucune altération, pourvû qu'on le tienne, comme aussi
tous les autres sirops, dans un lieu moderé,
qui ne soit ni chaud, ni frais ; parce que ce
sont ces deux qualités, qui sont ordinairement les causes occasionelles de leur fermentation, qui les rend acides, ou de leur
moississure, qui les corrompt & qui les
gâte.

Voilà ce que nous avions à dire sur les
plantes, & les remarques que nous avons
jugées nécessaires pour ceux, qui veulent
bien faire les eaux distillées & les sirops.
Ce que nous avons dit, est suffisant pour
bien apprendre, non-seulement ce qui est
utile à ces deux préparations : mais on le
peut encore employer avec très-grande raison, pour bien faire toutes les macérations,
les infusions, les décoctions, les digestions
& les ébullitions, de tout ce que Messieurs
les Médecins ordonnent aux Apothicaires,
pour les apozemes, pour les juleps & pour
les potions qu'ils prescrivent pour le bien
des malades ; & je sçais qu'après que les
Apothicaires auront connu ce qui se peut
évaporer de bon par les actions de la chaleur, qu'il étudieront à le conserver ; afin
de faire tout au bien de leur prochain, à
l'acquit de leur conscience & à l'honneur
de la Pharmacie ; & de plus, ils reconnoî-

tront qu'ils n'ont pû recevoir ces lumieres d'ailleurs, que par les dogmes de la Pharmacie Chymique.

Or après avoir ainsi donné une idée générale des végetaux entiers & de leurs parties conftituantes, de ce qu'ils contiennent de fixe & de volatil ; & après avoir donné les marques néceffaires, pour faire que l'artifte chymique ne perde rien de ce qu'il doit conferver : il eft tems de paffer aux parties, que la nature & l'art nous fourniffe de cette ample famille, & que nous donnions une Section à chacun des quatorze genres fubalternes, qui fe tirent du genre végetable principal ; afin que l'exemple que nous donnerons du travail chymique, qui fe doit faire fur l'efpéce de même nature de ce genre fubalterne, ferve de phare & de guide, pour être capable de travailler fur toutes les autres efpéces qui lui reffemblent.

Ces genres fubalternes font comme nous l'avons déja dit, les *racines*, les *feüilles*, les *fleurs*, les *fruits*, les *femences*, les *écorces*, les *bois*, les *graines* ou les *bayes*, les *fucs*, les *huiles*, les *larmes*, les *réfines*, les *gommes-réfines* & les *gommes*.

Nous donnerons une Section à chacun de ces genres en particulier, afin que fi ce genre, quoique fubalterne, a pourtant encore quelque fubordination fous foi, que nous en faſſions la ſubdiviſion, pour donner par ce moyen plus de lumiere à l'artiſte, parce qu'il ſe rencontre de la variété & de la différence entre les parties d'un même genre, qui demandent par conſéquent une différente maniere de les travailler. Nous commencerons *le Tome ſecond* par les racines.

ADDITION

Au Tome premier.

I. *Préparation particuliere d'un Hydromel fort ſain, & dont le goût eſt peu différent de celui du vin d'Eſpagne, ou de la Malvoiſie.*

LEs avantages que quantité de perſonnes tirent de l'uſage de l'hydromel chez les Nations étrangeres, ont rendu depuis peu cette liqueur ſi recommandable en France, parmi les gens qui ont quelque ſoin de leur ſanté, que pluſieurs ayant témoigné qu'on les obligeroit, ſi on leur en vouloit donner une préparation exacte, on n'a pas voulu les priver de cette ſatisfaction; & on la leur donne d'autant plus volontiers, qu'on a une parfaite connoiſſance de l'utilité qu'on en reçoit, en s'en ſervant pour boiſſon ordinaire.

Mettez boüillir fur un feu moderé, environ vingt pintes d'eau de pluye, ou à fon défaut, autant d'eau commune bien pure, dans une grande poële de cuivre étamée en dedans, & dont la capacité foit telle, que l'eau n'en rempliffe que les deux tiers. Délayez dans cette eau boüillante cinq ou fix livres de miel nouveau, le plus pur & le plus blanc que vous pourrez trouver, comme eft celui de Narbonne; & faites-le cuire, en l'écumant fouvent, jufqu'à ce que la liqueur ait acquis affez de confiftance, pour foutenir un œuf frais fans tomber au fond du vaiffeau.

Pendant cette opération, vous ferez boüillir à part, dans un pot de terre verniffé, une demie livre de raifins de damas coupés en deux, avec quatre pintes d'eau, jufqu'à la diminution de la moitié de la liqueur; puis l'ayant paffée par un linge blanc en preffant un peu les raifins, vous la verferez dans la grande poële avec l'autre liqueur; & laiffant encore le tout fur le feu, vous y enfoncerez une rôtie de pain trempée dans de la nouvelle levûre de bierre: après quoi, l'ayant écumée de nouveau, vous la tirerez du feu, & la laifferez repofer jufqu'au clair, que vous féparerez de fon fédiment, pour la verfer dans un baril de bois de chêne, fur une once de fel de tartre bïen pur & bien blanc diffout dans un verre d'esprit de vin, tant que ce baril soit plein, que vous exposerez ensuite tout débondé sur des tuilles à la chaleur du Soleil de midi, en été, ou sur le four d'un Boulanger, en hyver, tant que la liqueur ne boüillant plus, elle ne jette plus d'écume. Alors l'ayant rempli de la même liqueur claire, vous le bonderez, & le mettrez à la cave, pour le percer dans deux ou trois mois après.

Que si l'on souhaite que cet hydromel ait quelque odeur aromatique, vous mettrez cinq ou six gouttes d'essence de canelle dans l'esprit de vin, qui sert à dissoudre le sel de tartre, ou vous y mettrez infuser des zestes d'écorce de citron nouvelle, ou bien des fraises ou framboises, selon votre goût, observant de passer cet esprit, & d'en séparer les fruits incontinent après l'infusion, avant que d'y faire dissoudre le sel de tartre ; & par ce moyen, vous aurez un hydromel vineux d'un goût & d'une odeur très-agréables, que l'expérience a fait connoître avoir les propriétés suivantes.

Cette liqueur étant prise à l'ordinaire au lieu de vin, fortifie l'estomach, aide à la digestion, purifie le sang, conserve l'embonpoint, fait cesser les douleurs de tête, abaisse les vapeurs, guérit la pthisie, l'asthme, & toutes les autres maladies des poulmons, lève les obstructions du bas ventre , & conserve tous les visceres dans une si bonne constitution , que son usage fait joüir long-tems d'une parfaite santé , & d'une vie longue & tranquille.

II. *Quinte-essence de miel.*

Vous prendrez deux livres de miel blanc, qui ait une bonne odeur & un bon goût. Vous le mettrez en une grande cucurbite de verre, dont les trois quarts soient vuides. Vous la couvrirez de sa chape à bec bien lutée, à laquelle vous appliquerez un grand récipient pareillement luté. Faites un feu doux de cendres, jusqu'à ce que vous voyez monter des vapeurs blanches ; & pour les condenser en esprit, vous appliquerez sur la chape & sur le récipient des linges moüillés en eau froide, & il en sortira une liqueur qui sera rouge comme sang. Après la distillation, vous mettrez cette liqueur en un vaisseau de verre bien bouché , tant que la liqueur soit bien clarifiée & de couleur de rubis. Après quoi vous distillerez sept ou huit fois, jusqu'à ce que sa couleur rouge soit convertie en un jaune doré , & prendra une odeur très-douce & très-agréable. Cette quinte-essence dissout l'or en chaux , & le rend potable. Deux ou trois dragmes de cette liqueur prises intérieurement, font revenir à eux ceux qui sont à l'extrêmité : elle fortifie même ceux qui joüissent de la fanté, guérit la toux, les catharres & la ratte ; appliquée fur les playes & ulcéres, elle les guérit incontinent. Fioraventi rapporte en avoir donné à des perfonnes dans les approches de la mort, & qu'il rappelloit ainfi à la vie, pour leur donner au moins le tems de mettre ordre à leurs affaires. Diftillée vingt fois avec argent fin, & donnée pendant quarante-fix jours à un paralitique, il en a été guéri : c'eft ce que Fioraventi marque avoir éprouvé lui-même. Surquoi ce Médecin fait une remarque fort fenfée à ce fujet, que Dieu n'a jamais promis dans l'Ecriture-fainte, ni fcammonée, ni caffe, ni turbith, ni rhubarbe ; mais bien du froment, du vin, de l'huile, du lait & du miel.

III. *Huile de miel.*

Vous prendrez ce que vous voudrez de bon miel blanc bien choifi, que vous mêlerez avec fon double poids de fable bien net. Mettez-le dans une retorte, ou en une cucurbite, diftillez à feu de dégrés. Il en fortira d'abord un flegme, puis une huile noire qui deviendra d'un beau rouge, après qu'elle aura été expofée au foleil trente ou quarante jours. Diftillez plufieurs fois cette huile, & elle devient couleur d'or.

IV. *Fermentation du miel, pour en faire vin, eau-de-vie & esprit.*

Tous les Chymistes sçavent qu'il faut un levain, pour la fermentation des matieres, qui naturellement ne fermentent pas seules, comme il en faut pour faire lever la pâte, aussi-bien que pour la bierre. Mais quoique tout levain végetable fasse, fermenter un autre végetable, il y a cependant de la difference d'un levain à l'autre. Tout levain est une végetation de son espéce ; & par conséquent un levain peut altérer la nature & l'essence d'une autre espéce avec laquelle il sera mêlé ; comme une autre qui est confermentée avec le tronc sur lequel elle est jointe, dont il vient des fruits mixtes, qui participent des deux espéces. Ainsi les Bergamotes d'Italie en font la preuve. Elles ont la figure, la couleur & l'odeur d'une poire ; & quand on les coupe, on y trouve le dedans d'une orange.

Il faut donc que dans la fermentation, rien ne puisse dégenerer, si on veut que la vertu du mixte ne soit point altérée, & qu'elle demeure dans son être pur, naturel & seminal, autrement elle ne produira pas l'effet qu'on en doit attendre. D'où il paroît que les levains de Boulangers, de bierre, de vin & de cidre, ne sont pas propres pour faire la fermentation du miel, dont elles altérent la vertu, parce qu'ils sont d'une espéce différente. Il faut donc faire fermenter le miel par lui-même. C'est une substance produite par l'esprit universel. C'est un commencement de corporification & de coagulation des esprits de l'air & de l'eau, qui s'unissent avec les vapeurs de la terre, d'où il se tire une substance onctueuse, qui sert d'aliment aux végetaux, & qui leur donne le premier mouvement de fécondité.

Sur ce principe, faites dissoudre un poid de miel dans quatre poids d'eau chaude de riviere très-pure & très-claire. Vous tiendrez cette dissolution dans des étuves échauffées jour & nuit par un poële, qui soit au milieu de l'étuve. Le dégré de chaleur doit être tel, que l'on puisse demeurer dans l'étuve sans en être incommodé. Au bout de trois ou quatre jours, sans avoir besoin d'aucun levain étranger, la dissolution du miel se met en fermentation. Et quand elle est en bonne fermentation, c'est-à-dire, un jour ou deux après qu'elle est commencée, on peut y ajoûter des raisins de damas écrasés, deux onces par livre de miel, avec un demi gros de canelle. Le tout étant bien mêlé, on laisse finir la fermentation qui n'est achevée, que quand vos raisins, & votre canelle sont tombée au fond. On les mêle encore une fois ou deux,

& s'ils retombent, la fermentation est entiérement finie.

Après cette fermentation, votre liqueur
aura un goût vineux, & vous la pourrez
garder dans des vaisseaux propres pour votre usage ; ou si vous la voulez pousser plus
loin, vous en distillerez l'eau-de-vie au
refrigératoire, comme on distille l'eau-de-
vie : pour cela, vous mettrez toute votre
matiere, suc & marc, dans l'alembic. La distillation étant faite, on la rectifie plus ou
moins, si l'on veut, pour en tirer un esprit
qui tient lieu d'esprit de vin, & qui est un
dissolvant bien plus naturel & plus homo-
gêne des plantes & des simples, que tout
autre ; & par ce moyen, on pourra faire
les opérations que nous allons marquer.

V. Maniere de faire bonne eau de melisse par
l'esprit de miel.

Prenez une livre de miel blanc
quatre livres, ou deux pintes d'eau claire
de riviere, que vous ferez un peu chauffer,
pour y dissoudre le miel, dans la proportion que nous marquons pour travailler en
grand volume. Mettez le tout fermenter en
lieu chaud dans un vaisseau de bois, comme un petit cuvier, que vous couvrirez légérement d'un linge.

Si au bout de quatre jours la matiere
n'entroit pas en fermentation, on pourroit

y ajoûter de la levûre de bierre pour la faire fermenter plus vîte. Quand elle commencera à fermenter, il faut y joindre de la melisse, coupée & bien broyée en un mortier, jusqu'à consistance de boüillie. La proportion est de mettre deux livres, ou la valeur d'une pinte de cette melisse, ainsi en marmelade, pour chaque livre de miel dissout ; & laissez fermenter, jusqu'à ce que toute la melisse soit tombée au fond du vaisseau.

Après quoi, il faut survüider la liqueur, qui forme un hydromel vineux, rempli de l'esprit de melisse. On peut en réserver une partie en bouteille ; mais il faut perfectionner le reste, pour en tirer encore l'esprit ; après néanmoins qu'on aura pressé le marc, qui est resté au fond du vaisseau, voici ce qu'il faut faire.

Broyez de rechef de la nouvelle melisse, & la mettez en une espéce de marmelade ; joignez-en la valeur d'une chopine dans chaque pinte de votre hydromel. Laissez-les digérer ensemble deux ou trois jours ; puis les mettez en alembic, pour en tirer une eau-de-vie de melisse faite par son hydromel. Cette eau-de-vie sera encore plus parfaite que ne l'est l'hydromel ; mais pour aller plus avant, faites ce qui suit.

Ayez de la melisse, que vous aurez fait un peu sécher à l'ombre cinq ou six jours, vous en joindrez environ une bonne poignée dans chaque pinte de votre eau-devie, avec la pelure d'un citron & le quart d'une noix muscade, que vous ferez digérer environ deux jours, après quoi vous en tirerez l'esprit par l'alembic, & vous aurez un esprit de melisse excellent, & qui est très-bon pour la conservation & le rétablissement de la santé.

Comme ce dernier esprit est trop fort pour être bû seul, on le peut mêler avec un sirop fait avec eau & sucre, & clarifié avec blanc d'œufs battus ; & pour lors, on la dose comme on juge convenable ; ou bien, on peut en mêler avec le premier hydromel que l'on a réservé. Mais pour s'en servir à l'extérieur, il faut prendre l'esprit sans le mêlanger, & en frotter les parties douloureuses ou affligées.

Tous les marcs que l'on a eus de la melisse, ne doivent pas être jettés ; mais il faut les calciner & réduire en cendre autant que l'on pourra. Etant bien calcinés, faites-en une lessive avec eau boüillante ; filtrez-la par le papier, puis l'évaporez, & il vous restera un sel, que vous ferez fondre dans de nouvelle eau chaude ; faites évaporer pour en tirer le sel, qui sera plus blanc que le premier. Mettez une demie once de ce sel dans chaque pinte de votre esprit de melisse, & sa force & vertu seront augmentées ; ou bien, au lieu de calciner la melisse, vous la prendrez & en joindrez de nouvelle, & la triturerez avec de l'eau clarifiée, ainsi que le pratique M. le Comte de Garraye dans la Chymie *Hydraulique*.

VI. *Maniere de faire la véritable eau de la Reine de Hongrie, par l'esprit de miel.*

Cette eau qui a tant de réputation, ne se doit pas faire avec l'esprit de vin de vignes, comme on le pratique ordinairement : mais avec l'esprit de vin de romarin fermenté par le miel, qui multiplie la quantité & la vertu de la plante, sans en altérer la simplicité.

Il faut donc pour faire cette eau, prendre une livre de miel blanc, quatre livres d'eau de riviere bien clarifiée, & les faire fermenter avec une livre de romarin, fleurs, feüilles & tige pilées, & broyées comme nous avons dit qu'il falloit pour l'eau de melisse. Le miel, qui est une substance homogène aux fleurs & aux plantes, est un dissolvant tiré de l'esprit universel, & bien plus propre à en faire la quinte-essence, que ne seroit l'esprit de vin, qui est d'une espéce différente. Quand la fermentation est finie, le marc tombe au fond, & il reste une espéce d'hydromel vineux, qu'il faut tirer au clair, presser les féces pour en avoir ce qui s'en peut exprimer : ce premier travail ne dure pas plus de huit jours. Prenez de nouvelles fleurs de romarin, feüilles & tiges, pilez & mettez avec votre hydromel en une grande cucurbite, pour distiller à feu doux, comme on fait l'eau-de-vie : vous prendrez la liqueur distillée, & vous y joindrez quantité suffisante de fleurs de romarin ; laissez digérer & distillez à feu doux, & vous aurez la véritable eau de la Reine de Hongrie ; dans laquelle se trouve toute la substance de la plante, & qui se peut prendre intérieurement, en petite quantité cependant.

Mais pour l'usage extérieur, on pourroit fortifier cette eau par le propre sel de la plante calcinée, & dont on fait une lessive. On tire de cette lessive par évaporation le sel de la plante, que l'on joint avec son esprit, & que l'on fortifie même avec un huitiéme ou sixiéme d'esprit de sel ammoniac ; alors cette eau de la Reine de Hongrie est excellente pour les rhumatismes, gangrênes, ulcéres putrides, contusions & sang extravasé, en étuvant la partie plusieurs fois le jour : ce qui a été éprouvé plus d'une fois.

On peut tirer le même esprit & par la même voye de toutes les plantes aromatiques, comme sauge, rhue, lavande, impératoire, absinthe, hyssope, & de celles qui abondent en sels volatils, dont la

vertu est infiniment exaltée par cette opération.

VII. *Electuaire de grande consoude très-utile*
pris intérieurement, de Fioraventi.

La grande consoude, est une herbe à laquelle on a imposé ce nom, pour la vertu
qu'elle a de consolider les playes & liéux
séparés en la chair : elle aide aussi beaucoup,
prise par la bouche, pour les ruptures
d'en bàs ; elle est utile à toutes les playes,
qui pénétrent dans le corps, aux ulcéres du
poulmon, desséche la rate, & fait d'autres effets semblables. Mais afin qu'on puisse
s'en servir facilement, on en compose un
électuaire, qui est tel.

Prenez une livre de racine de grande
consoude, & la faites cuire en eau jusqu'à ce
qu'elle soit consommée ; & l'ayant bien
pilée en un mortier & passée par le tamis,
vous y ajoûterez autant de miel blanc que
vous avez de liqueur passée, & les ferez
boüillir à petit feu, jusqu'à ce qu'ils soient
cuits en forme d'électuaire ; & quand ils seront cuits, vous y ajoûterez ce qui s'ensuit.

Girofle.

Saffran, de chacun une dragme.

Canelle fine, deux dragmes.

Musc de Levant dissout en eau rose, un
carat.

Incorporez le tout, étant encore chaud,

& il sera fait. Voilà l'électuaire de consoude fait, de la composition de Fioraventi, duquel avant que d'en user, il est besoin que le malade soit premiérement bien purgé, & qu'il fasse grande diete, si on veut en tirer du secours. Il guérit toutes les maladies internes, comme j'ai dit. On peut aussi en faire emplâtres sur les blessures & fractures des os, en faire prendre par la bouche ;· & ainsi le malade guérira en peu de tems sans aucun dégoût, avec l'aide de Dieu premiérement, & la vertu d'un tel médicamment. Avec ce reméde, j'ai vû guérir des hommes de grand âge, lesquels étoient rompus en bas, ou qui avoient des playes qui passoient de part en part, des os rompus, des meurtrissures & autres blessures, qu'on ne croiroit pas, si je les disois même conformément à la vérité.

VIII. *Emplâtre excellent fait par le miel.*

L'onguent suivant, est pour servir dans les maux, qui ne souffrent pas les choses grasses & onctueuses. Prenez quatre onces de miel très-pur, douze onces de suc de plantin exprimé & dépuré, & deux onces de vitriol doux de Vénus ; faites cuire doucement jusqu'à ce que le tout s'épaississe ; alors ajoûtez-y demie once de saffran oriental bien broyé ; & pour que le tout soit plus efficace, ajoûtez-y un peu de baume

d'anthimoine. Les vertus de ces deux remédes, comme l'a éprouvé Juncken & moi-
même , l'emportent de beaucoup sur tout
autre reméde , dans les playes & les ulcéres
les plus mauvais : cela paroît même par le
simple emplâtre de verd-de-gris , réduit en
emplâtre avec la cire qui amollit merveil-
leusement les tumeurs dures des mamelles.
De Saulx.

IX. *Sirop pectoral , qui convient dans toutes
 sortes de toux , où les crachats sont visqueux.*

Prenez feüilles séches de bourrache , de
buglosse , & fleurs de pas-d'âne , de chacune
une poignée ; melisse , hyssope , aigremoi-
ne , de chacune une demie poignée , bien
épluchées & nettoyées ; des dattes , des figues , des jujubes , des sebestes , de chacun
deux onces ; écorce de citron fraîche , une
once. Faites boüillir le tout dans six pintes
d'eau , réduites à la moitié ; ajoûtez-y sur
la fin une once de réglisse battue ; retirez
le coquemar du feu ; passez le tout par une
étamine , avec expression : clarifiez cette
décoction avec le blanc d'œuf , & mettez
ensuite dans la colature une livre de sucre
candi brun. Faites-le boüillir de rechef ,
jusqu'à ce qu'il soit réduit en consistance de
sirop.

Le malade en prendra de trois heures en
trois heures une demie cuillerée , battue

dans un verre d'eau chaude, & le conti-
nuera jusqu'à ce que la toux soit appaisée.
Ce sirop est universellement bon dans toutes sortes de rhumes, & de toux invété-
rées.

Le malade en peut faire sa boisson ordinaire, mêlant trois ou quatre cuillerées de
ce sirop dans une pinte d'eau boüillante, &
ensuite la laissant refroidir.

Quand on ne peut recouvrer ces différens ingrédiens, on augmente à proportion
de ceux qui manquent, la quantité de ceux
qu'on employe. Avec les mêmes simples,
on peut faire toutes sortes de ptisanes & de
boüillons.

Les personnes les moins aisées, au lieu
de sucre, peuvent user de miel commun
blanc, & bien choisi : elles peuvent s'en
servir par tout, où le sucre est nécessaire.
Méthodes d'Helvetius.

X. *Pour faire le sirop laxatif de Fioraventi*
   par le miel, & la maniere de le pratiquer
   en plusieurs maladies.

Les sirops laxatifs faits par décoction,
sont fort salutaires, surtout contre les cru-
dités des humeurs ; parce qu'ils disposent la
matiere, & l'évacuent avec une très-grande
facilité, sans fatiguer le patient. Ainsi,
qu'on fasse prendre de ce sirop laxatif à qui
on voudra, cela n'empêchera point que ce

jour-là, il ne puisse sortir sans aucun danger, & il ne laissera pas de bien opérer, ce qui est fort commode aux malades qui ont besoin de ces sortes de sirops.

Or la maniere de le faire, est de prendre :

De la Sauge.
Rue.
Romarin.
Alornier.
Cichorée.
Chardon bénit.
Ortie.
Origan.
Figues.
Dattes.
Amandes douces.
Sel gemme.
Coloquinte.
Aloës hépatique.
Canelle.
Mirabolans citrins.
Miel commun deux livres.

De chacune de ces herbes une poignée.

De chacun quatre onces.

De chacun deux onces.

Toutes ces choses soient pilées grossiérement, & mises ensemble en infusion en dix - huit livres d'eau commune : puis boüillies tant qu'elle reviennent à la moitié ; pressez la décoction, qu'il faut clarifier par le filtre, & l'aromatiser avec deux karats de musc & une livre d'eau rose, & il sera fait.

Il faut garder cette décoction dans un

vaisseau de verre bien bouché. Elle sert à
toutes maladies comme j'ai dit, en prenant
de quatre jusqu'à six onces assez chaud,
l'hyver : l'automne & le printems, tiéde ; &
l'été, froid. Elle purge les humeurs grossieres, & ne corrompt point la viande. On
peut continuer à en prendre pour les fiévres,
quatre ou cinq jours de suite, & elles seront guéries. Mais pour les maladies qui
sont causées par des humeurs crues, & même au mal de Naples, gouttes, catharres,
douleurs de jointures, & autres semblables
qui sont sans fiévre, on en pourra prendre
dix ou quinze jours durant ; car il ne peut
faire aucun mal, & purge le corps parfaitement. Il se peut prendre pour la toux,
flux d'urine, douleur de tête, pour la car-
nosité de la verge, pour les hémorrhoïdes ;
enfin, il est bon pour toutes les maladies
causées par des humeurs corrompues, étant
de telle vertu, qu'il purge les parties externes, & évacue aussi les humeurs internes
du corps. J'ai fait une infinité d'expériences de ce sirop, sur des personnes presque
abandonnées des Médecins, & qui avoient
perdu l'appétit, qui en ont incontinent été
rétablies.

XI. *Elixir de propriété de Paracelse.*

Prenez *mirrhe d'Alexandrie, Aloës hépatique, safran Oriental,* ana, quatre onces.

Pulvérifez enfemble , & les mettez après dans un vaiffeau de verre , les humectant de bon efprit de vin alkoholifé : cela fait , il faut y ajoûter l'huile de foufre rectifié , & fait par la cloche. Je dis néanmoins en paffant, que pour avoir plus d'huile de fou-fre , il la faut diftiller en tems de pluye , ayant choifi le plus jaune ou grisâtre. Il faut que ladite huile furnage le refte à l'é-minence de trois ou quatre doigts , & in-continent vous mettrez le tout en digeftion l'efpace de deux jours , le circulant fou-vent , & la teinture ne manque point à fe faire , laquelle il faut féparer par inclina-tion.

Quant à la matiere qui refte au fond , elle doit être arrofée avec de bon efprit de vin , & laiffée en digeftion l'efpace de deux mois , la circulant tous les jours, afin qu'elle rende toute fa teinture , laquelle fera reti-rée & mêlée avec la premiere , pour la dif-tiller lentement. Les féces doivent auffi être diftillées ; & ce qui en fort le premier , mêlé à la premiere teinture ; & par ce moyen , il ne fentira pas fi fort le feu qu'à la façon ordinaire de diftiller.

Il faut prendre garde d'arrofer la matiere avec l'efprit de vin , afin qu'elle fe puiffe mettre en pâte ; après quoi , il faut y met-tre de l'huile de foufre ; car fans cela , toute la matiere fe brûleroit & deviendroit noire

comme charbon, ce que Paracelse a caché
fort subtilement.

Ses forces & son usage.

C'est le baume des Anciens, selon le rapport de Paracelse, échauffant les parties
foibles, & les conservant de putréfaction.

C'est enfin un élixir très-parfait ; car en
lui sont toutes les vertus du baume naturel,
avec la vertu conservatrice, principalement
pour ceux que l'âge a amenés jusqu'à la
cinquantiéme ou soixantiéme année.

Il fait des merveilles aux affections de
l'estomach & des poulmons.

Contre la peste & l'air envenimé.

Il chasse les humeurs diverses du ventricule.

Il conforte l'estomach & les intestins,
& les préserve de douleur.

Il mondifie la poitrine, & soulage les hé-
tiques, catarreux, & ceux qui sont oppres-
sés de la toux.

Il n'est pas moins profitable au refroidis-
sement de la tête & de l'estomach.

Il guérit de l'hémicranie, ou migraine,
& même les étourdissemens, qui arrivent
souvent aux personnes foibles.

Il est utile contre la chassie des yeux.

Il fortifie le cœur & la mémoire.

Il soulage dans les douleurs de côtés, &

peu à peu la démangeaison, qui souvent arrive au corps.

Il rompt le calcul des reins.

Guérit la fiévre quarte.

Il préserve de la paralyfie & goute.

Il fubtilife & épure l'entendement, & tous les autres fens naturels.

Il chaffe la mélancolie & procure la joye.

Il réfifte à la vieilleffe, & empêche que l'homme ne devienne fi-tôt vieux, & dé-crépite.

Il prolonge la vie, qui par débauches de boire & manger exceffivement, auroit été racourcie.

Il guérit les playes & ulcéres internes en peu de tems.

Et enfin toutes les infirmités, tant chaudes que froides, reçoivent du foulagement & même la fanté défirée.

Dofe dudit fel liquide.

La dofe eft depuis fix, à dix ou douze goutte, felon la néceffité du malade, jettées dans le vin, ou eaux convenables.

Fin du Tome premier.

TABLE

TABLE

Des Matieres pour le Tome premier.

A

ABlution ou lotion, ce que c'est, 126
Abfinthe, 322. fon firop, 385. 387
Age des hommes, pourquoi plus long avant le déluge que depuis, 86
Aigle étendue, 172
Air, élement 63. à quoi fert aux animaux, 65. 66
Air, quelquefois plein de vapeurs arfenicales, 75
Alchymie, d'où vient ce nom, 7
Alembics aveugles, 150
Alkohol ou Alkoholifation, ce que c'est, 128
Alteration des corps 94. comment différe de la génération, 95
Aludels, 150
Amalgamation, 130
Animaux, leurs efpéces, 118. fe diftillent à lente chaleur, 177, font un des fujets de la Médecine, 218. combien il y en a de claffes, 219. Compofition de leur fubftance, 219. Choix qu'on en doit faire, 220
Antimoine, 107. calciné au foleil, 144
Appofition, explication de ce mot, 97
Argent vif, s'il eft métal, 111
Ariftote, s'il a connu la Chymie, 3
Armoife réduite en firop, 390. 321
Arfenic, ce que c'est, 107
Arriere-faix diftillé, 226. fubftances qu'on en tire, 226. 227
Athanor, efpéce de fourneau très-utile, 154

Tome I. T

F.

G.

H.

I.

L.

M.

T.

V.

Z.

LISTE ALPHABETIQUE

Des maladies & infirmités dont les remedes sont indiqués dans le I. Volume de la Chimie.

A.

B.

F.

G.

Y.

Fin des Tables du tome premier.